高等学校信息工程类系列教材

信号与系统分析

周巧娣　　何志伟
杜铁钧　　杨宇翔　编著

西安电子科技大学出版社

内 容 简 介

本书主要介绍确定信号与线性时不变系统的基本概念和基本分析方法，内容上采用从信号到系统、从时域分析到变换域分析的编排方式。

全书共 7 章，包括绪论、信号、系统、线性时不变系统的时域分析、连续时间系统的傅里叶分析、连续时间系统的 s 域分析、离散时间系统的 z 域分析。

本书可作为高等学校电子信息工程、通信工程、集成电路和光电工程等专业"信号与系统"课程的教材，也可作为相关专业、相关领域工程技术人员的参考资料。

图书在版编目(CIP)数据[HT5SS]

信号与系统分析/周巧娣等编著. —西安：西安电子科技大学出版社，2018.8(2021.7 重印)

ISBN 978 - 7 - 5606 - 4915 - 3

Ⅰ. ①信…　Ⅱ. ①周…　　Ⅲ. ①信号分析　②信号系统—系统分析　Ⅳ. ①TN911.6

中国版本图书馆 CIP 数据核字 (2018) 第 126506 号

策划编辑　陈　婷
责任编辑　许青青
出版发行　西安电子科技大学出版社(西安市太白南路 2 号)
电　　话　(029)88202421　88201467　　　邮　编　710071
网　　址　www.xduph.com　　　　　　　电子邮箱　xdupfxb001@163.com
经　　销　新华书店
印刷单位　广东虎彩云印刷有限公司
版　　次　2018 年 8 月第 1 版　2021 年 7 月第 2 次印刷
开　　本　787 毫米×1092 毫米　1/16　印张 16.75
字　　数　395 千字
印　　数　3001～3700 册
定　　价　39.00 元
ISBN 978 - 7 - 5606 - 4915 - 3/TN

XDUP 5217001 - 2

前　　言

　　"信号与系统"课程是电子信息工程、集成电路、光电工程和通信工程等专业的一门重要的专业基础课。该课程以高等数学、线性代数、复变函数和电路分析等为基础，以系统的观点研究信号处理的数学模型，分析系统输入激励和输出响应之间的关系，主要研究连续时间系统和离散时间系统的时域与变换域分析的基本概念及基本方法。

　　"信号与系统"课程的特点是：概念和数学公式多，理论抽象，计算复杂。针对该课程的特点，本书尽量用贴近生活的例子讲解概念及公式中各物理量的含义，并在每章（除第 1章）的最后一节设置了实例分析；同时，在讲解相关内容时附上了对应的 MATLAB 程序，以方便读者验证理论。本书重点介绍常用信号和线性时不变系统的特点，进而分析信号作用下系统的响应，旨在培养读者分析信号、分析系统、设计系统以及计算系统响应的能力。

　　全书共分为 7 章。

　　第 1 章：绪论；

　　第 2 章：信号；

　　第 3 章：系统；

　　第 4 章：线性时不变系统的时域分析；

　　第 5 章：连续时间系统的傅里叶分析；

　　第 6 章：连续时间系统的 s 域分析；

　　第 7 章：离散时间系统的 z 域分析。

　　本书由周巧娣、何志伟、杜铁钧和杨宇翔共同编著。周巧娣负责全书统稿工作并编写第 3 章、第 5 章及附录，何志伟编写第 1、2 章，杜铁钧编写第 4 章，杨宇翔编写第 6、7 章。

　　在本书编写过程中，杭州电子科技大学信号与系统课程组的钱志华、潘勉和骆新江老师提出了很多宝贵意见，徐璐同学参与了本书部分 MATLAB 程序的运行、绘图和校对工作，杭州电子科技大学教务处和西安电子科技大学出版社对本书出版也给予了大力支持，在此一并致以诚挚的谢意。

　　由于作者水平有限且时间仓促，书中难免有欠妥之处，敬请读者批评指正。

作　者

2018 年 5 月于杭州

书中符号说明

$x(t)$：连续时间系统的输入；

$y(t)$：连续时间系统的输出；

$x(n)$：离散时间系统的输入；

$y(n)$：离散时间系统的输出；

$f(t)$：连续时间信号；

$f(n)$：离散时间序列；

$\delta(t)$：单位样值信号；

$u(t)$：单位阶跃信号；

$\delta(n)$：单位冲激序列；

$u(n)$：单位阶跃序列；

$y_{zi}(t)$：连续时间系统的零输入响应；

$y_{zs}(t)$：连续时间系统的零状态响应；

$y_{zi}(n)$：离散时间系统的零输入响应；

$y_{zs}(n)$：离散时间系统的零状态响应；

$y(0_-)$：连续时间系统的起始状态；

$y(0_+)$：连续时间系统的初始状态；

ω：连续时间信号的角频率；

Ω：离散时间序列的角频率；

T_s，f_s，ω_s：采样周期、采样频率、采样角频率；

f_m，ω_m：带限信号的最大频率、最大角频率；

T_1，f_1，ω_1：周期信号的周期、频率、角频率；

f_0，ω_0：调制解调中载波信号的频率、角频率；

f_c，ω_c：滤波器的截止频率、截止角频率；

$h(t)$：连续时间系统的单位冲激响应；

$h(n)$：离散时间系统的单位样值响应；

$g(t)$：连续时间系统的单位阶跃响应；

$g(n)$：离散时间系统的单位阶跃响应；

$H(p)$：连续时间系统的传输算子；

$H(\omega)$：连续时间系统的频率特性；

$H(s)$：连续时间系统函数；

$H(E)$：离散时间系统的传输算子；

$H(e^{j\Omega})$：离散时间系统的频率特性；

$H(z)$：离散时间系统函数。

Contents
目 录

第 1 章 绪 论

当前，我们正处于多元化的信息时代，这个时代的特征是用信息科学与计算机技术的理论和手段来解决科学、经济和工程问题。在信息时代，人类社会围绕信息资源的形成、传递和利用开展信息的获取、交换、传输、处理、存储、再现、控制与利用等活动，而这些活动都离不开信号的分析与处理。换句话说，信息活动就是通过对输入信号的分析与处理，得到另一个对应的输出信号，有时又将该信息活动称为系统处理过程。

1.1 信号、电路与系统

信号与系统的概念出现在各个领域，其思想在很多科学技术领域（如通信、航空航天、电路技术、生物工程、机械控制、声学、地震学、语音和图像处理、能源产生与分配、化工过程控制、工业自动化等）起着很重要的作用。

一般地，信号指电路中传递的信号或信息，如广播信号、电视信号、声音信号、电压信号、电流信号等。更一般地，任何一个自身可以被测量的物理量，或者影响另一个可以被测量的物理量的抽象量，都可以称为信号，如自行车制动拉索的张力、航天器的滚转速率、细胞内酶的浓度、美元兑欧元的汇率、财政赤字等。因此，信号是一个非常宽泛的概念。

系统的作用是将一个信号转换为另一个信号。例如，收音机、音频放大器、调制解调器、麦克风、手机、国际金融体系等都是常见的系统。由电阻、电感、电容等构成的电路就是一种常见的系统，其中的信号为常见的电压或电流信号。又如，人类的声道会根据声压的起伏变化而产生声音，我们可以通过拾音器来感受声压的变化，然后将其转换为某种电信号，并经过其他电路系统进行处理（如放大、压缩、传输等）。心电图诊断程序是另一个典型的系统，其输入是数字化的心电图数据，而输出则是心跳频率等的参数估计。

通常，系统的作用是对输入信号进行分析、处理或变换后得到输出信号。以图 1.1－1(a)所示的一阶动态电路（电路中含有电感或电容等动态元件）为例，电路的输入信号为直流电压源信号，当电路在某一时刻发生换路（开关从一条支路切换到另一条支路）时，该电路中电容两端的电压或流过电容的电流可能会形成由一个稳态（起始状态）向另一个稳态（终止状态）变化的动态过程（过渡状态）。图 1.1－1(b)给出了电容两端电压的变化情况，图中的过渡状态实际上是按指数规律上升的过程，其上升速度取决于 R 与 C 的乘积，即 RC 电路的时间常数。

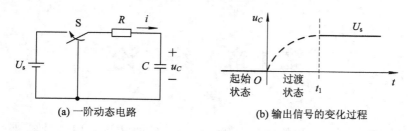

(a) 一阶动态电路　　　　　　　　(b) 输出信号的变化过程

图 1.1-1　一阶动态电路系统和其中的信号变化过程

又如，图 1.1-2(a) 所示的 RLC 串联电路，当正弦电压信号 u 加到电路的输入端时，该电路的电流 i 以及电感两端的电压 u_L、电容两端的电压 u_C 的稳态响应均为与输入正弦电压信号 u 频率相同但幅度和相位发生改变的正弦量。

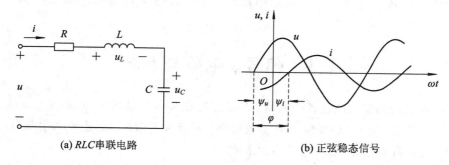

(a) RLC 串联电路　　　　　　　　(b) 正弦稳态信号

图 1.1-2　正弦稳态电路系统中的信号关系

再看图 1.1-3(a) 所示的无阻尼质量-弹簧振动系统，弹簧的弹性系数为 k，物体质量为 m，物体的最大位移为 X_0。当释放物体后，假定整个系统无阻尼，则物体的位移随时间的变化过程可表示为 $x(t) = X_0 \sin\left(\sqrt{\dfrac{k}{m}}t + \varphi_0\right)$，如图 1.1-3(b) 所示。

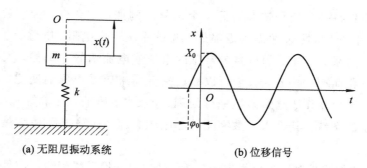

(a) 无阻尼振动系统　　　　　　　　(b) 位移信号

图 1.1-3　无阻尼质量-弹簧振动系统及其位移信号

最后看一个图像采集与处理系统，如图 1.1-4 所示。

图 1.1-4(a) 是一只狒狒的脸部。在实际图像采集过程中，由于存在抖动和噪声，因此获得的图像模糊不清，如图 1.1-4(b) 所示。通过后期的图像处理，我们可以将该模糊图像进行恢复，从而获得清晰的恢复图像，如图 1.1-4(c) 所示。实际上，图 1.1-4 可以看作两个不同的子系统：图 1.1-4(a) 到图 1.1-4(b) 是图像采集子系统，而图 1.1-4(b) 到图 1.1-4(c) 则是图像恢复子系统。

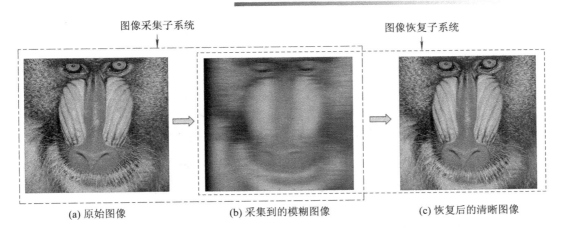

| (a) 原始图像 | (b) 采集到的模糊图像 | (c) 恢复后的清晰图像 |

图 1.1-4 图像采集与处理系统

从上述信号以及系统的描述和示例可以看出,虽然在不同领域所表现出的信号与系统的物理性质不同,但有两个基本点是共同的:

(1)信号总是作为一个或几个独立变量(自变量)的函数而出现,并携带着某些物理现象或物理性质的相关信息;

(2)系统总会对给定的输入信号作出响应,产生另一个信号或另外几个信号。

本书主要介绍信号与系统的分析方法。

对于信号的分析,一般有两种角度:一种是时域角度,另一种是频域角度。在时域,我们通常将信号看成一种"时间序列",或者说信号是随时间变化的一系列值,如图 1.1-5(a)所示。这种表示方法可以直观地表征信号在某一特定时刻的值,但不利于描述信号的全局特性。另一方面,如果将图 1.1-5(a)中的信号看成如图 1.1-5(b)所示的具有不同幅度、不同频率的 3 个正弦信号的和,并将不同频率下的幅度图画出来,如图 1.1-5(c)所示,则图 1.1-5(a)中的信号的特性将更易于理解。实际上,图 1.1-5(c)是图 1.1-5(a)中信号的频域表示。在后续的学习过程中,我们将会发现,对信号从频域角度进行分析,有时会起到意想不到的简化效果。

对系统进行分析的基本任务包括如下两个方面:

(1)对某个特定的系统,关注该系统对不同输入信号处理后得到的输出信号,又称系统对输入信号所作出的响应。例如,对某一电路进行分析的目的就是求该电路在不同的电压和电流源激励下的响应;汽车要针对不同的油门踏板压力、路面情况和风力大小确定其速度变化情况。

(2)要求设计出以特定方式对信号进行处理的系统。例如,通信系统中信号通过信道后不同频率成分会发生不同程度的衰减,且信号传输过程中不可避免地混杂有噪声,我们的任务就是要设计出一个信道均衡系统,对这种衰减进行补偿,同时要尽可能地抑制噪声,以使接收端信号与发送端信号一致。在本书中,我们重点关注的是系统对输入信号响应的求解方法。

信号与系统的概念来源于极为广泛的应用,目前已形成了一套较为完整的基本概念、基本理论和基本分析方法。虽然大部分信号与系统问题由具体应用促成,但其中很多概念

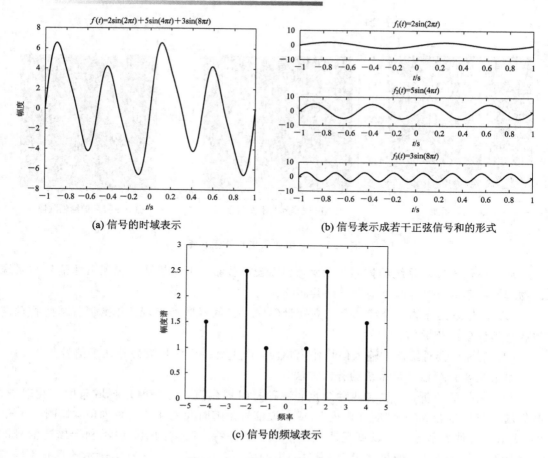

(a) 信号的时域表示   (b) 信号表示成若干正弦信号和的形式

(c) 信号的频域表示

图 1.1-5　信号的不同分析角度

的重要性已大大超出当初所预计的应用领域。例如，本书中将详细讨论的信号与系统的频域分析基础——傅里叶分析方法，于 19 世纪初由傅里叶在对热的传播过程的研究中提出，目前已广泛应用于频谱分析、通信等领域。又如，本书中的另一重要概念"卷积"，原本是线性时不变系统的一种基本时域分析方法，目前已广泛应用于图像分析、深度学习等领域中。

　　上面给出的例子中，有些系统（如电路）处理的是连续时间信号，而另外一些系统（如心电图系统）处理的则是离散时间信号。实际上，历史上连续时间信号系统与离散时间信号系统是两个并行研究的概念，并各自发展出了不同的分析方法。随着研究的不断深入，连续时间信号系统与离散时间信号系统又可以有机地统一起来，读者应将它们关联起来进行学习，并努力区分它们的异同。

　　实际中的系统是千变万化的，在一本书中不可能包含所有这些系统的分析内容，因此研究一类具有典型性质的系统的分析方法往往更有实际意义。在本书中，我们重点研究线性时不变系统。该系统是一类在实际应用中具有普遍意义的重要系统，其性质和基本分析方法可以非常方便地推广到其他系统中。

　　总之，信号与系统分析以数学和物理学为基础，但其发展内涵已远远超出了基本的数学和物理概念。随着新问题、新技术和新机遇的不断挑战，信号与系统分析也在不断地演变和发展。

1.2 典型系统示例

本节将给出三个具有不同性质的典型系统，并试图利用前续课程所学的知识对这些系统进行基本分析，旨在让读者对信号与系统分析有一个基本的概念，并进一步明确信号与系统分析的基本任务。

1.2.1 二阶 RC 电路

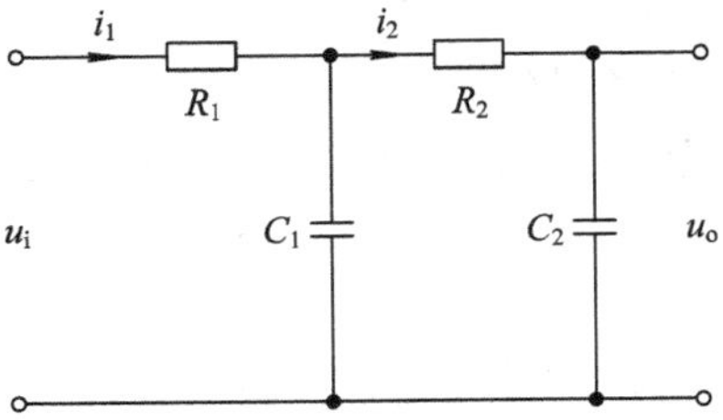

二阶 RC 电路系统如图 1.2-1 所示。对于该系统，我们要讨论在不同输入电压 u_i 作用下输出电压 u_o 随时间的变化情况。下面讨论该二阶 RC 电路的数学模型。

根据基尔霍夫电压定律，有

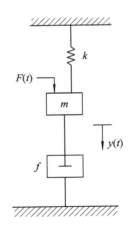

图 1.2-1 二阶 RC 电路系统

$$R_1 C_1 \frac{\mathrm{d}u_{C_1}}{\mathrm{d}t} + R_1 C_2 \frac{\mathrm{d}u_o}{\mathrm{d}t} + u_{C_1} = u_i \tag{1.2-1}$$

$$R_2 C_2 \frac{\mathrm{d}u_o}{\mathrm{d}t} + u_o = u_{C_1} \tag{1.2-2}$$

从而有

$$R_1 C_1 R_2 C_2 \frac{\mathrm{d}^2 u_o}{\mathrm{d}t^2} + (R_1 C_1 + R_1 C_2 + R_2 C_2) \frac{\mathrm{d}u_o}{\mathrm{d}t} + u_o = u_i \tag{1.2-3}$$

令 $T_1 = R_1 C_1$，$T_2 = R_2 C_2$，$T_{12} = R_1 C_2$，可以得到

$$T_1 T_2 \frac{\mathrm{d}^2 u_o}{\mathrm{d}t^2} + (T_1 + T_{12} + T_2) \frac{\mathrm{d}u_o}{\mathrm{d}t} + u_o = u_i \tag{1.2-4}$$

式(1.2-4)为典型的线性常系数二阶微分方程，其解由通解与特解构成。

1.2.2 弹簧阻尼系统

弹簧阻尼系统如图 1.2-2 所示，其中 k 为弹簧的弹性系数，f 为阻尼器的阻尼系数，$F(t)$ 为对质量为 m 的物体所施加的外力，$y(t)$ 为物体的位移。对于该系统，我们要研究在不同外力 $F(t)$ 作用下物体位移 $y(t)$ 随时间变化的过程。

同样地，首先讨论该弹簧阻尼系统的数学模型。

对于弹簧，由胡克定律有

$$F_1(t) = ky(t) \tag{1.2-5}$$

对于阻尼器，有

$$F_2(t) = f \frac{\mathrm{d}y(t)}{\mathrm{d}t} \tag{1.2-6}$$

对于物体，根据牛顿定律有

$$F(t) - F_1(t) - F_2(t) = m \frac{\mathrm{d}^2 y(t)}{\mathrm{d}t^2} \tag{1.2-7}$$

图 1.2-2 弹簧阻尼系统

由此有

$$F(t) - ky(t) - f\frac{\mathrm{d}y(t)}{\mathrm{d}t} = m\frac{\mathrm{d}^2 y(t)}{\mathrm{d}t^2} \qquad (1.2-8)$$

即

$$\frac{m}{k}\frac{\mathrm{d}^2 y(t)}{\mathrm{d}t^2} + \frac{f}{k}\frac{\mathrm{d}y(t)}{\mathrm{d}t} + y(t) = \frac{1}{k}F(t) \qquad (1.2-9)$$

不难发现,式(1.2-9)也是一个典型的线性常系数二阶微分方程。换句话说,图1.2-1中的二阶 RC 电路系统与图1.2-2中的弹簧阻尼系统是具有完全不同物理性质的两个系统,但当选定合适的物理参数后,其数学模型可以一模一样。

实际上,"信号与系统分析"课程中往往不关注系统的具体实现形式,而是要研究抽象系统的常规分析方法。对于具有不同物理性质的具体系统,我们可以根据其物理特性,应用合适的物理定律(定理)对其进行抽象,从而获得系统的数学模型(对于连续时间线性时不变系统,往往可以采用线性常系数微分方程来描述),进而采用合适的系统分析方法,完成该系统的分析。正是由于这一原因,除非特别说明,本书中将主要以电路系统为例来阐述系统的分析方法。

图1.2-1和图1.2-2是两个典型的连续时间系统,其表达式如式(1.2-4)和式(1.2-9)所示,我们通常可以采用微分方程来描述连续时间系统。

1.2.3 多级对称电阻网络

图1.2-3所示为多级对称电阻网络,其各支路电阻都为 R,每个节点对地的电压为 $u(n)$,$n = 0, 1, 2, \cdots, N$。已知两边界节点对地的电压为 $u(0) = E$,$u(N) = 0$。对于该系统,我们希望研究在不同输入电压 E 时的各节点电压情况。

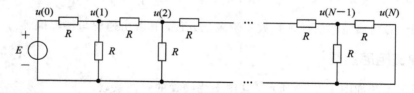

图1.2-3 多级对称电阻网络

考察其中任一节点 $n-1$,其部分电路如图1.2-4所示。

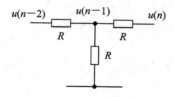

图1.2-4 多级对称电阻网络中某一节点的部分电路

根据电压和电流的关系,可以得到

$$\frac{u(n-2) - u(n-1)}{R} = \frac{u(n-1)}{R} + \frac{u(n-1) - u(n)}{R} \qquad (1.2-10)$$

整理得到

$$u(n) - 3u(n-1) + u(n-2) = 0 \qquad (1.2-11)$$

式(1.2-11)是一个典型的常系数线性差分方程。由于差分方程往往用来描述离散系统，因此图1.2-3是一个典型的离散系统。

1.3 系统的分析方法

1.3.1 系统的时域分析方法

对于图1.2-1所示的二阶 RC 系统，假设 $R_1 = R_2 = 1\ \text{k}\Omega$，$C_1 = C_2 = 1\ \mu\text{F}$，当输入 u_i 满足

$$u_i(t) = \begin{cases} 0 & (t < 0) \\ 5 & (t > 0) \end{cases} \qquad (1.3-1)$$

时，可以将 u_o 看作上述系统的零状态响应。根据电路原理中零状态响应的求解方法，可以得到

$$u_o(t) = 5 - \frac{5 - 3\sqrt{5}}{2} e^{-\frac{3-\sqrt{5}}{2} \times 10^3 t} - \frac{5 + 3\sqrt{5}}{2} e^{-\frac{3+\sqrt{5}}{2} \times 10^3 t} \qquad (t > 0) \qquad (1.3-2)$$

同理，对于图1.2-3所示的多级对称电阻网络，可以采用式(1.2-11)所示的差分方程进行建模。根据边界条件 $u(0) = E$，$u(N) = 0$，我们可以方便地求得

$$u(n) = A \left(\frac{3 + \sqrt{5}}{2} \right)^n + B \left(\frac{3 - \sqrt{5}}{2} \right)^n \qquad (1.3-3)$$

其中：

$$\begin{cases} A = \dfrac{-(3 - \sqrt{5})^N}{(3 + \sqrt{5})^N - (3 - \sqrt{5})^N} E \\[4mm] B = \dfrac{(3 + \sqrt{5})^N}{(3 + \sqrt{5})^N - (3 - \sqrt{5})^N} E \end{cases} \qquad (1.3-4)$$

我们将这种直接在时间域对系统进行求解的方法称为系统的时域分析方法。换句话说，系统的时域分析方法主要研究在一定的输入信号作用下时域系统的输出随时间变化的情况。系统的时域分析方法具有直观和准确的优点，并可以提供系统时间响应的全部信息。"人眼"对信号的时域变化非常敏感，我们可以通过眼睛从示波器上直观地看到输入信号通过系统后所发生的改变。

然而，当输入信号比较复杂时，上述求解方法往往很难实施。例如，对较复杂的输入信号，式(1.2-4)的特解有可能很难求解。随着人们对系统分析方法研究的不断深入，目前最为常用的方法是对输入信号进行分解，将输入信号分解成一个个基信号，然后研究系统对于这些基信号的响应，对于线性系统(参见本书第3章)，其响应就是这些基信号响应的叠加。具体到时间域来说，就是将输入信号分解成一个个具有不同幅度和不同延时的冲激(样值)函数(参见本书第2章)的叠加，而系统对单位冲激(样值)函数 $\delta(t)$ 的响应 $h(t)$ (简称单位冲激响应，参见本书第4章)是确定的，则对于线性时不变系统(参见本书第3章)，其完整响应就是延时后的单位冲激(样值)响应通过幅度加权后的叠加，这个过程实

际上就是我们将在第 4 章中介绍的"卷积"和"卷积和"的概念。

1.3.2　系统的变换域分析方法

对于图 1.2-1 所示的二阶 RC 电路,当输入为正弦信号 $u_i = A\cos(\omega t + \varphi)$ 时,可以采用前述求微分方程通解和特解的方法来求解输出信号,这里我们采用更方便的相量法对该电路进行求解。由于输入信号的相量可表示为

$$\dot{U}_i = \frac{1}{\sqrt{2}} A \angle \varphi \tag{1.3-5}$$

由电路理论,根据原电路的相量模型可以得到

$$\dot{U}_o = \frac{\dfrac{1}{j\omega C_2}}{R_2 + \dfrac{1}{j\omega C_2}} \cdot \frac{\dfrac{1}{j\omega C_1} // \left(R_2 + \dfrac{1}{j\omega C_2}\right)}{R_1 + \dfrac{1}{j\omega C_1} // \left(R_2 + \dfrac{1}{j\omega C_2}\right)} \dot{U}_i$$

$$= \frac{1}{j\omega R_1(C_1 + C_2) - \omega^2 R_1 R_2 C_1 C_2 + j\omega R_2 C_2 + 1} \dot{U}_i \tag{1.3-6}$$

从而可以方便地得到 $u_o(t)$ 的时域形式。

上述相量法求解过程,实际上是先将时域信号表示为相量域信号,然后在相量域直接对电路进行求解,最后将求得的输出相量转换回时域。这种将时域问题转换到非时域的方法称为系统的变换域分析方法。

相量域是变换域中较为简单的一种。在相量域中,我们只考虑将单一频率的正弦信号作为输入,而当输入信号包含更多的频率成分(实际系统的输入往往如此)时,相量域分析方法即可推广为傅里叶级数和傅里叶变换(又称频率域变换)分析方法(参见本书第 5 章)。与相量域分析方法一样,在傅里叶变换分析方法中,我们首先需要将输入信号从时域变换到傅里叶域,然后在傅里叶变换域中对系统进行求解并最终变换回时域。实际上,信号的傅里叶变换是信号在频率域的一种分解形式:在傅里叶变换中,我们将信号分解为一个个具有不同幅度、频率和相位的三角函数信号(参见图 1.1-5),而系统对每一个三角函数信号的响应可以根据相量法求解,则对于线性时不变系统,其完整响应就是这些三角函数信号响应的叠加。

然而,傅里叶变换要求输入信号必须绝对可积。换句话说,当原信号不满足绝对可积条件时,其傅里叶变换不存在。此时我们将其乘以一个指数衰减信号 $e^{-\sigma t}$ 即有可能再次满足绝对可积条件。也就是说,原信号经指数衰减后的信号其傅里叶变换是存在的,而这一变换过程实际上就是我们后面将要学习的拉普拉斯变换(又称复频域变换,参见本书第 6 章),因此,拉普拉斯变换又是傅里叶变换的进一步推广。傅里叶变换和拉普拉斯变换是本书中非常重要的两种连续时间系统变换域分析方法。

对于离散时间系统,也相应地存在一种常用的重要的变换域分析方法,即 z 变换分析方法(参见本书第 7 章)。

在后面的学习中我们将会发现,系统的变换域分析方法有时比时域分析方法更为简洁,另一方面,我们也可以从变换域角度加深对系统特性的理解。

1.3.3 各种系统分析方法的关联

如前所述,对于线性时不变系统,我们既可以在时域将输入信号分解成冲激信号的叠加,也可以在频域将输入信号分解成三角函数信号的叠加,而输出信号则是这些基信号响应的叠加,如图 1.3-1 所示。

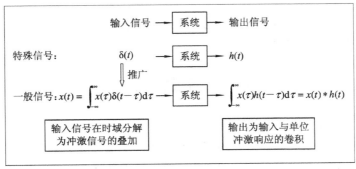

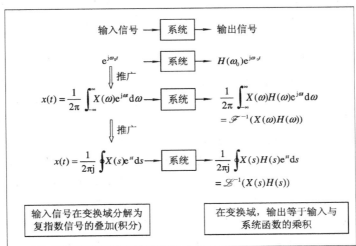

图 1.3-1 系统的时域和变换域分析方法的关联

从这个角度来看,系统的时域分析方法与变换域分析方法都是将输入信号分解成不同的基信号后叠加,是从两个不同的方面来对系统进行分析,但其本质是一样的。

图 1.3-1 中,$X(\omega)$ 是输入信号 $x(t)$ 的傅里叶变换,$H(\omega)$ 称为系统的频率响应,$X(s)$ 是输入信号 $x(t)$ 的拉普拉斯变换,$H(s)$ 称为系统函数。

如前所述,系统的变换域分析方法中,相量分析法、傅里叶变换分析法和拉普拉斯变换分析法是一个逐步推广的过程,如图 1.3-2 所示。

图 1.3-2 不同变换域分析方法间的推广关系

最后，在后续的学习过程中，我们将会得到一个重要的结论：

$$\begin{cases} H(\omega) = \mathscr{F}(h(t)) \\ H(s) = \mathscr{L}(h(t)) \end{cases}$$

(1.3 - 7)

即系统的频率响应实际上就是系统单位冲激响应的傅里叶变换，系统函数实际上就是系统单位冲激响应的拉普拉斯变换。图 1.3 - 1 进一步说明了连续时间系统的时域分析方法与变换域分析方法间的关系。

对于离散时间系统，其时域分析方法与变换域分析方法存在类似的关系，读者在后续的学习过程中将会有深切的体会，在此不再赘述。

1.4　内容框架与特点

全书共分为 7 章。

第 1 章是绪论，主要从整体上概述信号与系统的主要内容，通过几个具体的典型系统示例，结合在"电路原理"课程中所学的分析方法，阐明系统的时域分析方法和变换域分析方法，并给出它们之间的关联，为读者搭建一个学习本课程的基本框架，明确课程学习的重点与难点。

第 2 章是信号，主要对信号的描述方法和常规分类作基本介绍，进而给出信号与系统中重要的常用信号及其特征，接着对信号的时域运算进行讲解，然后讲解信号的分解方法，最后通过几个实例结束本章。信号是系统的处理对象，因此其基本性质是研究信号与系统的基础，读者应重点掌握常见信号、信号的自变量变换以及信号的冲激分解方法。

第 3 章是系统，主要介绍系统的描述方法及其分类、线性时不变系统的基本概念、系统方程的建立方法、系统的传输算子，以及系统的模拟图、信号流图与实现方法。本章为读者建立系统的基本概念，是后续系统分析的基础，读者应重点掌握线性时不变系统的基本概念以及系统的表示方法(方程、传输算子、模拟图、信号流图)。

第 4 章是线性时不变系统的时域分析，主要介绍微分方程/差分方程的求解、零输入响应与零状态响应、单位冲激响应/单位样值响应，以及系统的卷积积分/卷积和求解方法。时域分析方法是系统的基本分析方法，具有非常直观的特点。

第 5 章是连续时间系统的傅里叶分析，从信号的正交函数分解入手，介绍周期信号的傅里叶级数，进而导出信号的傅里叶变换，在此基础上介绍系统的频域分析方法，最后介绍系统的傅里叶分析方法在无失真传输系统、调制解调及理想滤波器中的应用。作为连续时间信号系统和离散时间信号系统的桥梁，本章还会介绍连续时间信号的抽样及时域抽样定理，为后续离散时间系统的分析奠定基础。

第 6 章是连续时间系统的 s 域分析。由于某些信号的傅里叶变换不存在，因此本章首先介绍如何将傅里叶变换推广到拉普拉斯变换，重点介绍拉普拉斯变换的性质和利用拉普拉斯变换进行系统分析的方法，并在此基础上以电路的拉普拉斯变换分析方法为应用对象介绍拉普拉斯变换的应用，最后介绍连续时间系统的系统函数及其零极点分析。

第 7 章是离散时间系统的 z 域分析，首先介绍 z 变换的基本定义及常用序列的 z 变换，进而推导 z 变换与拉普拉斯变换的关系，然后讲解如何利用 z 变换和 z 反变换进行离散时间系统的分析，最后介绍离散时间系统的系统函数及其零极点分析。

各章节之间的关系和重要概念之间的相互联系如图 1.4-1 所示。

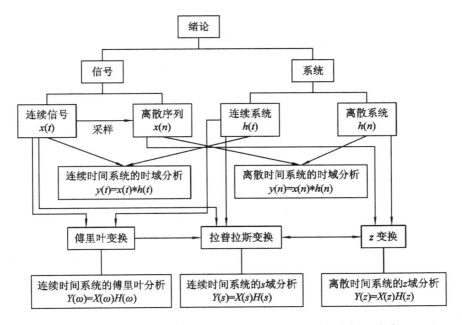

图 1.4-1 本书各章节之间的关系和重要概念之间的相互联系

本书的特点是：将信号和系统中的基本概念和分析方法、物理意义用通俗易懂的方式展现出来；强调信号系统理论的实际应用，除第 1 章外，在每章的最后一个小节通过设置综合性的实例分析来说明本章所学理论知识的实际应用，让读者真正做到学以致用；提供一些 MATLAB 程序来仿真信号处理过程，帮助读者更好地理解并掌握知识。

习 题 1

1.1 请用自己的语言描述常见的系统，包括该系统的输入、输出，系统对信号所做的改变。

1.2 请说明电路分析中的时域分析方法与相量域分析方法各自的优缺点。

1.3 人眼看到幅度为 1 V、频率为 500 Hz 的正弦波和幅度为 2 V、频率为 2000 Hz 的正弦波时，有什么主观感受？如果是人耳听到这两种不同信号，又有什么主观感受？请据此说明人眼和人耳对信号关注的侧重点的不同。

1.4 对于正弦稳态电路，如果输入信号源是两个不同频率的正弦信号的叠加，采用相量法对该电路进行分析时应如何处理？

第 2 章 信 号

2.1 信号描述和分类

2.1.1 信号描述

信号是信息的载体，是包含和传递信息的一种物理量，是客观事物存在状态或属性的反映。简单来说，信号是带有信息的随时间（空间）变化的物理量或物理现象。日常生活中经常碰到的正弦波信号、心电图信号、人口统计数据、照片、核磁共振成像等都是信号。虽然在不同领域所表现出的信号的物理性质不同，但信号总是作为一个或几个独立变量（自变量）的函数而出现，并携带着某些物理现象或物理性质的相关信息。

信号可以用多种形式进行表示，常见的有以下几种。

1. 表达式形式

表达式形式是指采用函数表达式表示信号随时间（空间）变化的过程，如 $f(t)=\sin t$，$f(n)=e^{-n}$ 等。

2. 波形图形式

波形图形式是指给出信号随时间（空间）变化的波形，如图 2.1-1 所示。

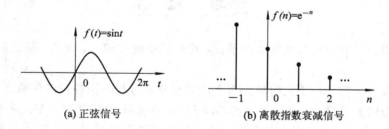

(a) 正弦信号   (b) 离散指数衰减信号

图 2.1-1 信号的波形图形式

3. 数据列表形式

数据列表形式是指以表格的形式给出信号的变化过程，如图 2.1-2 所示。

1	0	0	−1	1.1	0.9	−0.3	0.1	−0.5	…

图 2.1-2 信号的数据列表形式

2.1.2 信号分类

日常生活中有非常多的常用信号,如电视信号、雷达信号、控制信号、通信信号、广播信号等。为了深入了解信号的物理实质,将其进行分类研究是非常必要的。以不同的角度来看待信号,可以将信号按以下方式进行分类。

1. 确定性信号与随机信号

1)确定性信号

可以用明确的数学关系或图表描述的信号称为确定性信号。也就是说,对于指定的某一时刻 t,可确定相应的函数值 $f(t)$ 来表示该信号(若干不连续点除外)。对确定性信号进行重复观测,结果相同。确定性信号是本课程的研究对象。

2)随机信号

随机信号不能用数学关系式描述,其幅值、相位变化是不可预知的,所描述的物理现象是一种随机过程。例如,汽车奔驰时所产生的振动、飞机在大气流中的浮动、树叶随风飘荡、环境噪声等都是随机信号。对随机信号进行重复观测,结果不同。随机信号是"随机信号分析"课程的研究对象。对于随机信号的一单次观测称为一个样本,样本是确定性信号。图 2.1-3 所示为某典型的随机信号的一个样本。

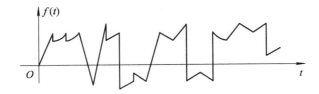

图 2.1-3 随机信号的一个样本

伪随机信号是一类貌似随机而实际遵循严格规律的信号。伪随机信号通常是利用计算机生成的具有特定分布的伪随机序列,表面上看该序列为随机的,但实际上只要生成序列的初始条件一致,所生成的序列则是完全确定的。

2. 连续时间信号与离散时间信号

1)连续时间信号

若信号数学表示式中的独立变量取值是连续的,且信号在每个独立变量的取值范围内均有定义(允许存在有限个间断点),则称该信号为连续时间信号,如图 2.1-1(a)为连续时间信号。

2)离散时间信号

若信号数学表示式中的独立变量取值是离散的,则称该信号为离散时间信号,如图 2.1-1(b)为离散时间信号。离散时间信号只定义在离散时刻,在非整数点上没有定义。本书中,离散时间信号又称离散序列。

一般地,我们将时间和幅度均连续的信号称为模拟信号,将模拟信号按一定的时间间隔进行抽取后得到的信号称为抽样信号,将抽样信号进行量化以后的信号称为数字信号。因此模拟信号是连续时间信号,抽样信号是离散时间信号,数字信号则是特殊的离散时间信号。三者之间的关系如图 2.1－4 所示。

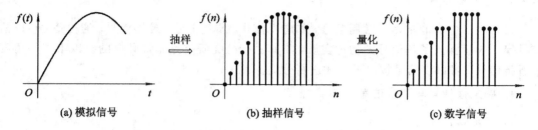

| (a) 模拟信号 | (b) 抽样信号 | (c) 数字信号 |

图 2.1－4　模拟信号、抽样信号与数字信号的关系

3. 周期信号与非周期信号

1）周期信号

周期信号是指经过一定时间间隔周而复始重复出现、无始无终的信号。

对于连续时间周期信号，可表达为

$$\forall t \in (-\infty, \infty), \ f(t) = f(t + nT_1) \qquad (n = 0, \pm 1, \pm 2, \pm 3, \cdots) \quad (2.1-1)$$

满足式(2.1－1)的最小正数 T_1 称为周期，$T_1 = 2\pi/\omega_1$，ω_1 称为基波角频率，简称基频，单位为弧度/秒，或 rad/s。

对于离散时间周期信号，可表达为

$$\forall n \in (-\infty, \infty), \ f(n) = f(n + mN) \qquad (m = 0, \pm 1, \pm 2, \pm 3, \cdots) \quad (2.1-2)$$

满足式(2.1－2)的最小正整数 N 称为周期。

图 2.1－5 为典型的周期信号。

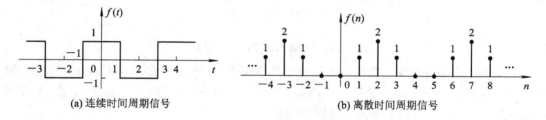

| (a) 连续时间周期信号 | (b) 离散时间周期信号 |

图 2.1－5　典型的周期信号

2）非周期信号

非周期信号是指时域上不周期重复的确定性信号。图 2.1－1(b) 即是一种非周期信号。从数学角度来看，如果不能找到满足式(2.1－1)的 T_1 值，则称 $f(t)$ 为非周期连续信号；同理，如果不能找到满足式(2.1－2)的整数 N，则称 $f(n)$ 为非周期离散信号。

【例 2.1－1】　确定下列信号是否为周期信号。如果是，求出其基本周期。

(1) $f(t) = \cos^2(2\pi t)$；　　　　　(2) $f(t) = e^{-2t}\cos(2\pi t)$；

(3) $f(n) = \cos(2n)$；　　　　　　(4) $f(n) = \cos(2\pi n)$。

解　(1) $f(t) = \cos^2(2\pi t) = \dfrac{1 + \cos(4\pi t)}{2}$，故为周期信号，周期为 0.5 s。

(2) 非周期信号。

(3) $f(n) = \cos(2n) = \cos(2(n + \pi))$，由于 π 不是整数，因此为非周期信号。

(4) $f(n)=\cos(2\pi n)=\cos(2\pi(n+1))$，故为周期信号，周期为 1。

4. 能量信号与功率信号

在电路系统中，信号往往为电压或电流。如果将电压 $u(t)$ 加载到电阻 R 上，产生的电流为 $i(t)$，则电阻上消耗的瞬时功率为

$$p(t)=\frac{u^2(t)}{R} \tag{2.1-3}$$

或者

$$p(t)=i^2(t)R \tag{2.1-4}$$

不论哪种形式，瞬时功率 $p(t)$ 均正比于信号幅度的平方。在信号系统分析中，习惯按电阻 R 为 $1\ \Omega$ 时来定义功率，则无论给定的信号 $f(t)$ 为电压信号还是电流信号，信号的瞬时功率都可以统一表示为

$$p(t)=f^2(t) \tag{2.1-5}$$

在此基础上，定义连续时间信号 $f(t)$ 的总能量为

$$E=\lim_{T\to\infty}\int_{-T/2}^{T/2}f^2(t)\,\mathrm{d}t=\int_{-\infty}^{+\infty}f^2(t)\,\mathrm{d}t \tag{2.1-6}$$

它的时间平均值（即平均功率）为

$$P=\lim_{T\to\infty}\frac{1}{T}\int_{-T/2}^{T/2}f^2(t)\,\mathrm{d}t \tag{2.1-7}$$

由式(2.1-7)很容易得到，基本周期为 T 的周期信号 $f(t)$ 的平均功率为

$$P=\frac{1}{T}\int_{-T/2}^{T/2}f^2(t)\,\mathrm{d}t \tag{2.1-8}$$

周期信号 $f(t)$ 的平均功率 P 的平方根又称周期信号的均方根值(Root Mean Square, RMS)。

对于离散时间信号 $f(n)$，用求和形式代替式(2.1-6)和式(2.1-7)中的积分，从而得到 $f(n)$ 的总能量定义为

$$E=\sum_{n=-\infty}^{\infty}f^2(n) \tag{2.1-9}$$

平均功率定义为

$$P=\lim_{N\to\infty}\frac{1}{2N+1}\sum_{n=-N}^{N}f^2(n) \tag{2.1-10}$$

类似地，由式(2.1-10)可以看出，基本周期为 N 的周期信号 $f(n)$ 的平均功率为

$$P=\frac{1}{N}\sum_{n=0}^{N-1}f^2(n) \tag{2.1-11}$$

据此，可以定义能量信号和功率信号。

1) 能量信号

总能量为有限值的信号称为能量信号，即满足条件：

$$0<E<\infty \tag{2.1-12}$$

图 2.1-6 所示的指数衰减振荡信号为能量信号。一般来说，持续时间有限的信号是能量信号。

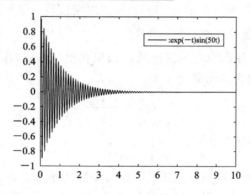

图 2.1 - 6　指数衰减振荡信号

2）功率信号

当信号的能量为无限大、信号的平均功率为有限值时，信号称为功率信号，即满足条件：

$$0 < P < \infty \tag{2.1-13}$$

例如，周期正弦信号是一种典型的功率信号。

【例 2.1 - 2】　判断下列信号是能量信号还是功率信号，并计算其总能量或平均功率。

$$(1)\ f(t) = \begin{cases} t & (0 \leqslant t < 1) \\ 2 - t & (1 \leqslant t \leqslant 2) \\ 0 & (其他) \end{cases}; \qquad (2)\ f(t) = 5\cos(\pi t) + \sin(5\pi t);$$

$$(3)\ f(n) = \begin{cases} \cos(\pi n) & (-4 \leqslant n \leqslant 4) \\ 0 & (其他) \end{cases}; \qquad (4)\ f(n) = \begin{cases} \cos(\pi n) & (n \geqslant 0) \\ 0 & (其他) \end{cases}。$$

解　(1) $f(t)$ 为持续时间有限的信号，故为能量信号，可以算得 $E = 2/3$；

(2) $f(t)$ 为周期无限长信号，故为功率信号，可以算得 $P = 13$；

(3) $f(n)$ 为持续时间有限的信号，故为能量信号，可以算得 $E = 9$；

(4) $f(n)$ 为功率信号，可以算得 $P = 1/2$。

5．对称信号

若信号满足：

$$f_e(t) = f_e(-t) \tag{2.1-14}$$

则称该信号为偶对称信号，如图 2.1 - 7(a)所示。偶对称信号又简称偶信号。

若信号满足：

$$f_o(t) = -f_o(-t) \tag{2.1-15}$$

则称该信号为奇对称信号，如图 2.1 - 7(b)所示。奇对称信号又简称奇信号。

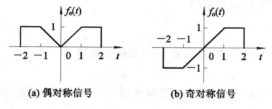

(a) 偶对称信号　　　　　　　　**(b) 奇对称信号**

图 2.1 - 7　对称信号

换句话说，偶信号关于纵轴或时间原点对称，而奇信号关于时间原点反对称。对于离散时间信号，也可以进行类似的讨论。

【例 2.1 - 3】 考虑信号

$$f(t) = \begin{cases} \sin(\pi t/T) & (-T \leqslant t \leqslant T) \\ 0 & \text{（其他）} \end{cases}$$

该信号是时间的偶函数还是奇函数？

解 用 $-t$ 代替 t，得

$$f(-t) = \begin{cases} \sin(-\pi t/T) & (-T \leqslant t \leqslant T) \\ 0 & \text{（其他）} \end{cases}$$

$$= \begin{cases} -\sin(\pi t/T) & (-T \leqslant t \leqslant T) \\ 0 & \text{（其他）} \end{cases}$$

$$= -f(t) \qquad \text{（对所有的 } t\text{）}$$

故 $f(t)$ 是奇信号。

进一步地，若信号 $f(t)$ 满足

$$f(t) = -f\left(t \pm \frac{T_1}{2}\right) \tag{2.1-16}$$

则称该信号为奇半波对称信号，又称奇谐信号。图 2.1 - 8 所示为一种奇谐信号。

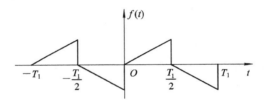

图 2.1 - 8　奇谐信号

6. 因果信号

若信号 $f(t)$ 满足

$$t < 0 \text{ 时,} \ f(t) = 0 \tag{2.1-17}$$

则称该信号为因果信号。

所有不满足式(2.1-17)的信号均称为非因果信号，特别地，若信号满足

$$t > 0 \text{ 时,} \ f(t) = 0 \tag{2.1-18}$$

则称该信号为反因果信号。

根据上述定义，因果信号实际上规定了信号的起始时间和方向。图 2.1 - 9 给出了因果信号、非因果信号和反因果信号的示例。

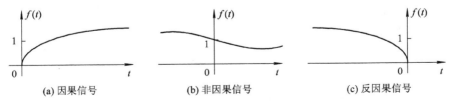

(a) 因果信号　　　　　　(b) 非因果信号　　　　　　(c) 反因果信号

图 2.1 - 9　因果信号、非因果信号与反因果信号的示例

7. 一维信号与多维信号

信号的维数指用来表示信号函数的自变量的个数。因此，当自变量只有一个时，称信号为一维信号；当自变量有多个时，称信号为多维信号。图 2.1-9 中的信号都是一维信号，图 1.1-4 中的图像信号则是二维信号。本书中重点关注的是一维信号。

2.2 常用信号及其特征

2.2.1 常用连续信号

1. 复指数信号 e^{st}（其中 $s=\sigma+j\omega$）

在信号与系统中，有一种非常重要的表示形式是将正弦信号用复指数信号表示，即根据欧拉公式 $e^{j\omega t}=\cos(\omega t)+j\sin(\omega t)$，有

$$
\begin{aligned}
A e^{\sigma t}\cos(\omega t+\varphi) &= \text{Re}\{A e^{\sigma t}e^{j(\omega t+\varphi)}\} \\
&= \text{Re}\{A e^{j\varphi}e^{(\sigma+j\omega)t}\} \\
&\overset{\text{令}s=\sigma+j\omega}{=}\ \text{Re}\{A e^{j\varphi}e^{st}\}
\end{aligned}
\tag{2.2-1}
$$

同理，有

$$
A e^{\sigma t}\sin(\omega t+\varphi)=\text{Im}\{A e^{j\varphi}e^{st}\}
\tag{2.2-2}
$$

其中，e^{st} 是一个非常重要的常用信号，称为复指数信号。

复指数信号 e^{st} 是 $e^{j\omega t}$ 函数的推广，由频率变量 $j\omega$ 推广到复变量 $s=\sigma+j\omega$，因此 s 称为复频率。当 s 取不同值时，由复指数信号 e^{st} 可派生出很多不同的实信号 $f(t)=\text{Re}\{e^{st}\}=e^{\sigma t}\cos(\omega t)$，如图 2.2-1 所示。

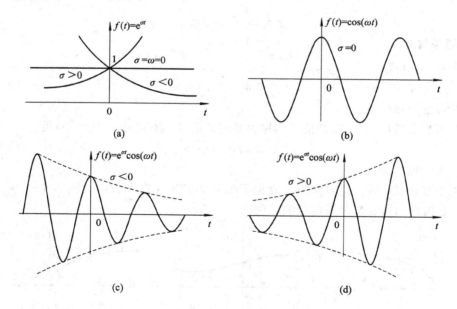

图 2.2-1　由复指数信号派生得到的各种信号

- 直流信号：

$$f(t) = 1 = e^{0t} \quad (s = 0) \tag{2.2-3}$$

- 指数信号：

$$f(t) = e^{\sigma t} \quad (\omega = 0, s = \sigma) \tag{2.2-4}$$

- 正弦信号：

$$f(t) = \cos(\omega t) \quad (\sigma = 0, s = \pm j\omega) \tag{2.2-5}$$

- 指数变化的正弦信号：

$$f(t) = e^{\sigma t} \cos(\omega t) \quad (s = \sigma \pm j\omega) \tag{2.2-6}$$

上述由复指数信号派生出的实信号，在实际应用中非常常见。

例如，考虑如图 2.2-2 所示的电容放电电路，电容器的电容量为 C，两端的起始电压为 U_0，放电电阻为 R，$t = 0$ 时刻电容开始放电，则放电过程中，电容器两端的电压随时间的变化过程即为指数信号，即

$$u(t) = U_0 e^{-t/(RC)} \quad (t \geqslant 0) \tag{2.2-7}$$

又如，如图 2.2-3 所示的并联谐振电路，假定电感和电容均为理想元件，不含内阻，电容两端起始电压为 U_0，$t = 0$ 时刻电容开始放电，则 t 时刻电容两端的电压为正弦信号，即

$$u(t) = U_0 \cos(\omega_0 t) \quad (t \geqslant 0) \tag{2.2-8}$$

其中，$\omega_0 = \dfrac{1}{\sqrt{LC}}$ 是电路的固有振荡角频率。

如图 2.2-4 所示的 LCR 并联电路，假定 $R > \sqrt{L/(4C)}$，且电容两端的起始电压为 U_0，$t = 0$ 时刻电容开始放电，则 t 时刻电容两端的电压为指数衰减正弦信号，即

$$u(t) = U_0 e^{-t/(2CR)} \cos(\omega_0 t) \quad (t \geqslant 0) \tag{2.2-9}$$

其中，$\omega_0 = \sqrt{\dfrac{1}{LC} - \dfrac{1}{4C^2 R^2}}$。

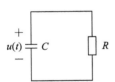
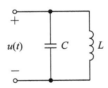
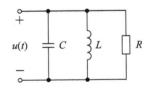

图 2.2-2 电容放电电路　　图 2.2-3 LC 并联谐振电路　　图 2.2-4 LCR 并联电路

设 $\sigma = -1$，$\omega = 10$，MATLAB 中画出指数衰减信号 $x(t) = e^{\sigma t} \cos\omega t$ 的程序如下：

```
sigma=-1; omega=10;
t=-5:0.001:5;
plot(t,exp(sigma * t). * cos(omega * t))
```

2. 单位阶跃信号 $u(t)$

单位阶跃信号定义为

$$u(t) = \begin{cases} 0 & (t < 0) \\ 1 & (t > 0) \end{cases} \tag{2.2-10}$$

其波形如图 2.2-5 所示。

单位阶跃信号在 $t=0$ 处有一个不连续点，或称为跳变点，跳变值为 1。本身有不连续点的信号称为奇异信号。

单位阶跃信号是一个特别简单的应用信号。例如，在 $t=0$ 时刻合上开关接入 1 V 的电池或直流电源就是一个典型的阶跃信号。

MATLAB 中 $u(t)$ 的函数为 heaviside(t)，画 $u(t)$ 波形的代码如下：

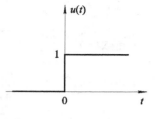

图 2.2-5　单位阶跃信号

```
t=-5:0.001:5;
plot(t,heaviside(t))
```

利用单位阶跃信号可以表示很多信号，特别是可以用来表示分段函数，或者表示信号的作用区间。

【例 2.2-1】　用 $u(t)$ 表示如图 2.2-6 所示的分段函数 $f(t)$。

解　　　　　　　　$f(t)=u(t)+u(t-1)-2u(t-2)$

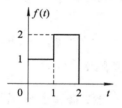

图 2.2-6　分段函数

【例 2.2-2】　图 2.2-7 显示了可以用 $u(t)$ 来表示信号的作用区间。

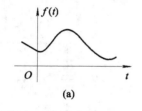
(a)

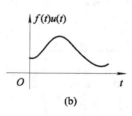
(b)

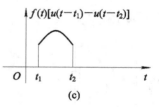
(c)

图 2.2-7　用 $u(t)$ 来表示信号的作用区间

图 2.2-7(a)是原信号，图 2.2-7(b)给出了作用区间为 $t>0$ 的 $f(t)$，图 2.2-7(c)则给出了作用区间为 $t_1<t<t_2$ 的 $f(t)$。

3. 门函数(矩形脉冲) $g_\tau(t)$

门函数的定义为

$$g_\tau(t)=\begin{cases}1 & \left(|t|<\dfrac{\tau}{2}\right)\\[2mm] 0 & \left(|t|>\dfrac{\tau}{2}\right)\end{cases} \qquad (2.2-11)$$

门函数中 τ 为门函数的参数，称为门宽或脉冲宽度，其波形如图 2.2-8 所示。

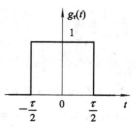

图 2.2-8　门函数

显然，有

$$g_\tau(t) = u(t + \frac{\tau}{2}) - u(t - \frac{\tau}{2}) \qquad (2.2-12)$$

MATLAB 中表示 $g_\tau(t)$ 的函数为 rectangularPulse(a,b,t)，画 $g_\tau(t)$ 波形的代码如下：

```
a=-0.5;
b=0.5;
t=-5:0.001:5;
plot(t, rectangularPulse(a,b,t));
```

注：a、b 分别为广义矩形脉冲的时间起点和终点，a=-b 时即为本书中定义的门函数。

4. 单位冲激信号 $\delta(t)$

单位冲激信号 $\delta(t)$ 的狄拉克(Dirac)定义(由英国物理学家 P. A. M. Dirac 在 1930 年提出)为

$$\delta(t) = \begin{cases} \infty & (t = 0) \\ 0 & (t \neq 0) \end{cases} \qquad (2.2-13)$$

且

$$\int_{-\infty}^{\infty} \delta(t)\mathrm{d}t = 1 \qquad (2.2-14)$$

单位冲激信号的波形如图 2.2-9 所示。

MATLAB 中 $\delta(t)$ 的函数为 dirac(t)，画 $\delta(t)$ 波形的代码如下：

```
t=-5:0.001:5;
plot(t,dirac(t))
```

单位冲激信号的 Dirac 定义一方面规定了冲激出现的时刻为"0"，另一方面规定了冲激的强度为 1。单位冲激信号也是奇异信号。

我们还可以利用门函数来定义单位冲激信号：由于冲激出现的时刻为"0"，另一方面冲激的积分为 1，因此可以将单位冲激信号看作矩形脉冲宽度 τ 趋向于 0、脉冲幅度 $1/\tau$ 趋向于无穷大，但矩形脉冲面积永远保持为 1 的可变门函数的极限，即

$$\delta(t) = \lim_{\tau \to 0} \frac{1}{\tau} g_\tau(t) \qquad (2.2-15)$$

由可变矩形脉冲的极限得到单位冲激信号的示意图如图 2.2-10 所示。

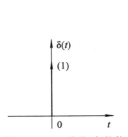

图 2.2-9 单位冲激信号

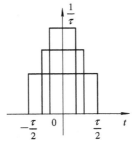

图 2.2-10 由可变矩形脉冲得到单位冲激信号

另一方面，根据单位冲激信号的定义，显然有

$$\int_{-\infty}^{t} \delta(\tau)d\tau = \begin{cases} 0 & (t < 0) \\ 1 & (t > 0) \end{cases} \tag{2.2-16}$$

即

$$\int_{-\infty}^{t} \delta(\tau)d\tau = u(t) \tag{2.2-17}$$

同理，有

$$\frac{du(t)}{dt} = \delta(t) \tag{2.2-18}$$

也就是说，单位冲激信号的积分为单位阶跃信号，反之，单位阶跃信号的微分为单位冲激信号。

考虑如图 2.2-11 所示的电路，在 $t=0$ 时刻合上开关，则开关的动作等效于将电源电压 $U_s u(t)$ 接到电容两端，即

$$u_C(t) = U_s u(t) \tag{2.2-19}$$

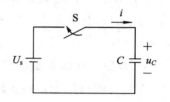

图 2.2-11　电压源与电容的
开关串联

根据定义，流过电容的电流 $i(t) = C\dfrac{du_C(t)}{dt}$，即有

$$i(t) = CU_s \frac{du(t)}{dt} = CU_s\delta(t) \tag{2.2-20}$$

值得说明的是，由于单位冲激信号的瞬时无限性，单位冲激信号仅仅在数学上有意义，在实际中单位冲激信号并不存在，但是与单位阶跃信号一样，单位冲激信号在信号与系统分析中占有非常重要的地位。例如，在后面我们将会学习到，当只有单位冲激信号作为系统的输入时，对应的系统响应是线性时不变系统非常重要的特征。

根据单位冲激信号的定义，可以得到单位冲激信号具有如下性质：

（1）筛选性质：

$$f(t)\delta(t - t_0) = f(t_0)\delta(t - t_0) \tag{2.2-21}$$

（2）取样性质：

$$\int_{-\infty}^{\infty} f(t)\delta(t - t_0)dt = f(t_0) \tag{2.2-22}$$

（3）展缩性质：

$$\delta(at - t_0) = \frac{1}{|a|}\delta(t - t_0/a) \tag{2.2-23}$$

根据展缩性质，取 $a = -1$，可得 $\delta(t) = \delta(-t)$，即 $\delta(t)$ 为偶函数。

【例 2.2-3】　试计算 $\displaystyle\int_{-\infty}^{\infty}(t^2 + 3)\delta(1 - 2t)dt$。

解　$\displaystyle\int_{-\infty}^{\infty}(t^2 + 3)\delta(1 - 2t)dt = \int_{-\infty}^{\infty}(t^2 + 3)\frac{1}{2}\delta\left(t - \frac{1}{2}\right)dt = \frac{1}{2}\left[\left(\frac{1}{2}\right)^2 + 3\right] = \frac{13}{8}$

（4）微积分性质：

$$\delta(t) = \frac{du(t)}{dt}, \ u(t) = \int_{-\infty}^{t}\delta(\tau)d\tau \tag{2.2-24}$$

根据这一性质，"冲激"可以用来表示非连续函数的导数，导数中"冲激"出现在原函数的间断点处，"冲激"的"强度"为原函数在间断点处升降的幅度。

【例 2.2 - 4】 画出如图 2.2 - 12(a)所示信号的微分信号。

解 根据阶跃信号和冲激信号的定义，可以得到图 2.2 - 12(a)所示信号的微分如图 2.2 - 12(b)所示。

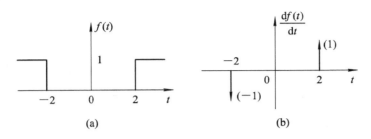

图 2.2 - 12 微分中存在冲激的信号

5. 冲激信号的导数

在系统分析中，有时会遇到冲激信号 $\delta(t)$ 的一阶或高阶导数的问题，此时需要特别注意。下面以 $\delta'(t)$ 为例对它们进行描述。

由图 2.2 - 10 可知，冲激信号可以看作矩形脉冲宽度为 τ、脉冲幅度为 $\frac{1}{\tau}$、矩形脉冲面积恒定为 1 的可变门函数在 τ 趋向于 0 时的极限，因此 $\delta'(t)$ 可以看作上述矩形脉冲的一阶导数在 τ 趋向于 0 时的极限。另一方面，由式(2.2 - 12)可知，上述矩形脉冲等于 $\frac{1}{\tau}g_{\tau}(t) = \frac{1}{\tau}\left[u\left(t+\frac{\tau}{2}\right) - u\left(t-\frac{\tau}{2}\right)\right]$，而由式(2.2 - 24)可知，单位阶跃信号的一阶导数为单位冲激信号，因此，该矩形脉冲的一阶导数实际上包含了一对冲激信号：

（1）第一个冲激信号位于 $t = -\frac{\tau}{2}$，强度为 $\frac{1}{\tau}$。

（2）第二个冲激信号位于 $t = \frac{\tau}{2}$，强度为 $-\frac{1}{\tau}$。

因此，当脉冲宽度 τ 趋向于 0 时，求导所得的一对冲激信号将相互靠近，极限情况下，它们在原点重合，且强度分别趋于 $+\infty$ 和 $-\infty$。由于两个冲激信号位置相同，强度相反，因此一般称它们为冲激偶。冲激偶可以用来表示一个对输入信号进行求导的系统。

根据上述分析过程，我们有

$$\delta'(t) = \lim_{\tau \to 0} \frac{1}{\tau}\left[\delta\left(t+\frac{\tau}{2}\right) - \delta\left(t-\frac{\tau}{2}\right)\right] \qquad (2.2 - 25)$$

可以证明，冲激偶具有下列基本性质：

$$\int_{-\infty}^{\infty} \delta'(t)\mathrm{d}t = 0 \qquad (2.2 - 26)$$

$$\int_{-\infty}^{\infty} f(t)\delta'(t - t_0)\mathrm{d}t = -\left.\frac{\mathrm{d}f(t)}{\mathrm{d}t}\right|_{t=t_0} \qquad (2.2 - 27)$$

类似地，可以利用式(2.2 - 25)定义单位冲激信号的高阶导数。以二阶为例，它是冲激偶的一阶导数，即

$$\frac{\mathrm{d}^2\delta(t)}{\mathrm{d}t^2} = \frac{\mathrm{d}\delta'(t)}{\mathrm{d}t} = \lim_{\tau \to 0} \frac{1}{\tau}\left[\delta'\left(t+\frac{\tau}{2}\right) - \delta'\left(t-\frac{\tau}{2}\right)\right] \qquad (2.2 - 28)$$

将式(2.2-28)推广即可定义单位冲激信号的 n 阶导数，记为 $\delta^{(n)}(t)$。

6. 符号函数 sgn(t)

符号函数的定义为

$$\text{sgn}(t) = \begin{cases} -1 & (t < 0) \\ 1 & (t > 0) \end{cases} \qquad (2.2-29)$$

其波形如图 2.2-13 所示。

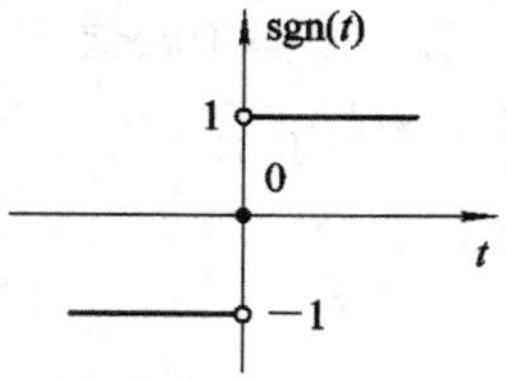

图 2.2-13　符号函数

显然，有 $\text{sgn}(t) = 2u(t) - 1$。

MATLAB 中 $\text{sgn}(t)$ 的函数为 $\text{sign}(t)$，画 $\text{sgn}(t)$ 波形的代码如下：

```
t=-5:0.001:5;
plot(t,sign(t))
```

7. 采样函数 Sa(t)

采样函数的定义为

$$\text{Sa}(t) = \begin{cases} \dfrac{\sin t}{t} & (t \neq 0) \\ 1 & (t = 0) \end{cases} \qquad (2.2-30)$$

其波形如图 2.2-14 所示。

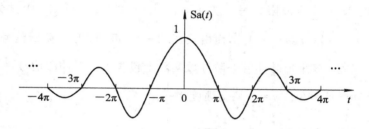

图 2.2-14　采样函数

MATLAB 中画出 $\text{Sa}(t)$ 波形的代码如下：

```
t=-4*pi:0.001:4*pi;
plot(t, sin(t)./t)
```

采样函数在"信号与系统"中也占有非常重要的地位，连续时间信号通过采样后得到离散时间信号，而将离散时间信号无失真恢复成对应的连续时间信号，正是利用采样函数进行插值完成的，这也是采样函数名称的由来。

可以证明，采样函数具有如下性质：

(1) $\text{Sa}(t) = \text{Sa}(-t)$；

(2) $\text{Sa}(t) = 0$，$t = k\pi$；

(3) $\displaystyle\int_{-\infty}^{\infty} \text{Sa}(t)\,\mathrm{d}t = \pi$；

(4) $\text{Sa}(t)\big|_{t=\pm\infty} = 0$。

2.2.2 常用离散序列

1. 单位样值序列 δ(n)

单位样值序列的定义为

$$\delta(n) = \begin{cases} 1 & (n=0) \\ 0 & (n \neq 0) \end{cases} \qquad (2.2-31)$$

其波形如图 2.2 - 15 所示。

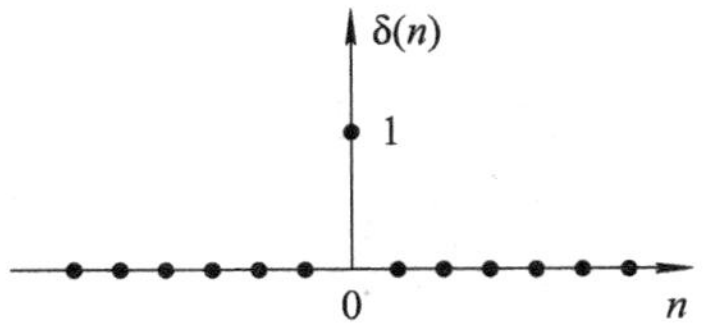

图 2.2 - 15　单位样值序列

MATLAB 中画出 δ(n) 波形的代码如下：

```
n=10;
y=[zeros(1,n),1,zeros(1,n)];
stem(-n:n,y)
```

与单位冲激信号 δ(t) 不同的是，单位样值序列 δ(n) 不是奇异信号，它只是最简单的离散信号。利用 δ(n) 与 δ(n−k) 可以表示任何离散序列。

【例 2.2 - 5】　图 2.2 - 16 所示的序列可表示为

$$f(n) = 2\delta(n+2) - \delta(n+1) + 3\delta(n) - \delta(n-1) + 2\delta(n-2)$$

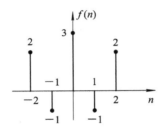

图 2.2 - 16　离散序列

2. 单位阶跃序列 u(n)

单位阶跃序列的定义为

$$u(n) = \begin{cases} 1 & (n \geq 0) \\ 0 & (n < 0) \end{cases} \qquad (2.2-32)$$

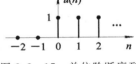

图 2.2 - 17　单位阶跃序列

其波形如图 2.2 - 17 所示。

MATLAB 中画出 u(n) 波形的代码如下：

```
n=10;
y=[zeros(1,n),1,ones(1,n)];
stem(-n:n,y)
```

显然，有

$$u(n) = \delta(n) + \delta(n-1) + \delta(n-2) + \cdots = \sum_{k=0}^{\infty} \delta(n-k) = \sum_{k=-\infty}^{n} \delta(k) \quad (2.2-33)$$

$$\delta(n) = u(n) - u(n-1) \qquad (2.2-34)$$

3. 门序列 $R_N(n)$

门序列的定义为

$$R_N(n) = \begin{cases} 1 & (0 \leqslant n \leqslant N-1) \\ 0 & (其他) \end{cases} \tag{2.2-35}$$

其波形如图 2.2 - 18 所示。

MATLAB 中画出 $R_N(n)$ 波形的代码如下(设 $N=10$):

```
n=10;
y=ones(1,n);
stem(0:n-1,y)
```

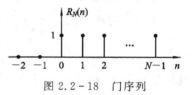

图 2.2 - 18　门序列

4. 复指数序列 z^n

z 为复平面上的点,$z=re^{j\Omega}$,取 $f(n)$ 为 z^n 的实部,即

$$f(n) = \text{Re}\{z^n\} = r^n \cos n\Omega \tag{2.2-36}$$

同连续复指数信号类似,当 z 取不同值时,可以得到不同的序列:

(1) 直流序列:

$$f(n) = 1 = 1^n \quad (z=1) \tag{2.2-37}$$

(2) 指数序列:

$$f(n) = r^n \quad (\Omega=0, z=r) \tag{2.2-38}$$

(3) 正弦序列:

$$f(n) = \cos n\Omega \quad (r=1, z=e^{j\Omega}) \tag{2.2-39}$$

需要说明的是,离散正弦序列与连续正弦信号存在一定的区别:连续正弦信号一定是周期信号,但离散正弦序列不一定是周期信号。例如,$f(t)=\cos(2t)$ 为周期信号,其周期 $T=\pi$;而 $f(n)=\cos(2n)$ 为非周期信号,原因在于若 $f(n)=\cos(2n)$ 为周期信号,则周期同样应该为 π,但 π 并不是整数,不满足周期序列的定义。反之,$f(n)=\cos\left(\dfrac{\pi}{2}n\right)$ 则为周期 $N=4$ 的周期序列。图 2.2 - 19 给出了 $f_1(n)=\cos(2n)$ 和 $f_2(n)=\cos\left(\dfrac{\pi}{2}n\right)$ 的波形,从图中也可以看出它们的周期性质。

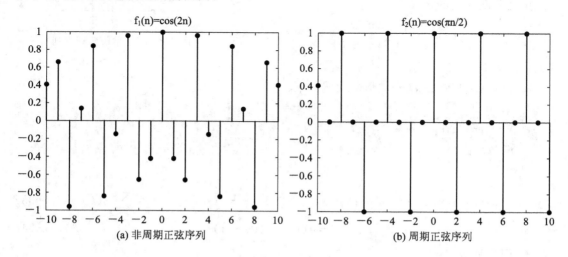

图 2.2 - 19　正弦序列的周期性

（4）指数变化的正弦序列：

$$f(n) = r^n \cos n\Omega \quad (z = r\mathrm{e}^{\mathrm{j}\Omega}) \tag{2.2-40}$$

MATLAB 中画出指数变化的正弦序列的代码如下：

```
r=0.9;omega=pi*2/3;
n=0:20;
y=r.^n.*cos(n*omega);
stem(n,y)
```

2.3 信号的时域运算

2.3.1 信号幅度运算

常用的信号幅度运算包括信号的放大/衰减、信号相加及信号相乘。

将信号 $x(t)$ 放大 a 倍，即可得到信号：

$$y(t) = ax(t) \tag{2.3-1}$$

将若干个信号 $x_1(t)$，$x_2(t)$，$\cdots$，$x_n(t)$ 分别放大 a_1，a_2，$\cdots$，a_n 倍后再求和，这是信号的相加运算，即

$$y(t) = a_1 x_1(t) + a_2 x_2(t) + \cdots + a_n x_n(t) \tag{2.3-2}$$

实际应用中，系统的输入往往是正常信号再叠加噪声，因此信号相加运算在实际应用中非常普遍。小信号的加法运算可以由运放完成，如图 2.3-1 所示即为反相输入加法电路。

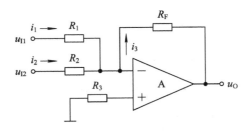

图 2.3-1　反相输入加法电路

根据理想运放的虚短、虚断性质，可得

$$u_\mathrm{O} = -\left(\frac{R_\mathrm{F}}{R_1} u_\mathrm{I1} + \frac{R_\mathrm{F}}{R_2} u_\mathrm{I2} \right) \tag{2.3-3}$$

另一种信号的幅度运算是信号相乘，即

$$y(t) = x_1(t) \cdot x_2(t)$$

信号相乘运算在实际中的应用非常广泛，通信系统中的幅度调制就是信号相乘运算的一种具体应用。小信号间的相乘运算同样可以由运算放大器电路（一般包括对数电路、加法电路和反对数电路）完成，也可以使用现成的乘法运算集成电路实现。

【例 2.3-1】　图 2.3-2 给出了两个信号分别进行相加和相乘运算的示意图。需要说明的是，图 2.3-2 中信号 $g(t)$ 的基波频率远大于 $x(t)$ 的基波频率，图中虚线称为"包络"，代表信号的变化趋势。

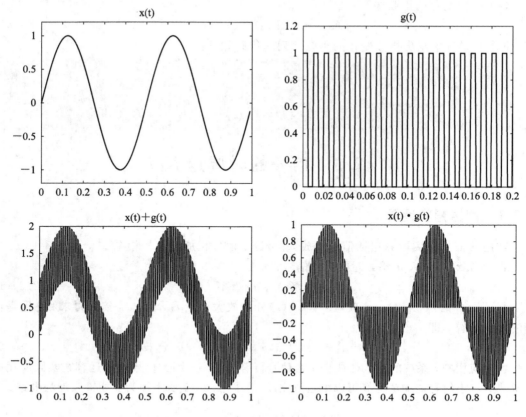

图 2.3 - 2　两个信号相加和相乘运算

2.3.2　连续信号的微分与积分运算

顾名思义，信号的微分（积分）运算就是求输入信号的微分（积分），即

微分运算：
$$y(t) = \frac{\mathrm{d}x(t)}{\mathrm{d}t} \tag{2.3-4}$$

积分运算：
$$y(t) = \int_{-\infty}^{t} x(\tau)\mathrm{d}\tau \tag{2.3-5}$$

为方便起见，在有些教材中，信号 $x(t)$ 的低阶微分（一阶～三阶）通常也表示为 $x'(t)$、$x''(t)$、$x'''(t)$ 或者 $x^{(1)}(t)$、$x^{(2)}(t)$、$x^{(3)}(t)$，相应地，信号 $x(t)$ 的一重积分表示为 $x^{(-1)}(t)$，二重积分表示为 $x^{(-2)}(t)$。

值得说明的是，在进行信号的微分运算时要注意信号的跳变处其微分存在冲激。

【例 2.3 - 2】　信号 $f(t)$ 的波形如图 2.3 - 3(a) 所示，其微分波形如图 2.3 - 3(b) 所示。

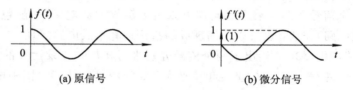

(a) 原信号　　　　　　　　　　(b) 微分信号

图 2.3 - 3　信号及其微分的波形

【例 2.3 - 3】 对如图 2.3 - 4(a)所示的信号求导数和积分。

$$f(t) = \begin{cases} t & (0 < t < 1) \\ 0 & (其他) \end{cases}$$

解　$f(t) = t(u(t) - u(t-1))$

$$\Rightarrow f'(t) = (u(t) - u(t-1)) + t(\delta(t) - \delta(t-1))$$
$$= u(t) - u(t-1) + 0 \cdot \delta(t) - 1 \cdot \delta(t-1)$$
$$= u(t) - u(t-1) - \delta(t-1)$$

$$\int_{-\infty}^{t} f(\tau)\mathrm{d}\tau = \int_{-\infty}^{t} [\tau(u(\tau) - u(\tau-1))]\mathrm{d}\tau = \int_{-\infty}^{t} \tau u(\tau)\mathrm{d}\tau - \int_{-\infty}^{t} \tau u(\tau-1)\mathrm{d}\tau$$
$$= \left[\int_{0}^{t} \tau\mathrm{d}\tau\right]u(t) - \left[\int_{1}^{t} \tau\mathrm{d}\tau\right]u(t-1) = \frac{1}{2}t^2 u(t) - \frac{1}{2}(t^2-1)u(t-1)$$

其波形如图 2.3 - 4(b)、(c)所示。

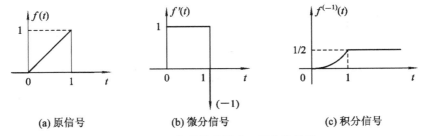

(a) 原信号　　　　(b) 微分信号　　　　(c) 积分信号

图 2.3 - 4　信号及其微分、积分的波形

实际上，由 $f(t)$ 的波形可知，其在 $t=1$ 处存在一个跳变，其跳变幅度为 $f(0_+) - f(0_-) = 0 - 1 = -1$，因此其微分在 $t=1$ 处存在信号 $\delta(t-1)$。因此，微分运算可以突出信号的变化，而积分运算则弱化信号的变化。

2.3.3　离散序列的差分与累加运算

离散序列的差分有两种定义，即前向差分和后向差分。

离散序列 $f(n)$ 的前向差分定义为

$$\Delta f(n) = f(n+1) - f(n) \tag{2.3-6}$$

离散序列 $f(n)$ 的后向差分定义为

$$\nabla f(n) = f(n) - f(n-1) \tag{2.3-7}$$

根据实际需要，我们可以采用上述前向差分和后向差分中的任意一种。在本书中，我们统一采用后向差分。

离散序列的累加运算定义为

$$y(n) = \sum_{k=-\infty}^{n} x(k) \tag{2.3-8}$$

离散序列的差分与连续信号的微分类似，而离散序列的累加运算与连续信号的积分类似。

2.3.4　信号的自变量变换

信号的自变量变换包括信号的平移、翻转与展缩。

延时摄影与慢动作

1. 连续信号的时间变换

1) 连续时间信号的平移操作

将连续时间信号中的 t 变换为 $t-\tau$，即 $f(t) \rightarrow f(t-\tau)$，相当于将信号 $f(t)$ 的波形向右平移（延时）了 τ 时间。当 $\tau > 0$ 时，实际向右平移；而当 $\tau < 0$ 时，实际向左平移（超前）了 $-\tau$ 时间。

【例 2.3 - 4】 $f(t)$ 的波形如图 2.3 - 5(a)所示，则 $f(t-1)$ 的波形是 $f(t)$ 向右平移 1 个时间单位，如图 2.3 - 5(b)所示，而 $f(t+1)$ 的波形是 $f(t)$ 向右平移 -1 个时间单位，实际相当于 $f(t)$ 向左平移 1 个时间单位，如图 2.3 - 5(c)所示。

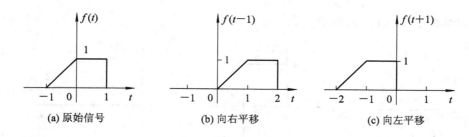

(a) 原始信号　　　　　(b) 向右平移　　　　　(c) 向左平移

图 2.3 - 5　信号及其平移

2) 连续时间信号的翻转操作

将连续时间信号中的 t 变换为 $-t$，即 $f(t) \rightarrow f(-t)$，相当于将信号 $f(t)$ 的波形沿纵轴进行翻转，将信号的过去与未来进行对调。

【例 2.3 - 5】 $f(t)$ 的波形如图 2.3 - 6(a)所示，则 $f(-t)$ 的波形如图 2.3 - 6(b)所示。

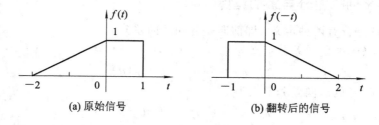

(a) 原始信号　　　　　　　　(b) 翻转后的信号

图 2.3 - 6　信号及其翻转的波形

3) 连续时间信号的展缩

将连续时间信号中的 t 变换为 $at(a > 0)$，即 $f(t) \rightarrow f(at)$，相当于将信号 $f(t)$ 的波形保持原点不动后时域"压缩"成原来的 $1/a$。当 $a > 1$ 时，实际是波形的压缩；而当 $0 < a < 1$ 时，实际是波形的扩展。

【例 2.3 - 6】 $f(t)$ 的波形如图 2.3 - 7(a)所示，则 $f(2t)$ 的波形如图 2.3 - 7(b)所示，$f\left(\dfrac{1}{2}t\right)$ 的波形如图 2.3 - 7(c)所示。

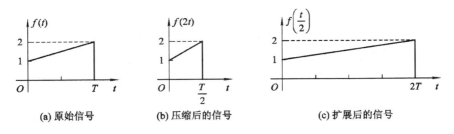

图 2.3-7　信号及其展缩的波形

4）连续信号时间变换的一般情况

一般地，将连续时间信号中的 t 变换为 $at+b$（a、b 为实数，$a \neq 0$），即 $f(t) \to f(at+b)$，其实现流程有两种方案。

方案一：

$$f(t) \xrightarrow{\text{时间轴压缩成原来的 } 1/|a|} f(|a|t) \xrightarrow{\text{若 } a<0, \text{则翻转}} f(at) \xrightarrow{\text{向左平移 } b/a} f(at+b)$$

方案二：

$$f(t) \xrightarrow{\text{向左平移 } b} f(t+b) \xrightarrow{\text{时间轴压缩成原来的 } 1/|a|} f(|a|t+b) \xrightarrow{\text{若 } a<0, \text{则翻转}} f(at+b)$$

【例 2.3-7】　$f(t)$ 的波形如图 2.3-8(a)所示，求 $f(-2t+4)$。

解　方案一，按照先压缩、再翻转、最后平移的方式得到，变换过程如图 2.3-8(b)所示。

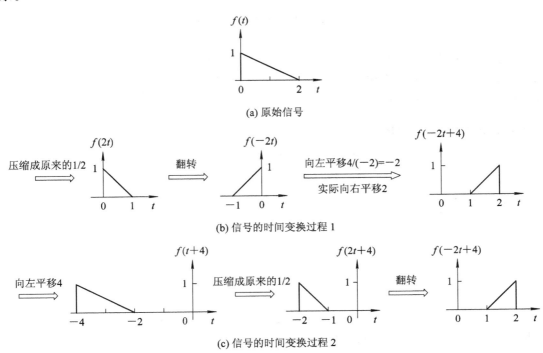

图 2.3-8　连续时间信号自变量变换过程

方案二，按照先平移、再压缩、最后翻转的方式得到，变换过程如图 2.3-8(c)所示。

2. 离散序列的时间变换

离散序列的时间变换与连续信号的时间变换的平移、翻转及扩展操作都是同样的过程，但离散序列的压缩例外。由于离散序列定义在整数位置，因此离散序列的压缩会丢失数据。

【例 2.3 - 8】 序列 $f(n)$ 如图 2.3 - 9(a) 所示，求 $f(2n-1)$。

解 变换过程如图 2.3 - 9 所示，比较图 2.3 - 9(a) 和图 2.3 - 9(c) 可知，离散序列经过压缩后丢失了部分数据。

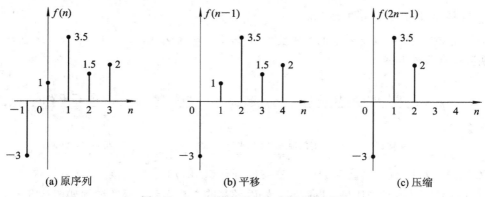

图 2.3 - 9   离散序列的自变量变换过程

2.4   信号的分解

为了信号和系统分析的方便，我们有时会对信号进行分解，将其分解为若干具有特定性质的基本信号之和或基本信号的乘积，在本章我们只讨论信号的奇偶分解与冲激信号的分解形式，在后续章节中我们还会讨论信号的正交分解方法。

2.4.1   信号的奇偶分解

任何信号 $f(t)$ 都可以分解为一个偶信号 $f_e(t)$ 与一个奇信号 $f_o(t)$ 的和的形式，即

$$f(t) = f_e(t) + f_o(t) \tag{2.4 - 1}$$

实际上，根据奇信号与偶信号的定义，我们有

$$\begin{cases} f_o(-t) = -f_o(t) \\ f_e(-t) = f_e(t) \end{cases} \tag{2.4 - 2}$$

由式(2.4 - 1)，我们有

$$f(-t) = f_o(-t) + f_e(-t) \tag{2.4 - 3}$$

将式(2.4 - 2)代入式(2.4 - 3)，可以得到

$$f(-t) = f_e(t) - f_o(t) \tag{2.4 - 4}$$

根据式(2.4 - 1)和式(2.4 - 4)可以得到

$$\begin{cases} f_e(t) = \dfrac{f(t) + f(-t)}{2} \\[2mm] f_o(t) = \dfrac{f(t) - f(-t)}{2} \end{cases} \tag{2.4 - 5}$$

【例 2.4 - 1】 $f(t)$ 的波形如图 2.4 - 1(a)所示,对其进行奇偶分解。

解 可知 $f(-t)$ 的波形如图 2.4 - 1(b)所示,根据式(2.4 - 5)可得分解后的偶信号 $f_e(t)$ 和奇信号 $f_o(t)$ 的波形分别如图 2.4 - 1(c)和图(d)所示。

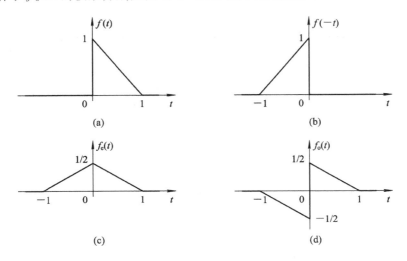

图 2.4 - 1 信号的奇偶分解

2.4.2 连续信号分解成冲激信号

对于连续信号 $f(t)$,当我们采用时间间隔 $\Delta\tau$ 对 $f(t)$ 进行均匀采样并在每一个采样间隔内进行采样保持时,可以得到 $f(t)$ 的近似信号 $\hat{f}(t)$,$\hat{f}(t)$ 实际上是一个矩形窄脉冲序列,如图 2.4 - 2 所示。

连续信号的冲激分解

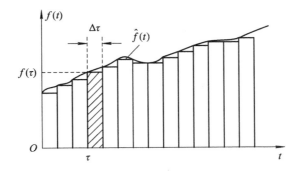

图 2.4 - 2 连续信号的均匀采样近似

显然,当 $t=\tau$ 时,脉冲高度为 $f(\tau)$,因此图 2.4 - 2 中阴影部分的单个窄脉冲可表示为

$$f(\tau)[u(t-\tau)-u(t-\tau-\Delta\tau)] \tag{2.4-6}$$

故有

$$\hat{f}(t)=\sum_{\tau=-\infty}^{\infty}f(\tau)[u(t-\tau)-u(t-\tau-\Delta\tau)] \tag{2.4-7}$$

当 $\Delta\tau \to 0$ 时，$\hat{f}(t) \to f(t)$，也就是

$$f(t) = \lim_{\Delta\tau \to 0} \hat{f}(t) = \lim_{\Delta\tau \to 0} \sum_{\tau=-\infty}^{\infty} f(\tau)\left[u(t-\tau) - u(t-\tau-\Delta\tau)\right]$$

$$= \lim_{\Delta\tau \to 0} \sum_{\tau=-\infty}^{\infty} f(\tau)\frac{\left[u(t-\tau) - u(t-\tau-\Delta\tau)\right]}{\Delta\tau} \cdot \Delta\tau \qquad (2.4-8)$$

而

$$\lim_{\Delta\tau \to 0} \frac{\left[u(t-\tau) - u(t-\tau-\Delta\tau)\right]}{\Delta\tau} = \frac{\mathrm{d}u(t-\tau)}{\mathrm{d}\tau} = \delta(t-\tau) \qquad (2.4-9)$$

将式(2.4-9)代入式(2.4-8)得

$$f(t) = \lim_{\Delta\tau \to 0} \sum_{\tau=-\infty}^{\infty} f(\tau)\delta(t-\tau) \cdot \Delta\tau \qquad (2.4-10)$$

另一方面，当 $\Delta\tau \to 0$ 时，式(2.4-10)中 $\Delta\tau \to \mathrm{d}\tau$，$\displaystyle\lim_{\Delta\tau \to 0}\sum_{\tau=-\infty}^{\infty} \to \int_{-\infty}^{\infty}$，也就是

$$f(t) = \int_{-\infty}^{\infty} f(\tau)\delta(t-\tau)\mathrm{d}\tau \qquad (2.4-11)$$

式(2.4-11)实际上就是冲激信号的取样性质(见式(2.2-22))。

2.4.3 离散序列分解成单位样值序列

根据单位样值序列 $\delta(n)$ 的定义，$\delta(n-k)$ 只有当 $n=k$ 时才为 1，在其他任何时刻都为 0，由此，任何序列 $f(n)$ 都可以分解成单位样值序列的和的形式：

$$f(n) = \sum_{k=-\infty}^{\infty} f(k)\delta(n-k) \qquad (2.4-12)$$

图 2.4-3 给出了离散序列分解成单位样值序列的示意图。

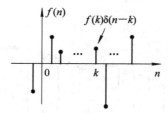

图 2.4-3　离散序列分解成单位样值序列

2.5　实 例 分 析

视频的时域处理

在日常生活中，我们会接触到很多类型的信号，其中不乏对这些信号的时间域运算与处理过程，视频信号、音频信号就是这些信号的典型代表。

以下以视频信号为例进行说明。一般来说，视频信号是一系列前后相互关联的图像信号的集合，视频中，图像以帧的形式存在，前后图像帧之间除运动目

标外，其余背景部分基本保持不变。在视频信号中，除图像信号外，往往还包括场同步信号和行同步信号，用于视频显示时的行、场同步。图 2.5－1(a)和图(b)所示为动画片《机器人历险记》中相隔较近的两帧图像，图中的字幕信息是后加的。

(a) 第 *n* 帧   (b) 第 *m* 帧

图 2.5－1 《机器人历险记》中的两帧图像

视频信号的时域运算包括以下几个方面：

（1）视频信号放大。视频信号放大可以增强视频的亮度、色度、同步信号，其主要目的在于增强视频信号以实现远距离传输。图 2.5－2(a)所示为将图 2.5－1(a)中图像信号幅度放大 1.1 倍以后的效果。从图中可以看出，图像亮度得到了增强。

（2）两路视频信号的和。图 2.5－1 中的图像信号实际上就是原始视频帧信号在特定位置（视频的底端中间位置）叠加上字幕信号后的效果，因此是原始视频与字幕视频信号的和。

（3）视频信号的差分。视频信号的差分指的是视频中连续关键帧之间的差值图像，如图 2.5－2(b)即为图 2.5－1(a)与图 2.5－1(b)间的差分图像。根据视频信号的特点，由于连续帧间的背景差异很小，因此视频的帧间差主要反映了目标的运动情况。正是基于这一基本事实，帧差法通常用于运动目标的检测，同时，可以利用运动预测来大大提高视频的编码效率，从而达到视频压缩的目的。

(a) 视频信号放大   (b) 视频信号的差分

图 2.5－2 视频信号的放大和差分

（4）视频的快速播放。延时摄影技术是视频的快速播放中的一种，视频播放时的帧率远大于视频录制时的帧率，把几分钟、几小时甚至几天、几年的动态过程压缩在一个较短的时间内以视频的方式播放。快速播放的实质是将视频的时间轴进行压缩。

（5）视频的慢镜头播放。在慢镜头播放中，视频播放时的帧率远小于视频录制时的帧率，例如高速摄影技术可以向观看者再现子弹击穿目标的过程。慢镜头播放的实质是将视频的时间轴进行扩展。

（6）视频的倒带过程。在影视制作/创作过程中有时还采用倒带方式来达到特定的效果，例如一个睁眼的片段采用倒带效果后则变为闭眼的过程。倒带过程的实质是将视频的时间轴进行反转。

习 题 2

2-1 试确定下列信号是能量信号还是功率信号，并计算其总能量或平均功率。

(1) $f_1(t) = \begin{cases} t & (0 \leqslant t < 1) \\ 2-t & (1 \leqslant t < 2) \\ 0 & (其他) \end{cases}$；

(2) $f_2(n) = \begin{cases} n & (0 \leqslant n < 3) \\ 6-n & (3 \leqslant n \leqslant 6) \\ 0 & (其他) \end{cases}$

(3) $f_3(t) = 2\cos(2\pi t) + \sin(3\pi t)$；

(4) $f_4(n) = \cos(\pi n)u(n)$。

2-2 升余弦脉冲 $f(t)$ 定义如下：

$$f(t) = \begin{cases} \dfrac{1}{2}[\cos(\pi t) + 1] & (-1 \leqslant t \leqslant 1) \\ 0 & 其他 \end{cases}$$

求 $f(t)$ 的总能量。

2-3 试确定下列信号是否为周期信号。若是，求其基本周期。

(1) $f_1(t) = \sin^2(2\pi t)$；

(2) $f_2(t) = e^{-2t}\cos(\pi t)$；

(3) $f_3(t) = \cos(2t) + \sin(3t)$；

(4) $f_4(t) = \sin(t)u(t)$；

(5) $f_5(n) = \cos\left(\dfrac{7}{15}\pi n\right)$；

(6) $f_6(n) = \sin\left(\dfrac{1}{5}n\right)$；

(7) $f_7(n) = (-1)^n$；

(8) $f_8(n) = \cos\left(\dfrac{1}{2}\pi n\right)\sin\left(\dfrac{1}{3}\pi n\right)$。

2-4 设离散时间正弦信号 $\sin(\Omega n)$ 的周期为：

(1) $N = 8$；   (2) $N = 32$；   (3) $N = 128$，

分别求使其成为周期信号的最小角频率 Ω。

2-5 考虑两个指数衰减正弦信号

$$f_1(t) = A e^{\alpha t}\cos(\omega t)u(t)$$

和

$$f_2(t) = A e^{\alpha t}\sin(\omega t)u(t)$$

假定 A、α 和 ω 均为实数，指数衰减因子 $\alpha < 0$，振荡角频率 $\omega > 0$，幅度 A 可正可负。

(1) 求以 $f_1(t)$ 为实部、$f_2(t)$ 为虚部的复指数信号 $f(t)$。

(2) 公式 $a(t) = \sqrt{f_1^2(t) + f_2^2(t)}$ 定义了复指数信号 $f(t)$ 的包络，求(1)中定义的 $f(t)$ 的包络。

(3) 包络 $a(t)$ 随时间 t 如何变化？

2-6 设 $f_1(t)$ 和 $f_2(t)$ 分别如题 2-6 图(a)和图(b)所示，请画出下列信号：

(1) $f_1(t)f_2(t-1)$；

(2) $f_1(t-1)f_2(-t-1)$；

(3) $f_1(t+1)f_2(t-2)$；

(4) $f_1(t)f_2(-t-1)$；

(5) $f_1(2t)f_2\left(\dfrac{1}{2}t-1\right)$；

(6) $f_1(-2t+1)f_2\left(\dfrac{1}{2}t-1\right)$；

(7) $f_1\left(\dfrac{1}{2}t\right)f_2(2-t)$。

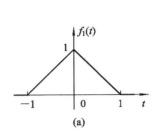

(a)

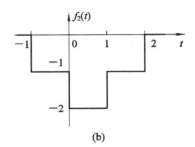

(b)

题 2-6 图

2-7 已知 $f(t)$ 的波形如题 2-7 图所示，求 $y(t)=f'(t)$。

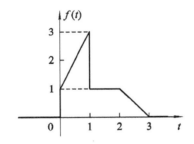

题 2-7 图

2-8 设 $f_1(n)$ 和 $f_2(n)$ 分别如题 2-8 图(a)和(b)所示，请画出下列信号：

(1) $f_1(2n)$；

(2) $f_1(3n-1)$；

(3) $f_2(1-n)$；

(4) $f_2(2-2n)$；

(5) $f_1(n-2)+f_2(n+2)$；

(6) $f_1(n+2)f_2(n-2)$。

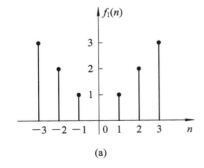

(a)

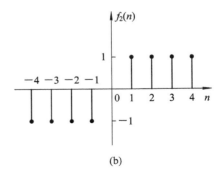

(b)

题 2-8 图

2 - 9 画出下列信号的时域波形：

(1) $f_1(t) = 5u(-t-1)$；   (2) $f_2(t) = u(t^2 + 5t + 4)$。

2 - 10 已知 $f(1-2t) = 2\delta(t-1)$，试求 $f(t)$。

2 - 11 求下列信号的偶分量和奇分量。

(1) $f_1(t) = e^{-2t}\sin t$；

(2) $f_2(t) = (1+t^3)\sin^2 5t$；

(3) $f_3(t) = \cos t + \sin t + \sin t\cos t$。

第3章 系 统

3.1 系统描述和分类

系统是普遍存在的,从基本的粒子到银河系,从人类社会到人的思维,从无机界到有机界,从自然科学到社会科学,系统无所不在。而一个系统中又可能包含若干子系统。例如,电视机内部电路可分为开关电源部分、行扫描、场扫描、遥控电路、高频部分、中频部分、音频部分、视频部分、显像电路。本章主要探讨电系统,实例以电路为主。

图 3.1-1 所示的电路是由电压源 $u(t)$ 和电阻 R、电容 C 串联构成的一个系统。电压源是系统的输入信号,电容两端的电压 $u_C(t)$ 是系统的输出信号。当输入为直流电压时,输出等于输入;当输入为单一频率的高频正弦信号时,输出约等于 0。因此,该系统又称为低通滤波器(频率低的信号允许输出,频率高的信号被过滤掉)。该电路由三个主要部件组成,互相作用构成一个具有特定功能的整体。

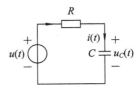

图 3.1-1 简单电系统

系统的种类繁多,为了更好地分析系统,需要从功能各异的物理对象中抽象出数学模型,该数学模型描述系统输入、输出变量以及内部其他变量之间的关系。

实际系统千变万化,下面从不同角度对系统进行分类。

1. 按系统处理的信号分类

1) 连续时间系统

系统输入信号、输出信号及内部信号都是连续时间信号的系统,称为连续时间系统。图 3.1-1 所示的电路就是连续时间系统。

2) 离散时间系统

系统输入信号、输出信号及内部信号都是离散时间信号的系统,称为离散时间系统。3-8 译码器是离散时间系统,输入是 3 位二进制数,输出是 8 种状态,它们都是离散时间信号。

3) 混合系统

含有连续时间子系统和离散时间子系统的系统,称为混合系统。若一个系统中含有模/数转换器或数/模转换器,则说明该系统中既有连续时间信号又有离散时间信号,该系统为混合系统。

2. 按系统是否有记忆功能分类

1）无记忆系统

系统的输出只与同时刻输入有关的系统，称为无记忆系统，又称为即时系统、静态系统。例如纯电阻电路，系统内部没有记忆元件，这类系统比较简单，本书不作讨论。

2）记忆系统

系统的输出不仅取决于同时刻的输入，还与之前的输入有关的系统，称为记忆系统，又称为动态系统。例如，含有电感、电容的连续时间系统及含有寄存器的离散时间系统都属于记忆系统。

3. 按元件参数是否集总分类

1）集总参数系统

只含有集总参数元件的系统，称为集总参数系统。集总参数元件是指电磁过程分别集中在各元件内部进行的器件，简称为集总元件。例如，R、L、C 是集总元件，由它们构成的电路就是集总参数系统。集总参数系统的数学模型是常微分方程。

2）分布参数系统

含有分布参数元件的系统，称为分布参数系统。

一个电路应该作为集总参数电路还是分布参数电路，取决于其本身的线性尺寸与表征其内部电磁过程的电压、电流的波长之间的关系。用 L 表示电路本身的最大线性尺寸，用 λ 表示电压电流的波长，若 $\lambda \gg L$ 成立，则电路可视为集总参数电路，否则为分布参数电路。

电力系统中，远距离高压电力传输线就是典型的分布参数系统，因为 50 Hz 的电流、电压对应的波长为 6000 km（波长＝光速/频率），但线路长度达几百甚至几千千米，已可与波长相比。通信系统中发射天线的实际尺寸虽不太长，但发射信号频率高、波长短，也应作为分布参数电路处理。分布参数系统的数学模型是偏微分方程。

4. 按系统是否存在逆系统分类

1）可逆系统

系统在不同激励作用下产生不同响应的系统，称为可逆系统，这类系统存在逆系统。

编码器与译码器互为逆系统。例如，8 个输入端（编号 0 到 7）可以用 3 位二进制进行编码，从 000 到 111，这个过程就是编码，而译码器将输入的二进制代码按照其原意翻译成对应的输出信号，如 011 翻译成编号为 3 的输出。

图 3.1－2 所示为可逆系统与其逆系统的级联，级联系统的输出和输入相等。如在军事领域，为了防止敌方截获我方情报，信息传输前加密系统和接收后解密系统互为逆系统，这两个系统级联，输出信号等于输入信号。又如，连续时间信号压缩为原来的 1/2 的系统和连续时间信号伸展 2 倍的系统也互为逆系统。

图 3.1－2　可逆系统与其逆系统的级联

2) 不可逆系统

不同的激励有可能产生相同响应的系统，称为不可逆系统，这类系统不存在逆系统。离散序列以 2 为倍数抽取的系统是不可逆的。例如，当系统输入为{1，2，3，4，5，6}、{1，7，3，8，5，9}时产生相同的输出{1，3，5}，该系统为不可逆系统。

5. 按系统输出是否有界分类

1) 稳定系统

有界的输入产生有界输出的系统，称为稳定系统。

图 3.1-1 所示的简单电系统，当输入电压有界时，电容两端的电压也有界，所以是稳定系统。

2) 不稳定系统

有界的输入会产生无界输出的系统，称为不稳定系统。若某一系统的输入 $x(t)$ 与输出 $y(t)$ 满足方程 $y(t) = \tan(x(t))$，则当 $x(t) = \pi/2$ 时，输出无穷大，该系统不稳定。

连续时间系统和离散时间系统的稳定性判断将在第 6 章和第 7 章详细介绍。

6. 按输出信号与输入信号的先后关系分类

1) 因果系统

系统的输出只与当时和以前的输入有关的系统，称为因果系统。换言之，因果系统的输出只能出现在输入之后。

图 3.1-1 所示的简单电系统是因果系统，系统的输出 $u_C(t)$ 只与现在和以前的输入 $u(t)$ 有关，与之后的输入无关。因果系统也称为不可预测的系统，因为未来的输入不能确定也就无法预测输出。所有的无记忆系统其输出仅仅对当前的输入作出响应，也是因果系统。

2) 非因果系统

系统的输出与之后的输入有关的系统，称为非因果系统。例如在实验数据处理时，取当前点和它前后各 2 点求 5 个点的平均值的系统是非因果系统，因为平均值不但与当前和以前的输入有关，还与以后的输入有关。

3.2 线性时不变系统

满足线性和时不变(也称非时变)性的连续或离散系统，统称为线性时不变(Linear Time-Invariant，LTI)系统。

线性时不变系统具有下列特性。

1. 齐次性

当系统的输入乘以一个常数时，响应也在原来的响应上乘以该常数，系统的这种特性称为齐次性，又称为均匀性。设输入为 $x(t)$ 时的输出为 $y(t)$，若输入为 $Ax(t)$ 时，系统输出为 $Ay(t)$，则称系统具有齐次性，用数学符号表示为

$$x(t) \rightarrow y(t)$$
$$Ax(t) \rightarrow Ay(t)$$

图 3.2－1 中，如果系统的输入是加在电阻 R 上的电压 $u(t)$，系统的输出是流过电阻的电流 $i(t)$，那么这个系统就是齐次的。因为 $i(t)=u(t)/R$，如果电压增加或减少，则电流也会相应地增加或减少。现在考虑另一个系统，输入是加在电阻上的电压，系统的输出是电阻上消耗的功率。由于功率 $P=u(t)^2/R$，即功率与电压的平方成正比，因此这个系统是非齐次的。

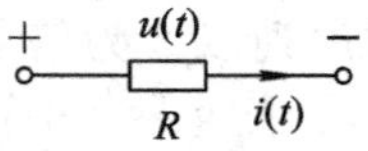

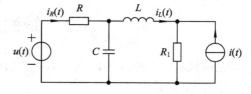

图 3.2－1 齐次性示例

对于离散时间系统，若 $x(n)$ 作用下响应为 $y(n)$，$Ax(n)$ 作用下响应为 $Ay(n)$，则称该系统具有齐次性，表示为

$$x(n) \rightarrow y(n)$$
$$Ax(n) \rightarrow Ay(n)$$

例如，输入、输出满足方程 $y(n)=2x(n)$，该系统具有齐次性；而 $y(n)=2x(n)+3$ 表示的系统就不具有齐次性。

2. 可加性

如果几个激励信号同时作用于系统时总响应等于每个激励单独作用时所产生的响应之和，则称该系统具有可加性，也称为叠加性。

系统 $y(n)=2x(n)$ 具有可加性，而 $y(t)=x^2(t)$ 不具有可加性。

3. 线性

若系统同时具有齐次性和可加性，则称系统具有线性特性。

对于连续时间系统，已知 $x_1(t) \rightarrow y_1(t)$，$x_2(t) \rightarrow y_2(t)$，若 $a_1x_1(t)+a_2x_2(t) \rightarrow a_1y_1(t)+a_2y_2(t)$ 成立，则称该系统具有线性特性。

对于离散时间系统，已知 $x_1(n) \rightarrow y_1(n)$，$x_2(n) \rightarrow y_2(n)$，若 $a_1x_1(n)+a_2x_2(n) \rightarrow a_1y_1(n)+a_2y_2(n)$ 成立，则称该系统具有线性特性。

系统是否具有线性特性要分为两种情况来讨论：

（1）没有起始状态时，只需要判断输入与输出的关系是否满足齐次性和可加性。

（2）有起始状态时，首先要判断起始状态引起的零输入响应和输入引起的零状态响应是否可分解，在满足可分解的前提下，再判断零输入响应与多个状态之间是否满足线性，零状态响应与多个输入之间是否满足线性，若同时满足，则表示该系统具有线性特性。

下面用图 3.2－2 所示电路来说明线性特性。该电路中有两个信号源，分别是电压源 $u(t)$ 和电流源 $i(t)$，输出为流过电阻 R 的电流 $i_R(t)$。

分析求解思路：

（1）假设电容和电感没有起始电压和起始电流，电压源和电流源两个共同作用产生输出，根据电路理论，可以先单独求每一个输入产生的输出，记为 $i_{R1}(t)$、$i_{R2}(t)$，即

图 3.2－2 线性系统实例

$$u(t) \rightarrow i_{R1}(t), \quad i(t) \rightarrow i_{R2}(t)$$

它们都属于零状态响应，若两个输入共同作用，则线性系统的总输出是两个单独作用响应的叠加 $i_{R1}(t)+i_{R2}(t)$。

（2）如果电容有起始电压 $u_C(0_-)$，电感有起始电流 $i_L(0_-)$，首先假设两个输入为零，电

感的状态也为零，求电容的起始状态在电阻上引起的响应 $i_{R3}(t)$，再假设两个输入为零，电容的起始状态为零，求电感的起始电流在电阻上引起的响应 $i_{R4}(t)$。$i_{R3}(t)$、$i_{R4}(t)$ 这两个电流是零输入响应，则

$$u_C(0_-) \rightarrow i_{R3}(t)$$
$$i_L(0_-) \rightarrow i_{R4}(t)$$

由此可以得到如表 3.2-1 所示的各种情况下的响应。

表 3.2-1 图 3.2-2 所示电路在各种激励下的响应

引起响应的原因				响　应
$u(t)$	$i(t)$	$u_C(0_-)$	$i_L(0_-)$	$i_R(t)$
●				$i_{R1}(t)$
	●			$i_{R2}(t)$
		●		$i_{R3}(t)$
			●	$i_{R4}(t)$
●	●			$i_{R1}(t)+i_{R2}(t)$
●		●		$i_{R1}(t)+i_{R3}(t)$
●			●	$i_{R1}(t)+i_{R4}(t)$
	●	●		$i_{R2}(t)+i_{R3}(t)$
	●		●	$i_{R2}(t)+i_{R4}(t)$
		●	●	$i_{R3}(t)+i_{R4}(t)$
●	●	●		$i_{R1}(t)+i_{R2}(t)+i_{R3}(t)$
●	●		●	$i_{R1}(t)+i_{R2}(t)+i_{R4}(t)$
●		●	●	$i_{R1}(t)+i_{R3}(t)+i_{R4}(t)$
	●	●	●	$i_{R2}(t)+i_{R3}(t)+i_{R4}(t)$
●	●	●	●	$i_{R1}(t)+i_{R2}(t)+i_{R3}(t)+i_{R4}(t)$

因为该电路是线性系统，所以电路在不同输入组合情况下的输出响应是各输入单独作用引起的响应之和。电路分析中的叠加原理实际上就是线性系统的可加性。

4. 时不变性

若系统符合时不变性，则在输入延时的情况下输出也相应延时，也就是说，时不变系统的特性不随时间的改变而改变。如果系统的参数随时间改变，则较难处理。图 3.2-2 所示的电路中，若输入 $u(t)$ 延时成 $u(t-t_0)$，对应的输出 $i_{R1}(t)$ 也延时为 $i_{R1}(t-t_0)$，则称系统是时不变的。

上面以连续时间系统为例介绍了 LTI 系统的特性，对于离散时间系统，有同样的特性，不再赘述。

5. 连续 LTI 系统的微积分特性

若 LTI 系统在 $x(t)$ 作用下的响应为 $y(t)$，即 $x(t) \rightarrow y(t)$，则有 $\dfrac{\mathrm{d}}{\mathrm{d}t}x(t) \rightarrow \dfrac{\mathrm{d}}{\mathrm{d}t}y(t)$。

利用线性和时不变性很容易得到这个结论:

时不变性:

$$x(t - \Delta t) \to y(t - \Delta t)$$

线性:

$$\frac{x(t) - x(t - \Delta t)}{\Delta t} \to \frac{y(t) - y(t - \Delta t)}{\Delta t}$$

取极限,输入是 $\dfrac{d}{dt}x(t)$,输出是 $\dfrac{d}{dt}y(t)$。

已知单位阶跃信号的微分是单位冲激信号,即 $\delta(t) = \dfrac{d}{dt}u(t)$,若将这两个信号各自作用到同一个系统中,得到单位冲激响应 $h(t)$ 和单位阶跃响应 $g(t)$,即

$$\delta(t) \to h(t), \quad u(t) \to g(t)$$

则可得 $h(t) = \dfrac{d}{dt}g(t)$。

同理,两个激励是积分关系,则它们的响应也满足积分关系。因 $u(t) = \displaystyle\int_{-\infty}^{t} \delta(\tau)d\tau$,故有 $g(t) = \displaystyle\int_{-\infty}^{t} h(\tau)d\tau$。

【例 3.2 - 1】 图 3.2 - 3(a)、(b)是某线性时不变系统的输入 $x_1(t)$ 和输出 $y_1(t)$ 的波形,假设 $y_1(t)$ 由两段抛物线组成,求输入 $x_2(t)$ 作用下的响应 $y_2(t)$。

解 由图 3.2 - 3(a)、(c)可见:

$$x_2(t) = \frac{d}{dt}x_1(t)$$

根据线性时不变系统的微分特性可得

$$y_2(t) = \frac{d}{dt}y_1(t)$$

$y_1(t)$ 是二次抛物线函数,其微分是直线,如图 3.2 - 3(d)所示。

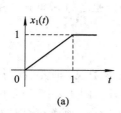
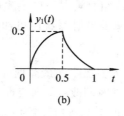
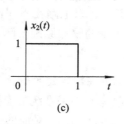
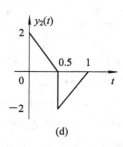

图 3.2 - 3 LTI 系统的微分特性

6. 离散 LTI 系统的差分和累加特性

与连续时间系统类似,离散时间系统具有差分和累加特性。

差分特性:

若 $x(n) \to y(n)$,$x(n-1) \to y(n-1)$,则有

$$\nabla x(n) = x(n) - x(n-1) \to \nabla y(n) = y(n) - y(n-1)$$

同样以离散的单位样值序列和单位阶跃序列为例，有

$$\delta(n) \rightarrow h(n), \quad u(n) \rightarrow g(n)$$

因为 $\delta(n) = u(n) - u(n-1) = \nabla u(n)$，所以有

$$h(n) = g(n) - g(n-1) = \nabla g(n)$$

累加特性：

$$u(n) = \delta(n) + \delta(n-1) + \delta(n-2) + \cdots = \sum_{m=-\infty}^{n} \delta(m) = \sum_{i=0}^{\infty} \delta(n-i)$$

$$g(n) = h(n) + h(n-1) + h(n-2) + \cdots = \sum_{m=-\infty}^{n} h(m) = \sum_{i=0}^{\infty} h(n-i)$$

3.3 微分方程和差分方程的建立

不同领域都有线性时不变系统，其应用场合各异，系统输入、输出具有不同的物理意义，但它们都有相似的数学描述形式。

【例 3.3 - 1】 图 3.3 - 1 是机械减震系统，其中 M 为需要减震的物体质量，K 为弹簧的弹性系数，C 为减震器的阻尼系数，$y(t)$ 为物体偏离平衡位置的位移，$x(t)$ 为作用在物体 M 上的外力。试列出 $y(t)$ 为输出、$x(t)$ 为输入的方程。

解 物体 M 受三个力的作用：外力 $x(t)$、弹性力（根据胡克定律，与弹簧拉伸或压缩位移成正比）$Ky(t)$、阻尼力（与速度成正比）$C\dfrac{\mathrm{d}}{\mathrm{d}t}y(t)$。

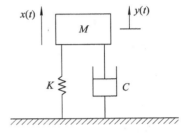

图 3.3 - 1 机械减震系统

根据牛顿第二定律，作用于该物体的合力应等于 $M\dfrac{\mathrm{d}^2}{\mathrm{d}t^2}y(t)$，因此可得

$$M\frac{\mathrm{d}^2}{\mathrm{d}t^2}y(t) = x(t) - Ky(t) - C\frac{\mathrm{d}}{\mathrm{d}t}y(t) \qquad (3.3-1)$$

整理得

$$\frac{\mathrm{d}^2}{\mathrm{d}t^2}y(t) + \frac{C}{M}\frac{\mathrm{d}}{\mathrm{d}t}y(t) + \frac{K}{M}y(t) = \frac{1}{M}x(t) \qquad (3.3-2)$$

该机械减震系统的数学模型为二阶微分方程。

机械减震系统一般使用在车辆（如汽车、火车、摩托车等）的悬挂系统之中，也用在一些震动较大的大型机械上。当一个比较大的外来冲击载荷传递过来时，由弹性元件（一般为弹簧）将这个"大能量，一次冲击"转换为"小能量，多次冲击"，从而达到缓解冲击的目的。如果没有减震器，这个"小能量，多次冲击"的冲击次数将无法控制。所以，通常在弹簧的边上布置一个减震器（一般分为摩擦式减震器和液压式减震器）来衰减"小能量，多次冲击"的次数。

【例 3.3 - 2】 图 3.3 - 2 所示电路中，输入为电压源 $u(t)$，输出为流过 R_1 的电流 $i(t)$，试列出该电路的

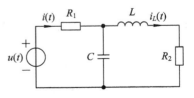

图 3.3 - 2 例 3.3 - 2 电路

输入、输出方程。

解 利用网孔电流法。两个网孔的电流分别为 $i(t)$ 和 $i_L(t)$。

网孔的 KVL 方程为

$$i(t)R_1 + u_C(t) = u(t) \tag{3.3-3}$$

$$i_L(t)R_2 + L\frac{\mathrm{d}i_L(t)}{\mathrm{d}t} = u_C(t) \tag{3.3-4}$$

根据 KCL 列节点电流方程：

$$i(t) - i_L(t) = C\frac{\mathrm{d}u_C(t)}{\mathrm{d}t} \tag{3.3-5}$$

由式(3.3-3)得到 $u_C(t) = u(t) - i(t)R_1$，将其代入式(3.3-4)、式(3.3-5)中得

$$i_L(t)R_2 + L\frac{\mathrm{d}i_L(t)}{\mathrm{d}t} = u(t) - i(t)R_1 \tag{3.3-6}$$

$$i(t) - i_L(t) = C\frac{\mathrm{d}[u(t) - i(t)R_1]}{\mathrm{d}t} \tag{3.3-7}$$

由式(3.3-7)解出 $i_L(t) = i(t) - C\dfrac{\mathrm{d}[u(t) - i(t)R_1]}{\mathrm{d}t}$，将其代入式(3.3-6)中，整理得

$$R_1CL\frac{\mathrm{d}^2 i(t)}{\mathrm{d}t^2} + (R_1R_2C + L)\frac{\mathrm{d}i(t)}{\mathrm{d}t} + (R_1 + R_2)i(t) = CL\frac{\mathrm{d}^2 u(t)}{\mathrm{d}t^2} + R_2C\frac{\mathrm{d}u(t)}{\mathrm{d}t} + u(t) \tag{3.3-8}$$

描述该电路输入、输出关系的方程也是微分方程。

以上两例的输入和输出都是连续时间信号，只有一个输入和一个输出，通常称这类系统为单输入单输出的连续时间系统。虽然系统的具体内容各不相同，但描述这两个系统的数学模型都是微分方程，因此在系统分析中，常抽去具体系统的物理含义，而作为一般意义下的系统来研究。对于连续时间系统，若用 $x(t)$、$y(t)$ 分别表示系统的输入、输出，n 表示系统的阶数，则单输入单输出的 LTI 系统的微分方程通式表示为

$$a_n\frac{\mathrm{d}^n}{\mathrm{d}t^n}y(t) + a_{n-1}\frac{\mathrm{d}^{n-1}}{\mathrm{d}t^{n-1}}y(t) + \cdots + a_1\frac{\mathrm{d}}{\mathrm{d}t}y(t) + a_0y(t)$$

$$= b_m\frac{\mathrm{d}^m}{\mathrm{d}t^m}x(t) + b_{m-1}\frac{\mathrm{d}^{m-1}}{\mathrm{d}t^{m-1}}x(t) + \cdots + b_1\frac{\mathrm{d}}{\mathrm{d}t}x(t) + b_0x(t) \tag{3.3-9}$$

【例 3.3-3】 设我国第 n 年的人口为 $y(n)$，每年新出生的人口是上一年的 a 倍，死亡人口是上一年的 b 倍，从外国净迁入的人口为 $x(n)$，列出 $y(n)$ 与 $x(n)$ 的关系式。

解 我国第 n 年的人口总数可表示为

$$y(n) = y(n-1) + ay(n-1) - by(n-1) + x(n)$$

将输入序列写在等式右边，输出序列及它的延时序列写在等式左边，整理得

$$y(n) - (1 + a - b)y(n-1) = x(n) \tag{3.3-10}$$

式(3.3-10)称为差分方程，其中的系数 a、b 根据历年的统计数据得出。如果系数与自变量无关，则该系统为时不变的；而随着人民生活水平的提高、医疗条件的改善和相关国家政策的出台，比如全面放开二孩政策的实施，系数 a、b 与自变量有关，此时系统是时变的。

差分分为前向差分和后向差分，而差分方程中没有相应的差分符号（前向差分 Δ，后向差

分 ∇），这是因为

$$\nabla y(n) = y(n) - y(n-1)$$

故式（3.3 - 10）可以改写为

$$(1 + a - b) \nabla y(n) + (b - a) y(n) = x(n) \tag{3.3 - 11}$$

差分方程中只有一阶差分，称为一阶线性差分方程。实际应用中都用式（3.3 - 10）的形式，而非式（3.3 - 11）。如果方程中出现 $y(n-2)$，如

$$y(n) + 2y(n-1) + 3y(n-2) = x(n) \tag{3.3 - 12}$$

则需要用二阶差分表示，而

$$\begin{aligned}
\nabla^2 y(n) &= \nabla [y(n) - y(n-1)] \\
&= [y(n) - y(n-1)] - [y(n-1) - y(n-2)] \\
&= y(n) - 2y(n-1) + y(n-2)
\end{aligned}$$

因此式（3.3 - 12）左边可以用输出的二阶差分、一阶差分和输出本身线性表示，通常将这类方程称为二阶差分方程。

【例 3.3 - 4】 将描述连续时间系统的微分方程（3.3 - 13）用离散处理方法来实现。

$$\frac{\mathrm{d}}{\mathrm{d}t} y(t) + a y(t) = b x(t) \tag{3.3 - 13}$$

解 对时间变量进行离散化，$t = n\Delta t$，其中 Δt 是相邻两个点的时间间隔，为常数，实际离散变量是 n，用差分来近似表示微分：

$$\frac{\mathrm{d}}{\mathrm{d}t} y(t) \approx \frac{y(n\Delta t) - y(n\Delta t - \Delta t)}{\Delta t}$$

若令 $y(n) = y(n\Delta t)$，$x(n) = x(n\Delta t)$，则微分方程可表示为

$$\frac{y(n) - y(n-1)}{\Delta t} + a y(n) \approx b x(n)$$

整理得

$$y(n) + a_1 y(n-1) \approx b_1 x(n) \tag{3.3 - 14}$$

式（3.3 - 14）的差分方程是式（3.3 - 13）所示的微分方程的近似表示。高阶的微分方程也可按照同样的方法转换成高阶的差分方程。

若用 $x(n)$、$y(n)$ 分别表示系统的输入、输出，N 表示系统的阶数，则离散 LTI 系统 N 阶差分方程的通式（其中 $M \leqslant N$）为

$$a_0 y(n) + a_1 y(n-1) + \cdots + a_N y(n-N) = b_0 x(n) + b_1 x(n-1) + \cdots + b_M x(n-M)$$

$$\tag{3.3 - 15}$$

3.4 传 输 算 子

算子是一个函数空间到另一个函数空间的映射符号。信号与系统中常用的连续算子有微分算子、积分算子，离散算子有延时算子、超前算子。通常把微分方程和差分方程中出现的微分和延时用算子来表示，以达到简化方程的目的。

1. 连续算子及连续系统传输算子

符号 p 表示微分运算，称为微分算子，即

$$p = \frac{\mathrm{d}}{\mathrm{d}t} \qquad\qquad (3.4-1)$$

则 n 次微分表示为

$$p^n = \frac{\mathrm{d}^n}{\mathrm{d}t^n} \qquad\qquad (3.4-2)$$

微分和积分互为逆运算，积分算子为

$$\frac{1}{p} = \int_{-\infty}^{t} (\cdot)\mathrm{d}\tau \qquad\qquad (3.4-3)$$

电容的伏安特性：

$$i_C(t) = C\frac{\mathrm{d}u_C(t)}{\mathrm{d}t} \qquad\qquad (3.4-4)$$

用算子表示为

$$i_C(t) = Cpu_C(t) \qquad\qquad (3.4-5)$$

电容的伏安特性也可表示为积分形式：

$$u_C(t) = \frac{1}{C}\int_{-\infty}^{t} i_C(\tau)\mathrm{d}\tau \qquad\qquad (3.4-6)$$

用算子表示为

$$u_C(t) = \frac{1}{Cp}i_C(t) \qquad\qquad (3.4-7)$$

同理，电感伏安特性也可用算子表示。

电感的伏安特性：

$$u_L(t) = L\frac{\mathrm{d}i_L(t)}{\mathrm{d}t}$$

其算子形式为

$$u_L(t) = Lpi_L(t), \; i_L(t) = \frac{1}{Lp}u_L(t)$$

比较式(3.4-5)和式(3.4-7)不难发现，似乎可以将算子当普通符号来运算。下面介绍算子运算的规则。

(1) 算子多项式可以进行类似于代数运算的因式分解或因式相乘展开，如

$$(p^2+3p+2)x(t) = (p+1)(p+2)x(t) = p^2x(t)+3px(t)+2x(t) = \frac{\mathrm{d}^2x(t)}{\mathrm{d}t^2}+3\frac{\mathrm{d}x(t)}{\mathrm{d}t}+2x(t)$$

某些代数运算规律不适用于算子符号表示，如

$$px(t) = py(t)$$

左右两端的算子符号 p 不能消去。

例如：

$$p(2t+3) = p(2t+5)$$

而

$$2t+3 \neq 2t+5$$

(2) 微分与积分的顺序不得交换，即

$$p \cdot \frac{1}{p}x(t) \neq \frac{1}{p} \cdot px(t)$$

例如，若 $x(t) = \mathrm{e}^t + 4$，有

$$p \cdot \frac{1}{p} x(t) = p \cdot \frac{1}{p} (\mathrm{e}^t + 4) = \mathrm{e}^t + 4$$

而

$$\frac{1}{p} \cdot p x(t) = \frac{1}{p} \cdot p (\mathrm{e}^t + 4) = \mathrm{e}^t$$

对于微分方程通式(3.3-9)，用算子表示为

$$a_n p^n y(t) + a_{n-1} p^{n-1} y(t) + \cdots + a_1 p y(t) + a_0 y(t)$$
$$= b_m p^m x(t) + b_{m-1} p^{m-1} x(t) + \cdots + b_1 p x(t) + b_0 x(t)$$

将算子当作一个普通的符号进行运算：

$$(a_n p^n + a_{n-1} p^{n-1} + \cdots + a_1 p + a_0) y(t) = (b_m p^m + b_{m-1} p^{m-1} + \cdots + b_1 p + b_0) x(t)$$

令

$$A(p) = a_n p^n + a_{n-1} p^{n-1} + \cdots + a_1 p + a_0$$
$$B(p) = b_m p^m + b_{m-1} p^{m-1} + \cdots + b_1 p + b_0$$

则

$$A(p) y(t) = B(p) x(t) \tag{3.4-8}$$

通常将输出与输入的比值定义为传输算子：

$$H(p) = \frac{y(t)}{x(t)} = \frac{B(p)}{A(p)} \tag{3.4-9}$$

根据电容和电感的算子表示，可以将电容和电感看作"阻值"为 $\frac{1}{Cp}$ 和 Lp 的"电阻"，对比电阻的欧姆定律：

$$u_R(t) = R i_R(t)$$

电容和电感看作"电阻"，也可以应用欧姆定律。

【例 3.4-1】 将图 3.3-2 所示的电路用算子法列出微分方程。

解 图 3.3-2 的算子电路如图 3.4-1 所示。算子电路里的电感和电容可当作电阻列方程。

电感与电阻的串联：

$$pL + R_2$$

电容与 $pL + R_2$ 的并联：

$$(pL + R_2) /\!/ \frac{1}{pC} = \frac{(pL + R_2) \frac{1}{pC}}{pL + R_2 + \frac{1}{pC}}$$

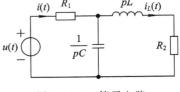

图 3.4-1 算子电路

输入 $u(t)$ 和输出 $i(t)$ 满足的方程可以直接写出：

$$u(t) = i(t) \left(R_1 + (pL + R_2) /\!/ \frac{1}{pC} \right)$$

整理后得到

$$R_1 CL p^2 i(t) + (R_1 R_2 C + L) p i(t) + (R_1 + R_2) i(t) = CL p^2 u(t) + R_2 Cp u(t) + u(t) \tag{3.4-10}$$

将微分算子换成微分即得与式(3.3-8)一样的微分方程。可见,利用算子使列写方程的过程得到了简化。

图 3.4-1 所示电路的传输算子可从式(3.4-10)求得:

$$H(p) = \frac{i(t)}{u(t)} = \frac{CLp^2 + R_2Cp + 1}{R_1CLp^2 + (R_1R_2C + L)p + (R_1 + R_2)}$$

传输算子与系统输入无关,只跟系统本身的特性有关,故传输算子是描述系统的一种方式。

2. 离散算子及离散系统传输算子

差分方程通式(3.3-15)右边含有输入序列及输入序列的延时,等式左边是输出序列及输出序列的延时,故定义离散的滞后算子为 E^{-1},超前算子为 E,则

$$E^{-1}x(n) = x(n-1) \tag{3.4-11}$$

$$Ex(n) = x(n+1) \tag{3.4-12}$$

差分方程通式:

$$a_0y(n) + a_1y(n-1) + \cdots + a_Ny(n-N) = b_0x(n) + b_1x(n-1) + \cdots + b_Mx(n-M)$$

用算子表示为

$$a_0y(n) + a_1E^{-1}y(n) + \cdots + a_NE^{-N}y(n) = b_0x(n) + b_1E^{-1}x(n) + \cdots + b_ME^{-M}x(n)$$

$$[a_0 + a_1E^{-1} + \cdots + a_NE^{-N}]y(n) = [b_0 + b_1E^{-1} + \cdots + b_ME^{-M}]x(n)$$

$$A(E)y(n) = B(E)x(n) \tag{3.4-13}$$

定义传输算子:

$$H(E) = \frac{y(n)}{x(n)} = \frac{B(E)}{A(E)} \tag{3.4-14}$$

【例 3.4-2】 求差分方程 $y(n) - (1+a-b)y(n-1) = x(n)$ 的算子方程和传输算子。

解 方程中的延时用算子表示:

$$y(n) - (1+a-b)E^{-1}y(n) = x(n)$$

其传输算子为

$$H(E) = \frac{y(n)}{x(n)} = \frac{1}{1 - (1+a-b)E^{-1}}$$

3.5 系统方框图和信号流图

1. 系统方框图

本节介绍另两种描述系统的方式——方框图和信号流图。方框图中每个方框表示某种数学运算功能,根据系统输入与输出之间的约束条件,若干个方框构成一个完整的系统方框图。各方框可以用对应的硬件结构或软件流程来实现。LTI 连续系统的三个基本单元是加法器、积分器和数乘器;LTI 离散系统的三个基本单元是加法器、延时器和数乘器。

通常容易想到用微分器来实现微分方程,但在方框图中采用的不是微分器,而是积分器,这是因为微分运算会放大外界的干扰,而积分器对干扰不敏感,即积分器具有较强的

抗干扰能力。构成方框图的基本单元如图 3.5−1 所示。其中，积分器有三种表示方式：用积分算子 p^{-1}；用积分符号 $\int$；用拉普拉斯变换域 s^{-1}。延时器也有三种表示方式：用延迟算子 E^{-1}；用 DELAY 的首字母 D；用 z 变换域 z^{-1}。

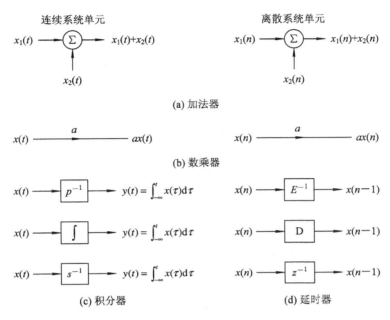

图 3.5−1　方框图的基本单元

根据电路知识，连续系统的基本单元都可用硬件实现，运算放大器是其中的一种实现方式。图 3.5−2(a)所示的同向放大电路可实现数乘器，图(b)是加法电路，图(c)是积分电路。

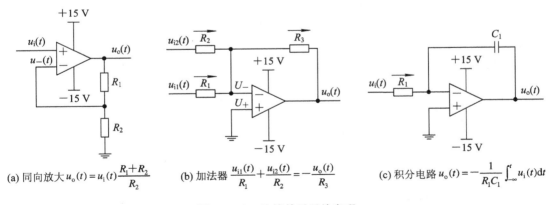

图 3.5−2　连续单元运放实现

离散系统各单元的实现大多采用软件编程完成，比较简单，不再赘述。

下面通过举例说明方程描述法和方框图描述法之间的转换。

【例 3.5−1】 已知描述线性时不变系统的微分方程如式(3.5−1)所示，画出实现此系统的方框图。

$$\frac{\mathrm{d}^2 y(t)}{\mathrm{d}t^2} + a\,\frac{\mathrm{d}y(t)}{\mathrm{d}t} + by(t) = x(t) \qquad\qquad (3.5-1)$$

解 先将等式左边除最高微分项以外的项移到等式右边：

$$\frac{\mathrm{d}^2 y(t)}{\mathrm{d}t^2} = -a\,\frac{\mathrm{d}y(t)}{\mathrm{d}t} - by(t) + x(t) \qquad\qquad (3.5-2)$$

等式右边是三项之和，用加法器实现；而加法器的输入除系统的输入外还有系统的输出及输出的微分。对加法器的输出 $\dfrac{\mathrm{d}^2 y(t)}{\mathrm{d}t^2}$ 进行积分即可得到 $\dfrac{\mathrm{d}y(t)}{\mathrm{d}t}$，再次积分可得输出信号 $y(t)$。方框图如图 3.5－3 所示。

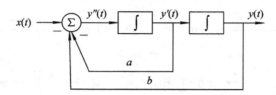

图 3.5－3 例 3.5－1 方框图

对于一阶或高阶的微分方程，只要等式右边只含输入 $x(t)$ 一项，就可以按此方法处理。若等式右边除了输入 $x(t)$ 外还有输入的微分等存在，则可利用 LTI 系统的微分特性和线性特性进行处理。

【**例 3.5－2**】 已知描述线性时不变系统的微分方程如式(3.5－3)所示，a、b、c、e 为常系数，画出实现此系统的方框图。

$$\frac{\mathrm{d}^2 y(t)}{\mathrm{d}t^2} + a\,\frac{\mathrm{d}y(t)}{\mathrm{d}t} + by(t) = cx(t) + e\,\frac{\mathrm{d}x(t)}{\mathrm{d}t} \qquad\qquad (3.5-3)$$

解 将式(3.5－3)拆成两个方程：等式右边是输入及输入微分的线性表示，假设系统只有 $x(t)$ 输入时输出为 $q(t)$，得到式(3.5－4)；根据 LTI 系统的特点，输入为 $cx(t) + e\,\dfrac{\mathrm{d}x(t)}{\mathrm{d}t}$ 时，输出应该是 $cq(t) + e\,\dfrac{\mathrm{d}q(t)}{\mathrm{d}t}$，故得式(3.5－5)。

$$\frac{\mathrm{d}^2 q(t)}{\mathrm{d}t^2} + a\,\frac{\mathrm{d}q(t)}{\mathrm{d}t} + bq(t) = x(t) \qquad\qquad (3.5-4)$$

$$y(t) = cq(t) + e\,\frac{\mathrm{d}q(t)}{\mathrm{d}t} \qquad\qquad (3.5-5)$$

该系统的方框图如图 3.5－4 所示。

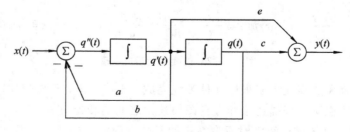

图 3.5－4 例 3.5－2 方框图

式(3.5-4)的实现方法同例3.5-1,只需将输出 $y(t)$ 改成 $q(t)$ 即可。式(3.5-5)用一个加法器实现,输入从已实现的方框图中取出并乘以比例系数,加法器的输出即为系统的输出。

将系统由微分方程描述转换成方框图后,可以对照方框图在实验室搭建电路来实现系统功能。

离散系统的差分方程转换成方框图也有类似的处理方法。

【例 3.5-3】 已知描述线性时不变系统的差分方程如式(3.5-6)所示,画出实现此系统的方框图。

$$y(n) + ay(n-1) + by(n-2) = x(n) \tag{3.5-6}$$

解 用加法器、数乘器和延时器实现式(3.5-7),见图3.5-5。

$$y(n) = -ay(n-1) - by(n-2) + x(n) \tag{3.5-7}$$

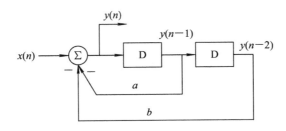

图 3.5-5 例 3.5-3 方框图

【例 3.5-4】 已知描述线性时不变系统的差分方程如式(3.5-8)所示,画出实现此系统的方框图。

$$y(n) + ay(n-1) + by(n-2) = cx(n) + ex(n-1) \tag{3.5-8}$$

解 原方程拆成两个方程:假设系统输入为 $x(n)$ 时的输出为 $q(n)$,列出方程(3.5-9);实际输入为 $cx(n) + ex(n-1)$,根据线性时不变特性输出为 $cq(n) + eq(n-1)$,列方程(3.5-10)。

$$q(n) + aq(n-1) + bq(n-2) = x(n) \tag{3.5-9}$$

$$y(n) = cq(n) + eq(n-1) \tag{3.5-10}$$

先实现式(3.5-9),再实现式(3.5-10),见图3.5-6。

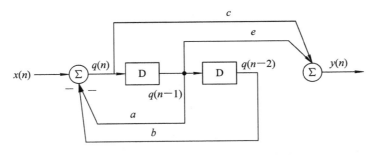

图 3.5-6 例 3.5-4 方框图

以上介绍了依据系统方程画方框图的过程,如果已知的是方框图,要写出方程,可分为两种情况。对于例3.5-1、例3.5-3只有一个加法器的情况,可以直接根据加法器的输入输出列写方程；而例 3.5−2、例 3.5−4 要设中间变量，根据两个加法器的输入输出关系列出两个方程，然后消去中间变量，运算比较繁琐，利用本节将要介绍的梅森公式求出系统传输算子再写方程相对简单。

2. 信号流图

上面介绍了系统的方程描述和方框图表示，略显繁琐，如果把每个功能模块用传输算子来表示，就可以统一各个模块。信号流图的描述方法，正是基于这样的思想，用点表示信号或变量，用带方向的线段表示信号处理功能。

由传输算子的定义可知，系统的输出等于输入和传输算子的乘积。

连续时间系统：

$$H(p) = \frac{y(t)}{x(t)}, \quad y(t) = H(p)x(t)$$

离散时间系统：

$$H(E) = \frac{y(n)}{x(n)}, \quad y(n) = H(E)x(n)$$

因此，不同功能的单元可用各自的传输算子表示，输入输出关系用带箭头的线段连接，如图 3.5−7 所示。

$$x(t) \xrightarrow{\quad H(p) \quad} y(t)=H(p)x(t) \qquad x(n) \xrightarrow{\quad H(E) \quad} y(n)=H(E)x(n)$$

(a) 连续时间系统 **(b) 离散时间系统**

图 3.5−7　系统信号流图

下面通过图 3.5−8 所示的信号流图介绍流图中用到的术语。

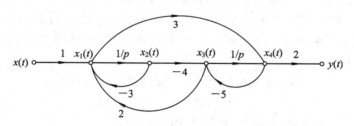

图 3.5−8　信号流图

节点：圆点代表变量或信号，称为节点。图 3.5−8 中的节点有 $x(t)$、$x_1(t)$、$x_2(t)$、$x_3(t)$、$x_4(t)$、$y(t)$。

支路：连接两个节点的有向线段，完成一定的功能，该功能用传输算子表示，称为支路增益或转移函数。$x_1(t)$ 至 $x_2(t)$ 的支路转移函数为 $1/p$，表示积分运算；$x_2(t)$ 至 $x_1(t)$ 的支路转移函数是 -3，表示乘法运算；其他同理。

节点分类：只有输出支路的节点称为输入节点，也称为源点，$x(t)$ 是输入节点；只有输入支路的节点称为输出节点，又称阱点，$y(t)$ 是输出节点；既有输入支路又有输出支路的节点，称为混合节点，$x_1(t)$、$x_2(t)$、$x_3(t)$、$x_4(t)$ 都是混合节点。

通路：沿支路箭头方向通过各相连支路的途径。例如，$x(t) \rightarrow x_1(t) \rightarrow x_2(t) \rightarrow x_3(t) \rightarrow x_1(t)$、$x_1(t) \rightarrow x_4(t) \rightarrow x_3(t)$ 是两条通路。

开通路：与任一节点相交不多于一次的通路。例如，$x(t) \rightarrow x_1(t) \rightarrow x_2(t) \rightarrow x_3(t)$，$x_2(t) \rightarrow x_3(t) \rightarrow x_4(t) \rightarrow y(t)$ 是开通路。

闭环：通路的起点就是终点，而且与任何其他节点相交不多于一次，也称为环路。环路中各支路转移函数的乘积，称为环路转移函数。例如，环路 $x_1(t) \rightarrow x_2(t) \rightarrow x_3(t) \rightarrow x_1(t)$，环路转移函数为 $1/p \times (-4) \times 2 = -8/p$。

前向通路：从输入节点到输出节点的通路，通过任何节点不多于一次的路径。前向通路中各支路转移函数的乘积称为前向通路转移函数。图 3.5-8 中有两条前向通路：$x(t) \rightarrow x_1(t) \rightarrow x_2(t) \rightarrow x_3(t) \rightarrow x_4(t) \rightarrow y(t)$、$x(t) \rightarrow x_1(t) \rightarrow x_4(t) \rightarrow y(t)$，前向通路的转移函数分别为 $-8/p^2$ 和 6。

系统方框图中有加法器，信号流图中的加法器隐含在节点中。若一个节点有多于一条输入支路，则该节点含有加法器。$x_1(t)$、$x_3(t)$、$x_4(t)$ 节点含有加法器，其他节点不含加法器。加法器的所有输出都等于加法器输入的代数和。

【例 3.5-5】 将图 3.5-9(a)所示的方框图转换成信号流图。

解 方框图与信号流图之间的转换非常容易。将图 3.5-9(a)所示的方框图中的积分器用积分算子表示，加法器用节点代替，各支路结构和转移函数不变，即可得到对应的信号流图，如图 3.5-9(b)所示。

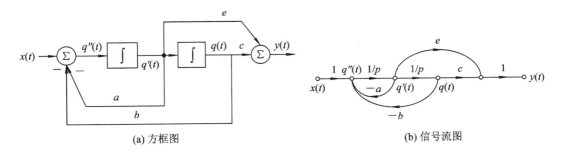

图 3.5-9 方框图与信号流图

根据方程写出传输算子比较容易，而根据信号流图直接写出方程则有些困难，如果能从信号流图先求出传输算子，再由传输算子列出方程就变得简单。下面介绍根据信号流图直接求得传输算子的梅森公式。

信号流图这种描述方法是由美国麻省理工学院的梅森(Mason)于 20 世纪 50 年代初首先提出的，此后在反馈系统分析、线性系统模拟以及数字滤波器设计等方面得到了广泛的应用。他还进一步提出了求系统转移函数的梅森公式，利用梅森公式可快速求得流图所代表系统的传输算子或转移函数。

梅森公式的形式：

$$H(\cdot) = \frac{1}{\Delta} \sum_k G_k \times \Delta_k \qquad (3.5-11)$$

式中：$H(\cdot)$ 表示连续时间系统或离散时间系统的传输算子或转移函数；Δ 是信号流图的特征行列式，计算式为

$$\Delta = 1 - \sum_j L_j + \sum_{m,n} L_m L_n - \sum_{p,q,r} L_p L_q L_r + \cdots$$

其中，$\sum\limits_{j} L_j$ 是所有不同环路的转移函数之和，$\sum\limits_{m,n} L_m L_n$ 是所有两两不接触环路的转移函数乘积之和，$\sum\limits_{p,q,r} L_p L_q L_r$ 是所有三个互不接触环路的转移函数乘积之和；k 是从源点（输入节点）到阱点（输出节点）的第 k 条前向通路的标号；G_k 是第 k 条前向通路的转移函数（增益）；Δ_k 是第 k 条前向通路特征行列式的余因子，它是除去与第 k 条前向通路相接触的环路外，余下的特征行列式。

【例 3.5 - 6】 求图 3.5 - 10 所示信号流图的传输算子，并列出描述该系统的微分方程。

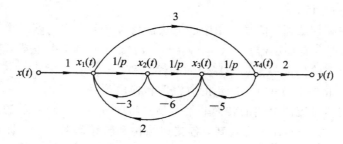

图 3.5 - 10　例 3.5 - 6 的信号流图

解　图 3.5 - 10 共有 6 个环路，各环路增益为

$x_1(t) \rightarrow x_2(t) \rightarrow x_1(t)$ 环路：

$$L_1 = -\frac{3}{p}$$

$x_2(t) \rightarrow x_3(t) \rightarrow x_2(t)$ 环路：

$$L_2 = -\frac{6}{p}$$

$x_3(t) \rightarrow x_4(t) \rightarrow x_3(t)$ 环路：

$$L_3 = -\frac{5}{p}$$

$x_1(t) \rightarrow x_2(t) \rightarrow x_3(t) \rightarrow x_1(t)$ 环路：

$$L_4 = \frac{2}{p^2}$$

$x_1(t) \rightarrow x_4(t) \rightarrow x_3(t) \rightarrow x_2(t) \rightarrow x_1(t)$ 环路：

$$L_5 = 3 \times (-5) \times (-6) \times (-3) = -270$$

$x_1(t) \rightarrow x_4(t) \rightarrow x_3(t) \rightarrow x_1(t)$ 环路：

$$L_6 = 3 \times (-5) \times 2 = -30$$

环路 $x_1(t) \rightarrow x_2(t) \rightarrow x_1(t)$ 和环路 $x_3(t) \rightarrow x_4(t) \rightarrow x_3(t)$ 互不接触，则

$$L_1 L_3 = \frac{15}{p^2}$$

没有三个不接触环路，所以特征行列式为

$$\Delta = 1 - \sum_j L_j + \sum_{m,n} L_m L_n = 1 - \left(-\frac{3}{p} - \frac{6}{p} - \frac{5}{p} + \frac{2}{p^2} - 270 - 30 \right) + \frac{15}{p^2}$$

$$= 301 + \frac{14}{p} + \frac{13}{p^2}$$

信号流图有两条前向通路：

$x(t) \rightarrow x_1(t) \rightarrow x_2(t) \rightarrow x_3(t) \rightarrow x_4(t) \rightarrow y(t)$，前向通路增益 $G_1 = 2/p^3$，没有与该前向通路不接触的环路，所以 $\Delta_1 = 1$；

$x(t) \rightarrow x_1(t) \rightarrow x_4(t) \rightarrow y(t)$，前向通路增益 $G_2 = 6$，环路 $x_2(t) \rightarrow x_3(t) \rightarrow x_2(t)$ 与此前向通路不接触，所以 $\Delta_2 = 1 + \frac{6}{p}$。

根据梅森公式写出传输算子为

$$H(p) = \frac{\dfrac{2}{p^3} + 6 \times \left(1 + \dfrac{6}{p}\right)}{301 + \dfrac{14}{p} + \dfrac{13}{p^2}} = \frac{6p^3 + 36p^2 + 2}{301p^3 + 14p^2 + 13p}$$

根据传输算子的定义：

$$H(p) = \frac{y(t)}{x(t)} = \frac{6p^3 + 36p^2 + 2}{301p^3 + 14p^2 + 13p}$$

得到算子方程：

$$(301p^3 + 14p^2 + 13p)y(t) = (6p^3 + 36p^2 + 2)x(t)$$

微分方程：

$$301 \frac{\mathrm{d}^3 y(t)}{\mathrm{d}t^3} + 14 \frac{\mathrm{d}^2 y(t)}{\mathrm{d}t^2} + 13 \frac{\mathrm{d}y(t)}{\mathrm{d}t} = 6 \frac{\mathrm{d}^3 x(t)}{\mathrm{d}t^3} + 36 \frac{\mathrm{d}^2 x(t)}{\mathrm{d}t^2} + 2x(t)$$

离散时间系统的处理方法类似。

【例 3.5-7】 图 3.5-11 是一离散系统的信号流图，求描述该系统的传输算子和差分方程。

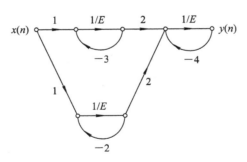

图 3.5-11 例 3.5-7 的信号流图

解 本信号流图有三个环路，各环路增益为

$$L_1 = -\frac{3}{E}, \quad L_2 = -\frac{2}{E}, \quad L_3 = -\frac{4}{E}$$

其中，两两不接触环路增益：

$$L_1 L_2 = \frac{6}{E^2}, \quad L_1 L_3 = \frac{12}{E^2}, \quad L_2 L_3 = \frac{8}{E^2}$$

三个不接触环路增益:

$$L_1 L_2 L_3 = -\frac{24}{E^3}$$

$$\Delta = 1 - \sum_j L_j + \sum_{m,n} L_m L_n - \sum_{p,q,r} L_p L_q L_r$$

$$= 1 - \left(-\frac{3}{E} - \frac{2}{E} - \frac{4}{E}\right) + \left(\frac{6}{E^2} + \frac{12}{E^2} + \frac{8}{E^2}\right) - \left(-\frac{24}{E^3}\right)$$

$$= 1 + \frac{9}{E} + \frac{26}{E^2} + \frac{24}{E^3}$$

信号流图有两条前向通路，它们的前向通路增益和特征行列式余因子:

$$G_1 = \frac{2}{E^2}, \quad \Delta_1 = 1 + \frac{2}{E}$$

$$G_2 = \frac{2}{E^2}, \quad \Delta_2 = 1 + \frac{3}{E}$$

根据梅森公式写出传输算子为

$$H(E) = \frac{\dfrac{2}{E^2}\left(1 + \dfrac{2}{E}\right) + \dfrac{2}{E^2} \times \left(1 + \dfrac{3}{E}\right)}{1 + \dfrac{9}{E} + \dfrac{26}{E^2} + \dfrac{24}{E^3}} = \frac{4E^{-2} + 10E^{-3}}{1 + 9E^{-1} + 26E^{-2} + 24E^{-3}}$$

$$= \frac{4E + 10}{E^3 + 9E^2 + 26E + 24}$$

写出差分方程:

$$y(n) + 9y(n-1) + 26y(n-2) + 24y(n-3) = 4x(n-2) + 10x(n-3)$$

3.6 系 统 实 现

为了对信号进行某种处理，就必须构造出合适的实际结构来实现，可以是硬件实现结构，也可以是软件运算结构。对于同样的方程(微分方程或差分方程)或者传输算子，往往有多种不同的实现方法，常用的有直接实现、级联实现、并联实现和反馈实现四种。

1. 直接实现

对于 N 阶系统，这种实现方式的特点是把 N 个积分器(或延时单元)级联排列。

实现过程:根据方程写出传输算子，将传输算子写成梅森公式的形式，分母表示环路，分子表示前向通路。

【例 3.6-1】 将差分方程:

$$y(n) + ay(n-1) + by(n-2) = cx(n) + ex(n-1)$$

用直接方式实现。

解 根据差分方程写出传输算子:

$$H(E) = \frac{y(n)}{x(n)} = \frac{c + eE^{-1}}{1 + aE^{-1} + bE^{-2}} = \frac{c + eE^{-1}}{1 - (-aE^{-1} - bE^{-2})}$$

该系统有两条前向通路，通路的转移函数分别为 c 和 eE^{-1}，系统有两个互相接触的环路，环路转移函数分别为 $-aE^{-1}$ 和 $-bE^{-2}$。

实现过程：二阶系统至少有两个延时器，采用级联形式连接，再分别画环路和前向通路，得到如图 3.6-1 所示的直接实现结构。此信号流图与图 3.5-6 的方框图同属直接实现。在 3.5 节中通过设中间变量将原方程拆成两个方程，分别用加法器实现完成；本例则通过传输算子和梅森公式完成方程到信号流图的转换。

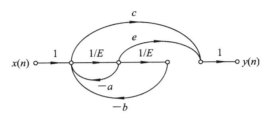

图 3.6-1　直接实现结构

2. 级联实现

以三阶为例，设级联系统传输算子为 $H(\cdot)$，三个子系统传输算子分别为 $H_1(\cdot)$、$H_2(\cdot)$、$H_3(\cdot)$，如图 3.6-2 所示。图 3.6-2(a) 中：

$$H(E) = \frac{y(n)}{x(n)}, \quad H_1(E) = \frac{q(n)}{x(n)}, \quad H_2(E) = \frac{w(n)}{q(n)}, \quad H_3(E) = \frac{y(n)}{w(n)}$$

显而易见有

$$H(E) = H_1(E) \cdot H_2(E) \cdot H_3(E)$$

同理，连续时间系统的级联：

$$H(p) = H_1(p) \cdot H_2(p) \cdot H_3(p)$$

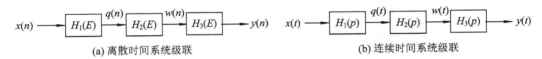

(a) 离散时间系统级联　　　　　　　　　(b) 连续时间系统级联

图 3.6-2　级联实现

实现过程：将系统的传输算子分解成多项乘积的形式，每项作为一个子系统，用直接实现方法实现，最后将一个子系统的输出连接到另一个子系统的输入端即可。

【例 3.6-2】 某连续时间系统的传输算子：

$$H(p) = \frac{2}{(p+1)(p+2)(p+3)}$$

画出级联实现的信号流图。

解　该三阶系统可以看作三个一阶系统的级联，即

$$H(p) = \frac{2}{(p+1)} \cdot \frac{1}{(p+2)} \cdot \frac{1}{(p+3)} = H_1(p) \cdot H_2(p) \cdot H_3(p)$$

$$H_1(p) = \frac{2}{p+1} = \frac{2p^{-1}}{1 + p^{-1}}$$

$$H_2(p) = \frac{1}{p+2} = \frac{p^{-1}}{1+2p^{-1}}$$

$$H_3(p) = \frac{1}{p+3} = \frac{p^{-1}}{1+3p^{-1}}$$

三个一阶子系统分别用直接实现结构画出信号流图，然后将前一子系统的输出作为后一子系统的输入，依次连接得到级联形式的信号流图，如图 3.6-3 所示。

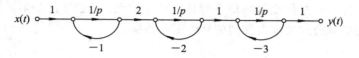

图 3.6-3　级联实现信号流图

3. 并联实现

输入信号相同，输出是各子系统输出相加的若干子系统连接方式称为并联。并联系统的传输算子等于各子系统的传输算子之和。图 3.6-4(a)中：

$$H(E) = \frac{y(n)}{x(n)}, \quad H_1(E) = \frac{q(n)}{x(n)}, \quad H_2(E) = \frac{w(n)}{x(n)}, \quad H_3(E) = \frac{u(n)}{x(n)}$$

显然有

$$H(E) = H_1(E) + H_2(E) + H_3(E)$$

同理，对于图 3.6-4(b)有

$$H(p) = H_1(p) + H_2(p) + H_3(p)$$

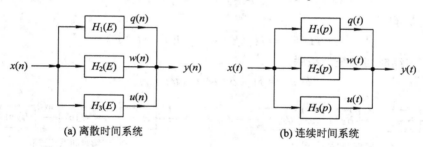

(a) 离散时间系统　　　　　　　(b) 连续时间系统

图 3.6-4　并联实现

实现过程：将系统的传输算子分解成若干项之和，每项作为一个子系统，用直接方法实现，最后将所有子系统的输入连在一起，各子系统的输出相加后作为系统输出。

【例 3.6-3】　描述某离散系统的差分方程为

$$y(n) + 3y(n-1) + 2y(n-2) = x(n)$$

画出并联形式的系统方框图。

解　根据差分方程写出传输算子：

$$H(E) = \frac{y(n)}{x(n)} = \frac{1}{1+3E^{-1}+2E^{-2}} = \frac{-1}{1+E^{-1}} + \frac{2}{1+2E^{-1}}$$

$$H_1(E) = \frac{-1}{1+E^{-1}}, \quad H_2(E) = \frac{2}{1+2E^{-1}}$$

并联形式的系统方框图如图 3.6-5 所示。

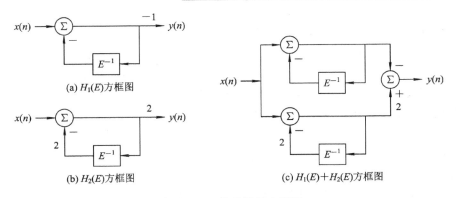

图 3.6－5 并联结构方框图

4. 反馈实现

反馈就是利用系统的输出去控制或改变系统输入的过程。往往利用反馈实现误差校正的功能，引入反馈还可以使不稳定系统达到稳定。

图 3.6－6 是基本反馈系统的组成。图中，$Q(\cdot)$ 是正向通路转移函数，$G(\cdot)$ 为反馈通路转移函数。整个系统的转移函数根据梅森公式很容易写出：

$$H(p)=\frac{y(t)}{x(t)}=\frac{Q(p)}{1+Q(p)G(p)}$$

$$H(E)=\frac{y(n)}{x(n)}=\frac{Q(E)}{1+Q(E)G(E)}$$

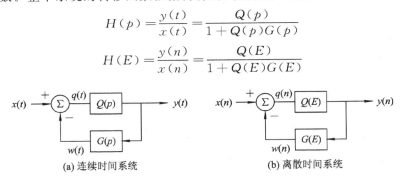

图 3.6－6 基本反馈系统的组成

3.7 实 例 分 析

信号与系统问题无处不在，它的基本概念、基本分析方法已渗透到所有现代自然科学和社会科学领域。虽然在各个学科中的信号与系统的物理本质可能大不相同，但它们都有两个非常基本的共同点。

（1）信号是单个或多个独立变量的函数，而且一般来说，含有关于某种现象变化过程和特征的信息；

（2）系统对特定信号进行处理会产生另外一些信号。

一个电路中随时间变化的电压和电流是信号，而这一电路本身则是系统。在这种情况下，系统对所施加的电压和电流会产生响应。

当驾驶员压下油门踏板时，汽车会随之增加车速。在这种情况下，系统就是汽车，加在踏板上的压力则是系统的输入，汽车的加速是响应。

手机也是一个系统。每个手机都有无线电波收发天线，能收发一定频率的电磁波，通信运营商设立的基站能和手机通信，手机卡就是身份证明，通信公司通过手机验证手机卡的信息。手机的通信过程是：用户使用手机，语音信号变换成电信号，以无线电形式传输到移动通信网络中的基地台，经过各基地台之间的传输处理传送到受话人的电信网络中，受话人的通信设备接收到无线电波，转换成语音信号。我们手持手机，不管走到哪里，都可与城市电话网的所有用户及本系统移动电话用户进行通话。它们间的通话是经过系统的基地台发射电磁波与接收电磁波来实现的。手机通信是一个开放的电子通信系统，只要有相应的接收设备，就能够截获任何时间、任何地点、任何人的通话信息。

在另一些信号和系统分析的场合，我们的兴趣不在于分析现有的系统，而在于设计符合特定要求的系统，以便用该系统处理信号。例如经济预测系统，设有一组像证券市场平均价格一样的经济数据记录，把这些记录看作信号，若能根据这些记录去预测将来的状态，这显然是有用的。

另外，还有一个常见的应用，是恢复由于某些原因而恶化的信号。例如，在强背景噪声条件下进行语音通信会因驾驶舱的高背景噪声电平而恶化。在这种情况和其他类似情况下，设计各种系统，以保留需要的信号（驾驶员的声音）而排除（至少近似地排除）不需要的信号（噪声）是有可能的。从已恶化信号中恢复原信号的另一个成功的例子，是老唱片的修复系统。

本章至此已介绍了四种描述系统的方式：方程、传输算子、方框图、信号流图。

信号流图是方框图的简化形式，图3.7-1是这几种描述方式之间的转换关系。

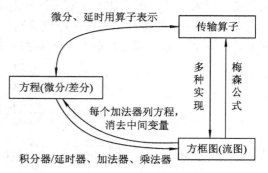

图 3.7-1　系统描述方式之间的转换

【例3.7-1】　图3.7-2是RLC并联电路，电流源$i(t)$是该系统的输入，电压$u(t)$是输出，用微分方程、传输算子、方框图、信号流图描述该系统。

解　(1) 列算子方程：

$$i_C(t) = Cpu(t) = C\frac{\mathrm{d}}{\mathrm{d}t}u(t) \qquad (3.7-1)$$

$$i_L(t) = \frac{u_L(t)}{Lp} = \frac{1}{L}\int_{-\infty}^{t}u_L(t)\mathrm{d}\tau \qquad (3.7-2)$$

$$i_R(t) = \frac{u_R(t)}{R} \qquad (3.7-3)$$

图 3.7-2　RLC 并联电路

$$i(t) = i_C(t) + i_L(t) + i_R(t) \qquad (3.7-4)$$

$$i(t) = Cpu(t) + \frac{1}{pL}u(t) + \frac{1}{R}u(t) \qquad (3.7-5)$$

整理得算子方程：

$$CRLp^2u(t) + Lpu(t) + Ru(t) = RLpi(t) \qquad (3.7-6)$$

将式(3.7-6)中的微分算子符号换成微分，得到微分方程：

$$CRL \frac{\mathrm{d}^2 u(t)}{\mathrm{d}t^2} + L \frac{\mathrm{d}u(t)}{\mathrm{d}t} + Ru(t) = RL \frac{\mathrm{d}i(t)}{\mathrm{d}t}$$

$$\frac{\mathrm{d}^2 u(t)}{\mathrm{d}t^2} + \frac{1}{CR} \frac{\mathrm{d}u(t)}{\mathrm{d}t} + \frac{1}{CL}u(t) = \frac{1}{C} \frac{\mathrm{d}i(t)}{\mathrm{d}t} \qquad (3.7-7)$$

（2）传输算子。

将式(3.7-6)整理后，求出传输算子：

$$(CRLp^2 + Lp + R)u(t) = RLpi(t)$$

$$H(p) = \frac{u(t)}{i(t)} = \frac{RLp}{CRLp^2 + Lp + R} \qquad (3.7-8)$$

（3）方框图及信号流图。

① 直接实现。

方法一：

方程(3.7-7)等号右边的项是输入的微分，先假设 $i(t)$ 作用下系统响应为 $q(t)$，列出方程(3.7-9)。根据线性时不变特性，输入为 $\frac{1}{C} \frac{\mathrm{d}i(t)}{\mathrm{d}t}$ 时的响应为 $\frac{1}{C} \frac{\mathrm{d}q(t)}{\mathrm{d}t}$，列出方程(3.7-10)。

$$\frac{\mathrm{d}^2 q(t)}{\mathrm{d}t^2} + \frac{1}{CR} \frac{\mathrm{d}q(t)}{\mathrm{d}t} + \frac{1}{CL}q(t) = i(t) \qquad (3.7-9)$$

$$u(t) = \frac{1}{C} \frac{\mathrm{d}q(t)}{\mathrm{d}t} \qquad (3.7-10)$$

等式(3.7-9)左边两次微分项保留，其他项移到等式右边：

$$\frac{\mathrm{d}^2 q(t)}{\mathrm{d}t^2} = -\frac{1}{CR} \frac{\mathrm{d}q(t)}{\mathrm{d}t} - \frac{1}{CL}q(t) + i(t) \qquad (3.7-11)$$

由式(3.7-11)很容易画出方框图，如图 3.7-3 所示。

图 3.7-3 中 $q'(t)$ 的输出端乘以 $1/C$ 即得 $u(t)$，如图 3.7-4 所示。

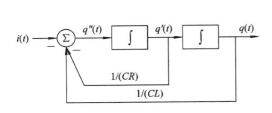

图 3.7-3 方框图

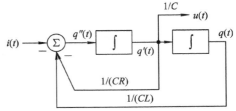

图 3.7-4 例 3.7-1 方框图

将方框图转换为信号流图，如图 3.7-5 所示。

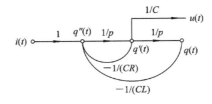

图 3.7-5 例 3.7-1 信号流图

方法二：利用梅森公式完成。

因方框图采用积分器而不是微分器，所以将传输算子中的微分算子 p 改写成积分算子 p^{-1}：

$$H(p) = \frac{u(t)}{i(t)} = \frac{p/C}{p^2 + p/(CR) + 1/(CL)}$$

$$= \frac{p^{-1}/C}{1 + p^{-1}/(CR) + p^{-2}/(CL)}$$

$$= \frac{p^{-1}/C}{1 - [-p^{-1}/(CR) - p^{-2}/(CL)]}$$

对照梅森公式可知，此系统有一条前向通路，增益为 p^{-1}/C，两个接触的环路，增益分别为 $-p^{-1}/(CR)$，$-p^{-2}/(CL)$。二阶系统有两个积分器，级联排列，画前向通路和环路，即得如图 3.7-5 所示的信号流图。

② 并联实现。

为了方便分解，设 $R = 0.2 \text{ k}\Omega$，$L = 0.02 \text{ H}$，$C = 50 \text{ nF}$，有

$$H(p) = \frac{p/C}{p^2 + p/(CR) + 1/(CL)} = \frac{2 \times 10^7 p}{p^2 + 10^5 p + 10^9}$$

$$= \frac{2 \times 10^7 p}{(p + 1.127 \times 10^4)(p + 8.873 \times 10^4)}$$

$$= \frac{-2.91 \times 10^6}{(p + 1.127 \times 10^4)} + \frac{2.291 \times 10^7}{(p + 8.873 \times 10^4)}$$

$$= \frac{-2.91 \times 10^6 p^{-1}}{(1 + 1.127 \times 10^4 p^{-1})} + \frac{2.291 \times 10^7 p^{-1}}{(1 + 8.873 \times 10^4 p^{-1})}$$

并联结构信号流图如图 3.7-6 所示。

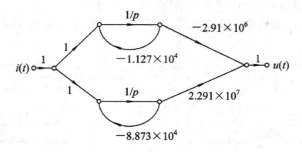

图 3.7-6　例 3.7-1 并联结构信号流图

③ 串联实现。

$$H(p) = \frac{p/C}{p^2 + p/(CR) + 1/(CL)} = \frac{2 \times 10^7 p}{p^2 + 10^5 p + 10^9}$$

$$= \frac{2 \times 10^7 p}{p + 1.127 \times 10^4} \cdot \frac{1}{p + 8.873 \times 10^4}$$

$$= \frac{2 \times 10^7}{1 + 1.127 \times 10^4 p^{-1}} \cdot \frac{p^{-1}}{1 + 8.873 \times 10^4 p^{-1}}$$

串联结构信号流图如图 3.7-7 所示。

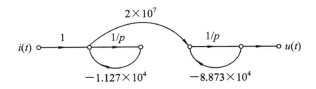

图 3.7－7 例 3.7－1 串联结构信号流图

用 MATLAB 中的 residue 函数可以实现从直接形式转换成并联形式：

$$H(p) = \frac{2 \times 10^7 p}{p^2 + 10^5 p + 10^9}$$

MATLAB 程序如下：

```
A=[1 10^5 10^9];           %定义分母向量
B=[0 2 * 10^7 0];          %定义分子向量
[r,p,k]=residue(B,A)       %部分分式展开，r 为分子系数，p 为极点，k 为常数项
```

运行结果：

```
r=
    1.0e+07 *
    2.2910
   −0.2910


p=

    1.0e+04 *
   −8.8730
   −1.1270


k=
    {}
```

结果为

$$H(p) = \frac{2.291 \times 10^7}{p + 8.873 \times 10^4} + \frac{-2.91 \times 10^6}{p + 1.127 \times 10^4}$$

【例 3.7－2】 一种用以滤除噪声的简单数据处理方法是移动平均。当接收到输入数据 $x(n)$ 后，将本次输入数据与其前 3 次的输入数据（共 4 个数据）进行平均，求该数据处理系统的输入输出方程、传输算子、直接实现的方框图。

解 设输出为 $y(n)$，则输入与输出满足如下方程：

$$y(n) = \frac{1}{4}[x(n) + x(n-1) + x(n-2) + x(n-3)]$$

算子方程：

$$y(n) = \frac{1}{4}x(n)[1 + E^{-1} + E^{-2} + E^{-3}]$$

传输算子：

$$H(E) = \frac{y(n)}{x(n)} = \frac{1}{4}\left[1 + E^{-1} + E^{-2} + E^{-3}\right]$$

方框图如图 3.7-8 所示。

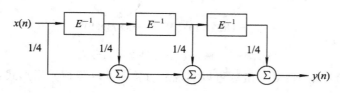

图 3.7-8 例 3.7-2 方框图

【例 3.7-3】 图 3.7-9 是作者所在团队研发的一套海洋波浪能定点垂直剖面自动监测系统的整体结构图。该系统主要包括水面浮体平台、水下自升降仪器舱、水下非接触式无线数据传输系统、包塑钢缆、岸基数据接收中心以及锚系装置等。

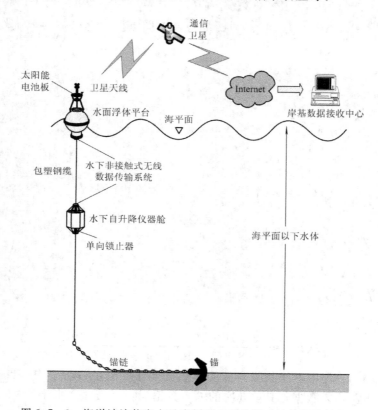

图 3.7-9 海洋波浪能定点垂直剖面自动监测系统的整体结构图

图 3.7-9 中，水面浮体平台包含浮标体、浮标远程监测与数据传输系统、卫星通信系统以及浮标体混合供电系统等；水下自升降仪器舱包含仪器舱体、单向锁止器、监测传感器、水下监测数据采集与控制系统以及水下供电系统等。

系统的主要工作流程如下：

(1) 水下监测数据采集与控制系统关闭单向锁止器，使得水下自升降仪器舱在波浪的作用下自动下沉。

（2）当水下自升降仪器舱下沉至指定深度时，水下监测数据采集与控制系统打开单向锁止器，水下自升降仪器舱可在内部浮体材料的正浮力作用下缓慢上浮，并在上浮过程中通过其内部搭载的监测传感器采集剖面监测数据，存储于水下监测数据采集与控制系统的 SD 卡中。

（3）当水下自升降仪器舱上浮至浮标体底部一定距离范围内，水下非接触式无线数据传输系统的收发双方可以建立稳定的通信连接时，水下监测数据采集与控制系统通过水下非接触式无线数据传输系统将存储在 SD 卡中的剖面监测数据传输至浮标远程监测与数据传输系统。浮标远程监测与数据传输系统获得剖面监测数据后，将其存储在自身的 SD 卡中。

（4）剖面监测数据的非接触式无线传输完成后，水下监测数据采集与控制系统重新关闭单向锁止器，水下自升降仪器舱再次下沉，开始新的剖面监测数据采集周期。

（5）浮标远程监测与数据传输系统开启卫星通信系统，将剖面监测数据和浮标体状态监测数据远程转发至岸基数据接收中心。

这套设备是一个系统，可完成信息的采集、处理和传输，而信号的传输可通过有线传输，也可无线通信。总之，系统与信号密不可分，没有信号的系统无用武之地，而只有信号没有系统，信息无法有效地处理。

习 题 3

3-1　设系统的起始状态为 $y(0_-)$，激励为 $x(t)$，各系统的全响应 $y(t)$ 与激励和起始状态的关系如下，分析各系统是否是线性的。

（1）$y(t) = e^{-t} y(0_-) + \sin(t) x(t)$；

（2）$y(t) = x(t) y(0_-) + \sin(t) x(t)$；

（3）$y(t) = e^{-t} y(0_-) + x^2(t)$。

3-2　设系统的起始状态为 $y(-1)$，激励为 $x(n)$，各系统的全响应 $y(n)$ 与激励和起始状态的关系如下，分析各系统是否是线性的。

（1）$y(n) = 2y(-1) + nx(n)$；

（2）$y(n) = y(-1) + 3x(n)$。

3-3　下列微分或差分方程所描述的系统是线性的还是非线性的？是时变的还是时不变的？

（1）$\dfrac{\mathrm{d}}{\mathrm{d}t} y(t) + 3y(t) = \dfrac{\mathrm{d}}{\mathrm{d}t} x(t) + x(t)$；

（2）$\dfrac{\mathrm{d}^2}{\mathrm{d}t^2} y(t) + 5 \dfrac{\mathrm{d}}{\mathrm{d}t} y(t) + 6y(t) = x(t) + 2$；

（3）$y(n) + 4y(n-1) = x(n) - x(n-1)$；

（4）$y(n) + 2y(n-1) + 3y(n-2) = nx(n)$。

3-4　判断下列系统是否为可逆系统。若可逆，求出其逆系统；若不可逆，指出该系统产生相同输出的两个输入信号。

(1) $y(t) = \dfrac{1}{3}x(t-4)$;　　　　(2) $y(t) = 2\dfrac{\mathrm{d}}{\mathrm{d}t}x(t)$;

(3) $y(t) = \displaystyle\int_{-\infty}^{t} x(\tau)\mathrm{d}\tau$;　　　　(4) $y(t) = x(3t)$;

(5) $y(n) = x(3n)$;　　　　(6) $y(n) = x\left(\dfrac{1}{2}n\right)$。

3-5　已知起始状态为零的 LTI 系统，当输入为 $x_1(t)$ 时，输出为 $y_1(t)$，如题 3-5 图(a)、(b)，当输入为 $x_2(t)$（见题 3-5 图(c)）时，求对应的输出 $y_2(t)$。

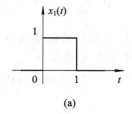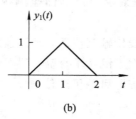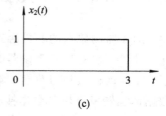

(a)　　　　　　　(b)　　　　　　　(c)

题 3-5 图

3-6　设激励为 $x(\cdot)$，下列是各系统的零状态响应 $y_{zs}(\cdot)$。判断各系统是否因果、稳定。

(1) $y_{zs}(t) = \dfrac{\mathrm{d}}{\mathrm{d}t}x(t)$;　　　　(2) $y_{zs}(t) = x(-t)$;

(3) $y(n) = x(n)x(n-1)$;　　　　(4) $y_{zs}(n) = \displaystyle\sum_{i=0}^{n} x(i)$。

3-7　题 3-7 图中电路输入为 $u_s(t)$，分别写出以 $u_C(t)$、$i_L(t)$ 为响应的微分方程。

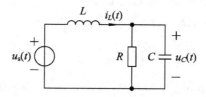

题 3-7 图

3-8　题 3-8 图所示的电阻梯型网络中，各串臂电阻均为 R_1，各并臂电阻均为 R_2。将各节点依次编号，其序号为 $n(n=1, 2, \cdots, N)$，相应节点电压为 $u(n)$（显然有 $u(0) = u_s(t)$，$u(N) = 0$，边界条件），试列出关于 $u(n)$ 的差分方程。

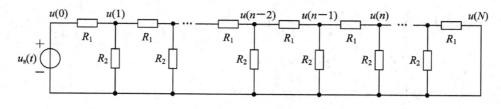

题 3-8 图

3-9　对汉诺塔问题列差分方程。汉诺塔是由三根杆子 A、B、C 组成的。A 杆上有

N 个($N>1$)穿孔圆盘，盘的尺寸由下到上依次变小。要求按下列规则将所有圆盘移至 C 杆。

(1) 每次只能移动一个圆盘。

(2) 大盘不能叠在小盘上面。

提示：可将圆盘临时置于 B 杆，也可将从 A 杆移出的圆盘重新移回 A 杆，但都必须遵循上述两条规则。设将 n 个圆盘从 A 杆移到 C 杆需要移动 $y(n)$ 次，列出 $y(n)$ 满足的差分方程。

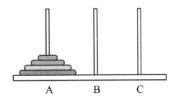

题 3-9 图

3-10 核子反应器中的每个粒子经过 1 秒后分裂为 2 个粒子。设从 $n=0$ 秒开始每秒钟注入反应器中 $x(n)$ 个粒子。

(1) 设 $y(n)$ 为第 n 秒末反应器中的粒子数，写出其差分方程。

(2) 每个粒子一分为二时，实际上其中之一是原有的，另一个是新生的。如果一个粒子的寿命为 5 秒，令 $y(n)$ 为第 n 秒末的粒子数，写出 $y(n)$ 与 $x(n)$ 的差分方程。

3-11 列出题 3-11 图所示的信号流图或方框图对应的传输算子和方程。

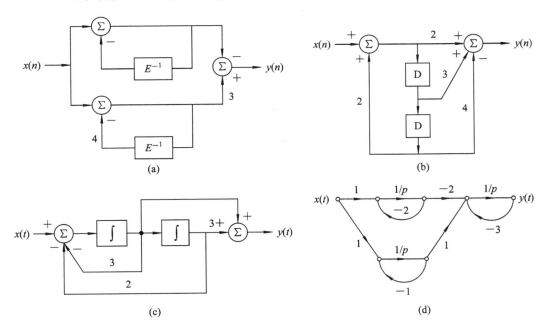

题 3-11 图

3-12 已知系统的微分方程 $\dfrac{\mathrm{d}^2}{\mathrm{d}t^2}y(t)+6\dfrac{\mathrm{d}}{\mathrm{d}t}y(t)+5y(t)=\dfrac{\mathrm{d}}{\mathrm{d}t}x(t)+3x(t)$，分别画

出其直接形式、并联形式、级联形式的方框图或信号流图。

3-13　已知离散时间系统的方框图如题 3-13 图所示，分别画出其并联形式、级联形式的方框图或信号流图。

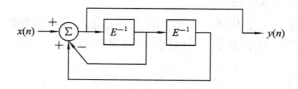

题 3-13 图

3-14　利用梅森公式求题 3-14 图所示信号流图的传输算子。已知 $H_1(p) = \dfrac{y_1(t)}{x(t)}$，$H_2(p) = \dfrac{y_2(t)}{x(t)}$。

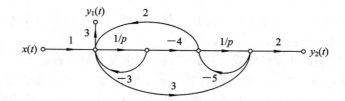

题 3-14 图

3-15　已知某系统由三个子系统构成，其连接如题 3-15 图所示，子系统的传输算子为 $H_1(p) = \dfrac{2}{p+1}$，$H_2(p) = \dfrac{1}{p+3}$，$H_3(p) = \dfrac{4}{p+2}$，求该系统的传输算子 $H(p)$ 并写出系统的微分方程。

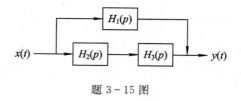

题 3-15 图

第 4 章　线性时不变系统的时域分析

系统的分析方法主要有时域分析法和变换域分析法两种。时域分析法直接在时域对系统的微积分方程或者差分方程进行求解，该方法概念清晰，但过程繁杂；变换域分析法通过将时域问题转换成变换域（如频域、复频域和 z 域等）问题并进行分析计算，能够简化计算过程。

本章讨论线性时不变（LTI）系统的时域分析法，并对连续时间系统和离散时间系统分别讨论。连续时间系统的数学模型为常系数线性微分方程，假设系统的激励和响应分别为 $x(t)$ 和 $y(t)$，则描述 n 阶系统的常系数线性微分方程为

$$a_n \frac{\mathrm{d}^n}{\mathrm{d}t^n} y(t) + a_{n-1} \frac{\mathrm{d}^{n-1}}{\mathrm{d}t^{n-1}} y(t) + \cdots + a_1 \frac{\mathrm{d}}{\mathrm{d}t} y(t) + a_0 y(t)$$

$$= b_m \frac{\mathrm{d}^m}{\mathrm{d}t^m} x(t) + b_{m-1} \frac{\mathrm{d}^{m-1}}{\mathrm{d}t^{m-1}} x(t) + \cdots + b_1 \frac{\mathrm{d}}{\mathrm{d}t} x(t) + b_0 x(t) \qquad (4-1)$$

其中，$n \geqslant m$，a_0，a_1，a_2，$\cdots$，a_n 和 b_0，b_1，b_2，$\cdots$，b_m 均为常数，所以求解连续时间系统响应的基本方法为求解常系数线性微分方程，微分方程的完全解就是系统的完全响应。

同样，在线性时不变的前提下，离散时间系统的数学模型为常系数线性差分方程，假设系统的激励和响应分别为 $x(n)$ 和 $y(n)$，则描述 N 阶系统的常系数线性差分方程为

$$a_0 y(n) + a_1 y(n-1) + \cdots + a_{N-1} y(n-N+1) + a_N y(n-N)$$

$$= b_0 x(n) + b_1 x(n-1) + \cdots + b_{M-1} x(n-M+1) + b_M x(n-M) \qquad (4-2)$$

其中，$N \geqslant M$，a_0，a_1，$\cdots$，a_N 和 b_0，b_1，$\cdots$，b_M 均为常数，所以求解离散时间系统响应的基本方法为求解常系数线性差分方程，差分方程的完全解就是系统的完全响应。

LTI 系统的时域分析法可以分为经典法和双零法。所谓经典法，是通过求解微分方程或者差分方程的齐次解和特解来计算得到系统的完全响应；所谓双零法，是通过求解系统的零输入响应和零状态响应来计算得到系统的完全响应。由于双零法能够充分利用 LTI 系统的线性特性和时不变特性，所以本章将重点介绍利用双零法求解系统响应，并引入卷积来计算系统的零状态响应。

基于连续时间系统与离散时间系统的可类比性，本章所有概念和内容都从连续时间系统开始，进而类比地介绍离散时间系统的概念和内容，希望读者能够理解。

本章 4.1 节介绍连续时间系统的时域分析，首先简单回顾微分方程齐次解和特解的求解过程，然后介绍系统起始状态到初始状态的转变，最后介绍连续时间系统零输入响应和零状态响应的概念及其计算方法；4.2 节介绍离散时间系统的时域分析，首先介绍差分方程齐次解和特解的求解方法，然后介绍离散时间系统零输入响应和零状态响应的概念及其计算方法；4.3 节分别介绍连续时间系统的单位冲激响应和离散时间系统的单位样值响应，为 4.4 节介绍卷积积分与卷积和做好准备；4.4 节介绍卷积积分与卷积和，并利用卷积积分与卷积和计算系统的零状态响应；4.5 节给出本章的应用实例并进行分析。

4.1　连续时间系统的时域分析

4.1.1　微分方程的求解

作为连续时间系统时域分析法的基础，常系数线性微分方程的经典法就是通过求解系统微分方程的齐次解和特解来得到完全解，即系统的完全响应。经典法求解常系数线性微分方程是高等数学课程的内容，也是本章求解零状态响应和零输入响应时必须具备的基础知识，本节将对经典法的内容稍作回顾，但不详细展开讨论。

1. 齐次解的求解

令式(4-1)的右边为零，可得

$$a_n \frac{\mathrm{d}^n}{\mathrm{d}t^n}y(t) + a_{n-1}\frac{\mathrm{d}^{n-1}}{\mathrm{d}t^{n-1}}y(t) + \cdots + a_1\frac{\mathrm{d}}{\mathrm{d}t}y(t) + a_0 y(t) = 0 \qquad (4.1-1)$$

式(4.1-1)称为式(4-1)对应的齐次方程，其解称为齐次解 $y_h(t)$，求解过程可以简化为代数方程的求根问题，称为特征根法(又称欧拉待定指数函数法)。

为了确定 n 阶微分方程齐次解的形式，首先回顾如下一阶常系数齐次微分方程的齐次解的求解：

$$a_1 \frac{\mathrm{d}}{\mathrm{d}t}y(t) + a_0 y(t) = 0 \qquad (4.1-2)$$

将变量分离，可得

$$\frac{\mathrm{d}y(t)}{y(t)} = -\frac{a_0}{a_1}\mathrm{d}t$$

两边积分，可得

$$\ln|y(t)| = -\frac{a_0}{a_1}t + \tilde{c}$$

其中，$\tilde{c}$ 为任意常数。由对数的定义，可得

$$y(t) = \pm \mathrm{e}^{\tilde{c}} \cdot \mathrm{e}^{-\frac{a_0}{a_1}t} = A\mathrm{e}^{\lambda t}$$

其中，$A = \pm \mathrm{e}^{\tilde{c}}$ 为任意常数，$\lambda = -\dfrac{a_0}{a_1}$ 由一阶常系数微分方程(4.1-2)确定。可见，微分方程齐次解的基础形式为指数函数 $A\mathrm{e}^{\lambda t}$，而 n 阶常系数齐次微分方程齐次解 $y_h(t)$ 的形式为指数函数 $A\mathrm{e}^{\lambda t}$ 的线性组合。将 $A\mathrm{e}^{\lambda t}$ 代入式(4.1-1)可得

$$a_n\lambda^n A\mathrm{e}^{\lambda t} + a_{n-1}\lambda^{n-1}A\mathrm{e}^{\lambda t} + \cdots + a_1\lambda A\mathrm{e}^{\lambda t} + a_0 A\mathrm{e}^{\lambda t} = 0$$

即

$$A\mathrm{e}^{\lambda t}(a_n\lambda^n + a_{n-1}\lambda^{n-1} + \cdots + a_1\lambda + a_0) = 0$$

可见，$A\mathrm{e}^{\lambda t}$ 为式(4.1-1)的解的充要条件为 λ 是代数方程

$$a_n\lambda^n + a_{n-1}\lambda^{n-1} + \cdots + a_1\lambda + a_0 = 0 \qquad (4.1-3)$$

的根，因此式(4.1-3)具有确定式(4.1-1)的齐次解的特性的作用，称之为齐次方程(4.1-1)的特征方程，它的根称为特征根，而 A 由于暂时无法确定，因此称为待定系数。

根据真实 LTI 系统微分方程构建的特征方程，其系数为实数，而实系数特征方程的根一般以实数或者共轭复数的形式出现，同时又可以分为单根和重根两种情况，不同的特征根对应的齐次方程解的基础形式如表 4.1-1 所示。将各个特征根对应的齐次解的基础形式相加，可得微分方程的齐次解。

表 4.1-1　特征根对应的齐次方程解的基础形式

特征根 λ	对应的齐次方程解的基础形式
实数单根(λ)	$A\mathrm{e}^{\lambda t}$
K 重实数根(λ 为 K 重根)	$\mathrm{e}^{\lambda t}(A_0 + A_1 t + \cdots + A_{K-1} t^{K-1})$
一对共轭复数根($\lambda_{1,2} = \sigma \pm \mathrm{j}\omega$)	$\mathrm{e}^{\sigma t}[A\cos(\omega t) + B\sin(\omega t)]$ 或 $C\mathrm{e}^{\sigma t}\cos(\omega t + \varphi)$， 其中，$C = \sqrt{A^2 + B^2}$，$\tan\varphi = -B/A$
K 重共轭复数根($\sigma \pm \mathrm{j}\omega$ 为 K 重根)	$\mathrm{e}^{\sigma t}\displaystyle\sum_{i=0}^{K-1}[A_i t^i \cos(\omega t) + B_i t^i \sin(\omega t)]$ 或 $\mathrm{e}^{\sigma t}\displaystyle\sum_{i=0}^{K-1}[C_i t^i \cos(\omega t + \varphi_i)]$ 其中，$C_i = \sqrt{A_i^2 + B_i^2}$，$\tan\varphi_i = -B_i/A_i$

　　表中，A，A_0，A_1，$\cdots$，A_{K-1}，B，B_0，B_1，$\cdots$，B_{K-1}，C，C_0，C_1，$\cdots$，C_{K-1}，φ，φ_0，φ_1，$\cdots$，φ_{K-1} 为待定系数。

【例 4.1-1】　求方程 $\dfrac{\mathrm{d}^3}{\mathrm{d}t^3}y(t) + 4\dfrac{\mathrm{d}^2}{\mathrm{d}t^2}y(t) + 6\dfrac{\mathrm{d}}{\mathrm{d}t}y(t) + 4y(t) = x(t)$ 的齐次解。

解　齐次方程为

$$\frac{\mathrm{d}^3}{\mathrm{d}t^3}y(t) + 4\frac{\mathrm{d}^2}{\mathrm{d}t^2}y(t) + 6\frac{\mathrm{d}}{\mathrm{d}t}y(t) + 4y(t) = 0$$

特征方程为

$$\lambda^3 + 4\lambda^2 + 6\lambda + 4 = 0$$

可得特征根为

$$\lambda_1 = -2,\ \lambda_{2,3} = -1 \pm \mathrm{j}$$

所以，齐次解为

$$y_\mathrm{h}(t) = A_1\mathrm{e}^{-2t} + \mathrm{e}^{-t}[A_2\cos(t) + A_3\sin(t)]$$

利用 MATLAB 求齐次解：

```
d=dsolve('D3y+4 * D2y+6 * Dy+4 * y=0','t');      %利用 dsolve 函数求齐次解
                                                 %其中 Dny 表示 y 的 n 阶微分
d                                                %显示 d
```

运行结果：

```
d=
C4 * exp(-2 * t) + C2 * exp(-t) * cos(t) + C3 * exp(-t) * sin(t)
```

【例 4.1-2】 求方程 $\dfrac{d^3}{dt^3}y(t) + 5\dfrac{d^2}{dt^2}y(t) + 7\dfrac{d}{dt}y(t) + 3y(t) = \dfrac{d}{dt}x(t) + 2x(t)$ 的齐次解。

解 齐次方程为

$$\frac{d^3}{dt^3}y(t) + 5\frac{d^2}{dt^2}y(t) + 7\frac{d}{dt}y(t) + 3y(t) = 0$$

特征方程为

$$\lambda^3 + 5\lambda^2 + 7\lambda + 3 = 0$$

可得特征根为

$$\lambda_1 = -3, \lambda_{2,3} = -1$$

所以，齐次解为

$$y_h(t) = A_1 e^{-3t} + e^{-t}[A_2 + A_3 t]$$

2. 特解的求解

将激励信号 $x(t)$ 代入式(4-1)，化简后方程右边的函数称为自由项，特解 $y_p(t)$ 的形式由自由项决定，也即特解的形式与激励信号的形式有关。不同形式的自由项对应的特解形式如表 4.1-2 所示。若自由项为表中各种情况的组合，则特解也是相应的组合。

求解微分方程特解的过程如下：

(1) 根据微分方程自由项得到含待定系数的特解。

(2) 将特解代入微分方程，确定特解中的待定系数使等式成立。

表 4.1-2 自由项对应的特解形式

自由项	特 解 形 式	
E（常数）	D（常数）	
t^n	$A_n t^n + A_{n-1} t^{n-1} + \cdots + A_1 t + A_0$	
e^{at}	a 不是特征根	$A e^{at}$
	a 是 K 重特征根	$A t^K e^{at}$
$\cos(\omega t)$	$A_1 \cos(\omega t) + A_2 \sin(\omega t)$	
$\sin(\omega t)$		
$t^n e^{at} \cos(\omega t)$	$(A_n t^n + A_{n-1} t^{n-1} + \cdots + A_1 t + A_0) e^{at} \cos(\omega t)$	
$t^n e^{at} \sin(\omega t)$	$+ (B_n t^n + B_{n-1} t^{n-1} + \cdots + B_1 t + B_0) e^{at} \sin(\omega t)$	

表中，$A, A_0, A_1, \cdots, A_n, B_0, B_1, \cdots, B_n$ 为待定系数。

【例 4.1-3】 求微分方程 $\dfrac{d^2}{dt^2}y(t) + 3\dfrac{d}{dt}y(t) + 2y(t) = \dfrac{d}{dt}x(t) + 4x(t)$ 在 $x(t) = e^{-3t}$ 时的特解。

解 将 $x(t) = e^{-3t}$ 代入微分方程，可得

$$\frac{d^2}{dt^2}y(t) + 3\frac{d}{dt}y(t) + 2y(t) = e^{-3t}$$

特征方程为

$$\lambda^2 + 3\lambda + 2 = 0$$

可得特征根为

$$\lambda_1 = -1, \lambda_2 = -2$$

-3 不是特征根，因此，特解形式为 $y_p(t) = Ae^{-3t}$ ，将其代入微分方程，可得

$$9Ae^{-3t} - 9Ae^{-3t} + 2Ae^{-3t} = e^{-3t}$$

求得待定系数 $A = \dfrac{1}{2}$ ，所以特解为

$$y_p(t) = \frac{1}{2}e^{-3t}$$

利用 MATLAB 求特解：

```
d=dsolve('D2y+3*Dy+2*y=exp(-3*t)','t'); %利用 dsolve 函数求通解，含齐次解和特解
d                                        %显示 d
```

运行结果：

```
d =
exp(-3*t)/2 + C10*exp(-t) + C11*exp(-2*t)
```

注：exp(−3 * t)/2 为特解；C10 * exp(−t) + C11 * exp(−2 * t)为含待定系数的齐次解。

3. 完全解的求解

将齐次解 $y_h(t)$ 和特解 $y_p(t)$ 相加可得完全解 $y(t)$ ，即

$$y(t) = y_h(t) + y_p(t) \tag{4.1-4}$$

根据系统的微分方程确定的特征根称为系统的自由频率（或固有频率），它决定了齐次解 $y_h(t)$ 的形式，因此又称齐次解 $y_h(t)$ 为系统的自由响应；而特解 $y_p(t)$ 与系统激励的函数形式有关，因此又称特解 $y_p(t)$ 为系统的强迫响应；完全解 $y(t)$ 又称为系统的完全响应。

齐次解中的待定系数可以在完全解中通过边界条件来确定。

通过经典法求解常系数微分方程的完全解的步骤如下：

（1）根据微分方程建立特征方程，求解特征根。

（2）根据特征根得到含有待定系数的齐次解。

（3）根据微分方程自由项得到含待定系数的特解，将特解代入微分方程，确定特解中的待定系数。

（4）将（2）和（3）得到的齐次解和特解相加得到完全解形式。

（5）将边界条件代入完全解，确定齐次解中的待定系数。

【例 4.1-4】　求解例 4.1-3 在边界条件为 $y(0) = 1$，$y'(0) = 0$ 时的完全响应。

解　根据例 4.1-3 中已经求得的特征根 $\lambda_1 = -1$ 和 $\lambda_2 = -2$，可得齐次解的形式为

$$y_h(t) = A_1 e^{-t} + A_2 e^{-2t}$$

例 4.1-3 中已求得特解为 $y_p(t) = \dfrac{1}{2}e^{-3t}$ ，所以完全解的形式为

$$y(t) = y_h(t) + y_p(t) = A_1 e^{-t} + A_2 e^{-2t} + \frac{1}{2} e^{-3t}$$

将给定的边界条件代入完全解，以确定齐次解中的待定系数，即

$$\begin{cases} 1 = y(0) = A_1 + A_2 + \dfrac{1}{2} \\ 0 = y'(0) = -A_1 - 2A_2 - \dfrac{3}{2} \end{cases}$$

可得

$$A_1 = \frac{5}{2}, \ A_2 = -2$$

所以，完全响应为

$$y(t) = \frac{5}{2} e^{-t} - 2 e^{-2t} + \frac{1}{2} e^{-3t}$$

【例 4.1-5】 已知 LTI 系统的微分方程为 $\dfrac{d}{dt} y(t) + 5y(t) = x(t)$，系统的激励信号为 $x(t) = 5u(t)$，边界条件为 $y(0_+) = 4$，求激励信号加入后的系统响应。

解 根据微分方程可得特征方程为

$$\lambda + 5 = 0$$

特征根为 $\lambda = -5$，可得齐次解为 $y_h(t) = A e^{-5t}$。

激励信号 $x(t) = 5u(t)$，即激励从 0 时刻开始作用于系统，所以求解激励信号加入后的系统响应就是要求解 $t > 0$ 时的完全响应。

将激励信号代入微分方程，可得

$$\frac{d}{dt} y(t) + 5y(t) = 5u(t)$$

在 $t > 0$ 时，系统的微分方程为

$$\frac{d}{dt} y(t) + 5y(t) = 5$$

所以特解形式为

$$y_p(t) = B \quad (t > 0)$$

代入微分方程，可得 $5B = 5$，所以特解为

$$y_p(t) = 1 \quad (t > 0)$$

将齐次解和特解相加可以得到完全解形式为

$$y(t) = y_h(t) + y_p(t) = A e^{-5t} + 1 \quad (t > 0)$$

边界条件 $y(0_+)$ 为 0_+ 时刻的值，在完全解的时间范围（即 $t > 0$）内，可以直接用于确定完全解中的待定系数。因此可得

$$4 = y(0_+) = A + 1$$

解得 $A = 3$，所以完全解为

$$y(t) = 3 e^{-5t} + 1 \quad (t > 0)$$

$y(t)$ 为系统的完全响应，也可以表示为

$$y(t) = (3 e^{-5t} + 1) u(t)$$

可见，该系统的完全响应中 $3e^{-5t}u(t)$ 为自由响应，$u(t)$ 为强迫响应。响应按照其随时间的变化形式，也可以分解为暂态响应和稳态响应。当时间趋于无穷时，响应趋近于 0 的分量称为暂态响应；当时间趋于无穷时，保留下来的分量称为稳态响应。因此，本例中 $3e^{-5t}u(t)$ 为暂态响应，$u(t)$ 为稳态响应。

4.1.2 起始状态到初始状态的转换

在连续时间系统中，系统的起始状态是指激励信号作用之前的瞬间系统状态，为系统前期信息的积累；系统的初始状态是指激励信号作用之后的瞬间系统状态，因此，初始状态受到了激励信号的作用。若激励在 $t=0$ 时刻开始作用于系统，则 0_- 时刻系统的状态为系统的起始状态，0_+ 时刻系统的状态为系统的初始状态。

一般情况下，往往假设激励在 $t=0$ 时刻开始作用于系统，则系统完全响应的时间范围为 $0 < t < \infty$。由于 0_- 时刻激励并未作用于系统，而 0_+ 时刻激励已经作用于系统，因此不能用 0_- 时刻系统的状态来确定完全解中的待定系数，应该用 0_+ 时刻系统的状态来确定完全解中的待定系数。

在电路分析中，由于电路内部元件储能具有连续性，即电容存储电荷具有连续性，电感存储磁链具有连续性，因此在没有冲激电流作用于电容或者没有冲激电压作用于电感时电路具有换路原则：$u_C(0_+)=u_C(0_-)$ 和 $i_L(0_+)=i_L(0_-)$。

但是，当电路中有冲激电流作用于电容或者有冲激电压作用于电感时，电容电压和电感电流将在 0 时刻产生跳变，此时 $u_C(0_+) \neq u_C(0_-)$，$i_L(0_+) \neq i_L(0_-)$，但是起始状态和初始状态之间存在一定联系。

借助冲激平衡法，即利用 $t=0$ 时刻微分方程左右两边的 $\delta(t)$ 及其各阶导数相等，可以得到系统 0_- 时刻状态到 0_+ 时刻状态的跳变值。

【例 4.1－6】 微分方程 $\dfrac{\mathrm{d}}{\mathrm{d}t}y(t)+2y(t)=\dfrac{\mathrm{d}}{\mathrm{d}t}x(t)$，已知 $x(t)=5\delta(t)$，$y(0_-)=-2$，求系统的初始状态 $y(0_+)$。

解 将 $x(t)=5\delta(t)$ 代入微分方程可得

$$\frac{\mathrm{d}}{\mathrm{d}t}y(t)+2y(t)=5\delta'(t) \tag{4.1-5}$$

仅讨论 $t=0$ 时刻的情况。此时，如果方程中存在冲激或其导数，则由于冲激或其导数的值均为无穷大，因此取值有限的项在此时已没有意义，可以直接设有限值项的值为零。

在 $t=0$ 时，由于方程右边存在 $5\delta'(t)$，所以方程左边也应该有 $5\delta'(t)$，而且应该全部包含在最高阶 $\dfrac{\mathrm{d}}{\mathrm{d}t}y(t)$ 中。因为如果 $y(t)$ 中存在 $\delta'(t)$ 项，则 $\dfrac{\mathrm{d}}{\mathrm{d}t}y(t)$ 必然存在 $\delta''(t)$，而方程右端没有 $\delta''(t)$ 项，会导致方程左右两边无法平衡。

$y(t)$ 为 $\dfrac{\mathrm{d}}{\mathrm{d}t}y(t)$ 的积分，所以 $2y(t)$ 会包含 $10\delta(t)$，而方程右端没有 $10\delta(t)$，就要求 $\dfrac{\mathrm{d}}{\mathrm{d}t}y(t)$ 还应该包含 $-10\delta(t)$。

$\dfrac{\mathrm{d}}{\mathrm{d}t}y(t)$ 的积分为 $y(t)$，由于 $\dfrac{\mathrm{d}}{\mathrm{d}t}y(t)$ 中存在 $-10\delta(t)$，所以 $y(t)$ 存在跳变，且 $y(0_+)-$

$y(0_-) = -10$，可得

$$y(0_+) = y(0_-) - 10 = -2 - 10 = -12$$

根据上面的讨论过程，可以将冲激平衡法的应用过程步骤化。由式(4.1-5)可知，$\dfrac{d}{dt}y(t)$ 包含 $5\delta'(t)$，在 $t=0$ 时，令

$$\begin{cases} \dfrac{d}{dt}y(t) = 5\delta'(t) + A\delta(t) \\[2mm] y(t) = 5\delta(t) \end{cases} \qquad (4.1-6)$$

将式(4.1-6)代入式(4.1-5)可得 $t=0$ 时刻关于冲激及其导数的方程(忽略非冲激项)为

$$5\delta'(t) + A\delta(t) + 10\delta(t) = 5\delta'(t)$$

由冲激平衡法可知，$A = -10$，即 $\dfrac{d}{dt}y(t)$ 中有 $-10\delta(t)$，利用积分关系可得 $y(0_+) - y(0_-) = -10$，所以 $y(0_+) = y(0_-) - 10 = -2 - 10 = -12$。

利用冲激平衡法实现系统起始状态到初始状态的转变的基本步骤如下：

(1) 确定方程右端 $\delta(t)$ 的最高阶微分项。

(2) 确定方程左端 $y(t)$ 的最高阶微分项，在 $t=0$ 时刻构建相应的冲激函数形式，该形式应该包含(1)确定的 $\delta(t)$ 的最高阶微分项以及含待定系数的全部低阶 $\delta(t)$ 项。

(3) 通过积分依次得到 $t=0$ 时刻 $y(t)$ 各阶微分及 $y(t)$ 的冲激函数形式，并忽略非冲激项。

(4) 平衡方程两边的 $\delta(t)$ 及其微分项，确定待定系数。

(5) 利用冲激的性质，即其积分为跳变，通过起始状态计算得到初始状态。

【例 4.1-7】 LTI 系统微分方程为 $\dfrac{d^2}{dt^2}y(t) + 2\dfrac{d}{dt}y(t) + 2y(t) = \dfrac{d^2}{dt^2}x(t) + x(t)$，激励为 $x(t) = u(t) + \delta(t)$，起始状态为 $y(0_-) = 2$，$y'(0_-) = 3$，计算系统的初始状态 $y(0_+)$ 和 $y'(0_+)$。

解 将 $x(t) = u(t) + \delta(t)$ 代入微分方程，可得

$$\frac{d^2}{dt^2}y(t) + 2\frac{d}{dt}y(t) + 2y(t) = \delta''(t) + \delta'(t) + \delta(t) + u(t) \qquad (4.1-7)$$

在 $t=0$ 时，令

$$\begin{cases} \dfrac{d^2}{dt^2}y(t) = \delta''(t) + A\delta'(t) + B\delta(t) \\[2mm] \dfrac{d}{dt}y(t) = \delta'(t) + A\delta(t) \\[2mm] y(t) = \delta(t) \end{cases} \qquad (4.1-8)$$

将式(4.1-8)代入式(4.1-7)，整理可得

$$\delta''(t) + (A+2)\delta'(t) + (2A+B+2)\delta(t) = \delta''(t) + \delta'(t) + \delta(t)$$

平衡方程两边的 $\delta(t)$ 及其微分项，可得

$$\begin{cases} A+2=1 \\ 2A+B+2=1 \end{cases} \Rightarrow \begin{cases} A=-1 \\ B=1 \end{cases}$$

可见，$\dfrac{\mathrm{d}^2}{\mathrm{d}t^2}y(t)$ 包含 $\delta(t)$，可得 $y'(0_+)-y'(0_-)=1$；$\dfrac{\mathrm{d}}{\mathrm{d}t}y(t)$ 包含 $-\delta(t)$，可得 $y(0_+)-y(0_-)=-1$。所以

$$\begin{cases} y'(0_+)=y'(0_-)+1=3+1=4 \\ y(0_+)=y(0_-)-1=2-1=1 \end{cases}$$

【例 4.1-8】 LTI 系统微分方程为 $\dfrac{\mathrm{d}^2}{\mathrm{d}t^2}y(t)+3\dfrac{\mathrm{d}}{\mathrm{d}t}y(t)+2y(t)=2\dfrac{\mathrm{d}}{\mathrm{d}t}x(t)+x(t)$，激励为 $x(t)=u(t)$，起始状态为 $y(0_-)=3$，$y'(0_-)=0$，求该系统的完全响应 $y(t)$。

　　解　本题求解思路为：先利用冲激平衡法计算系统的初始状态，然后利用经典法分别计算齐次解和特解来得到完全解形式，而完全解中的待定系数利用初始状态来确定。

　　将 $x(t)=u(t)$ 代入微分方程可得

$$\dfrac{\mathrm{d}^2}{\mathrm{d}t^2}y(t)+3\dfrac{\mathrm{d}}{\mathrm{d}t}y(t)+2y(t)=2\delta(t)+u(t) \tag{4.1-9}$$

　　由冲激平衡法可知，$\dfrac{\mathrm{d}^2}{\mathrm{d}t^2}y(t)$ 中有 $2\delta(t)$，而 $\dfrac{\mathrm{d}}{\mathrm{d}t}y(t)$ 中不含有冲激，所以

$$y'(0_+)=y'(0_-)+2=0+2=2,\quad y(0_+)=y(0_-)=3$$

微分方程对应的特征方程为

$$\lambda^2+3\lambda+2=0$$

特征根为 $\lambda_1=-1$，$\lambda_2=-2$，可得微分方程的齐次解形式为

$$y_h(t)=A_1\mathrm{e}^{-t}+A_2\mathrm{e}^{-2t}$$

在 $t>0$ 时，式(4.1-9)可以简化为

$$\dfrac{\mathrm{d}^2}{\mathrm{d}t^2}y(t)+3\dfrac{\mathrm{d}}{\mathrm{d}t}y(t)+2y(t)=1 \tag{4.1-10}$$

特解形式为 $y_p(t)=B$，代入式(4.1-10)，可得 $B=\dfrac{1}{2}$，所以

$$y_p(t)=\dfrac{1}{2}\quad(t>0)$$

将齐次解和特解相加得到系统的完全响应形式为

$$y(t)=y_h(t)+y_p(t)=A_1\mathrm{e}^{-t}+A_2\mathrm{e}^{-2t}+\dfrac{1}{2}\quad(t>0)$$

　　利用初始状态可得

$$\begin{cases} 2=y'(0_+)=-A_1-2A_2 \\ 3=y(0_+)=A_1+A_2+\dfrac{1}{2} \end{cases} \Rightarrow \begin{cases} A_1=7 \\ A_2=-\dfrac{9}{2} \end{cases}$$

所以，系统的完全响应为

$$y(t)=7\mathrm{e}^{-t}-\dfrac{9}{2}\mathrm{e}^{-2t}+\dfrac{1}{2}\quad(t>0)$$

即

$$y(t)=\left(7\mathrm{e}^{-t}-\dfrac{9}{2}\mathrm{e}^{-2t}+\dfrac{1}{2}\right)u(t)$$

利用 MATLAB 求完全响应：

$d = dsolve('D2y + 3 * Dy + 2 * y = 1', 'y(0) = 3', 'Dy(0) = 2', 't');$ %求解 t>0 时微分方程的完全解
d

运行结果：

$d =$
$7 * \exp(-t) - (9 * \exp(-2 * t))/2 + 1/2$

注：y(0)和 Dy(0)表示初始状态，初始状态需先利用冲激平衡法确定。

4.1.3 连续时间系统的零输入响应与零状态响应

对于 LTI 连续时间系统，其微分方程的完全解还可以通过计算零输入响应和零状态响应来得到，即双零法。所谓零输入响应，是指系统外加激励为零，仅由系统的起始状态所引起的响应，记作 $y_{zi}(t)$；所谓零状态响应，是指系统起始状态为零，仅由激励所引起的响应，记作 $y_{zs}(t)$。系统的完全响应 $y(t)$ 等于零输入响应与零状态响应的和，即

$$y(t) = y_{zi}(t) + y_{zs}(t) \qquad (4.1-11)$$

为了更好地理解和区分零输入响应和零状态响应，下面首先分析一个一阶 RL 电路。

【例 4.1-9】 图 4.1-1 所示的一阶 RL 电路系统中，已知电感的起始电流为 $i_L(0_-)$，激励为因果信号 $x(t)$，求该系统在 $t > 0$ 时的响应 $i_L(t)$。

解 利用电路元件的 VAR 及基尔霍夫电压定律，可得该电路系统的微分方程为

$$L \frac{\mathrm{d}}{\mathrm{d}t} i_L(t) + R i_L(t) = x(t)$$

整理可得

$$\frac{\mathrm{d}}{\mathrm{d}t} i_L(t) + \frac{R}{L} i_L(t) = \frac{1}{L} x(t) \qquad (4.1-12)$$

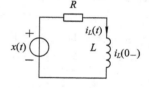

图 4.1-1 例 4.1-9 的图

两端同时乘以 $\mathrm{e}^{\frac{R}{L}t}$ 可得

$$\mathrm{e}^{\frac{R}{L}t} \frac{\mathrm{d}}{\mathrm{d}t} i_L(t) + \frac{R}{L} \mathrm{e}^{\frac{R}{L}t} i_L(t) = \frac{1}{L} \mathrm{e}^{\frac{R}{L}t} x(t)$$

整理可得

$$\frac{\mathrm{d}}{\mathrm{d}t} \left[\mathrm{e}^{\frac{R}{L}t} i_L(t) \right] = \frac{1}{L} \mathrm{e}^{\frac{R}{L}t} x(t)$$

对方程两边积分

$$\int_{-\infty}^{t} \frac{\mathrm{d}}{\mathrm{d}\tau} \left[\mathrm{e}^{\frac{R}{L}\tau} i_L(\tau) \right] \mathrm{d}\tau = \int_{-\infty}^{t} \frac{1}{L} \mathrm{e}^{\frac{R}{L}\tau} x(\tau) \mathrm{d}\tau$$

由于激励 $x(t)$ 为因果信号，其响应也是因果信号，故上式积分下限从 0_- 开始，即

$$\mathrm{e}^{\frac{R}{L}t} i_L(t) - i_L(0_-) = \int_{0_-}^{t} \frac{1}{L} \mathrm{e}^{\frac{R}{L}\tau} x(\tau) \mathrm{d}\tau$$

整理可得该系统在 $t > 0$ 时的响应 $i_L(t)$ 为

$$i_L(t) = \mathrm{e}^{-\frac{R}{L}t} i_L(0_-) + \int_{0_-}^{t} \frac{1}{L} \mathrm{e}^{-\frac{R}{L}(t-\tau)} x(\tau)\mathrm{d}\tau \qquad (4.1-13)$$

零输入响应 $y_{zi}(t)$　　　零状态响应 $y_{zs}(t)$

可见，式(4.1-13)中的完全响应可以分为两部分：第一部分仅与起始状态 $i_L(0_-)$ 有关，而与激励无关，即所谓的零输入响应；第二部分仅与激励 $x(t)$ 有关，而与起始状态无关，即所谓的零状态响应。

从式(4.1-13)中也可以发现，零输入响应与起始状态满足比例性，而零状态响应与激励满足比例性。但是完全响应与起始状态和激励都不满足比例性。当线性时不变系统具有多个起始状态和多个形式组合的激励时，其零输入响应、零状态响应和完全响应一般具有以下特性：

(1) 零输入响应线性时不变特性，即零输入响应与各起始状态呈线性时不变关系。

(2) 零状态响应线性时不变特性，即零状态响应与各激励呈线性时不变关系。

(3) 完全响应等于零输入响应和零状态响应之和，但与各起始状态和各激励不满足线性和时不变关系。

以零状态响应为例，假设例 4.1-9 中的激励为因果信号 $x_1(t)$ 时的零状态响应为 $y_{zs1}(t)$，即

$$y_{zs1}(t) = \int_{0_-}^{t} \frac{1}{L} \mathrm{e}^{-\frac{R}{L}(t-\tau)} x_1(\tau)\mathrm{d}\tau$$

当激励为因果信号 $x_2(t)$ 时的零状态响应为 $y_{zs2}(t)$，即

$$y_{zs2}(t) = \int_{0_-}^{t} \frac{1}{L} \mathrm{e}^{-\frac{R}{L}(t-\tau)} x_2(\tau)\mathrm{d}\tau$$

则当激励为因果信号 $x_3(t) = K_1 x_1(t) + K_2 x_2(t)$ 时的零状态响应为

$$y_{zs3}(t) = \int_{0_-}^{t} \frac{1}{L} \mathrm{e}^{-\frac{R}{L}(t-\tau)} x_3(\tau)\mathrm{d}\tau = \int_{0_-}^{t} \frac{1}{L} \mathrm{e}^{-\frac{R}{L}(t-\tau)} \left[K_1 x_1(\tau) + K_2 x_2(\tau) \right] \mathrm{d}\tau$$

$$= K_1 \int_{0_-}^{t} \frac{1}{L} \mathrm{e}^{-\frac{R}{L}(t-\tau)} x_1(\tau)\mathrm{d}\tau + K_2 \int_{0_-}^{t} \frac{1}{L} \mathrm{e}^{-\frac{R}{L}(t-\tau)} x_2(\tau)\mathrm{d}\tau$$

$$= K_1 y_{zs1}(t) + K_2 y_{zs2}(t)$$

可见，零状态响应与激励信号成线性关系。

假设激励信号为因果信号 $x_4(t)$ 且满足 $x_4(t) = x_1(t-t_0)$ $(t_0 > 0)$，则有零状态响应为

$$y_{zs4}(t) = \int_{0_-}^{t} \frac{1}{L} \mathrm{e}^{-\frac{R}{L}(t-\tau)} x_4(\tau)\mathrm{d}\tau = \int_{0_-}^{t} \frac{1}{L} \mathrm{e}^{-\frac{R}{L}(t-\tau)} x_1(\tau-t_0)\mathrm{d}\tau$$

$$\overset{\tau - t_0 = \lambda}{=} \int_{0_- - t_0}^{t-t_0} \frac{1}{L} \mathrm{e}^{-\frac{R}{L}(t-t_0-\lambda)} x_1(\lambda)\mathrm{d}\lambda$$

$$= \int_{0_-}^{t-t_0} \frac{1}{L} \mathrm{e}^{-\frac{R}{L}(t-t_0-\lambda)} x_1(\lambda)\mathrm{d}\lambda$$

$$= y_{zs1}(t-t_0)$$

可见，零状态响应与激励信号成时不变关系。

一般情况下，对于含起始状态的 n 阶 LTI 连续时间系统可用常系数线性微分方程描述为

$$\sum_{k=0}^{n} a_k \frac{\mathrm{d}^k}{\mathrm{d}t^k} y(t) = \sum_{l=0}^{m} b_l \frac{\mathrm{d}^l}{\mathrm{d}t^l} x(t) \quad (n \geqslant m) \tag{4.1-14}$$

及起始状态 $y^{(i)}(0_-)(i=0,1,\cdots,n-1)$。因果信号激励下的完全响应可以分解为零输入响应和零状态响应并分别求解。求解零输入响应的微分方程为

$$\sum_{k=0}^{n} a_k \frac{\mathrm{d}^k}{\mathrm{d}t^k} y_{zi}(t) = 0 \tag{4.1-15}$$

及起始状态 $y_{zi}^{(i)}(0_-) = y^{(i)}(0_-)(i=0,1,\cdots,n-1)$。

求解零状态响应的微分方程为

$$\sum_{k=0}^{n} a_k \frac{\mathrm{d}^k}{\mathrm{d}t^k} y_{zs}(t) = \sum_{l=0}^{m} b_l \frac{\mathrm{d}^l}{\mathrm{d}t^l} x(t) \tag{4.1-16}$$

及起始状态 $y_{zs}^{(i)}(0_-)=0(i=0,1,\cdots,n-1)$。

【例 4.1-10】 例 4.1-9 中，已知 $R=1\ \Omega$，$L=1/4\ \mathrm{H}$，起始状态为 $i_L(0_-)=2\ \mathrm{A}$，激励为 $x(t)=\mathrm{e}^{-3t}u(t)\ \mathrm{V}$，求该系统在 $t>0$ 时的响应 $i_L(t)$。

解 将电路参数代入式(4.1-12)，可得

$$\frac{\mathrm{d}}{\mathrm{d}t} i_L(t) + 4i_L(t) = 4x(t)$$

(1) 零输入响应的计算。

求解该系统零输入响应的微分方程为

$$\begin{cases} \dfrac{\mathrm{d}}{\mathrm{d}t} i_{Lzi}(t) + 4i_{Lzi}(t) = 0 \\ i_{Lzi}(0_-) = i_L(0_-) = 2 \end{cases}$$

由于方程的右端没有冲激，因此 $\dfrac{\mathrm{d}}{\mathrm{d}t} i_{Lzi}(t)$ 中不含有冲激，可得 $i_{Lzi}(0_+)=i_{Lzi}(0_-)=2$。

特征方程为 $\alpha+4=0$，可得特征根为 $\alpha=-4$。由于方程右端为零，因此方程完全解仅有齐次解，没有特解，即

$$i_{Lzi}(t) = C\mathrm{e}^{-4t}u(t)$$

代入初始状态，可得 $2=i_{Lzi}(0_+)=C$，即 $C=2$。因此，系统的零输入响应为

$$i_{Lzi}(t) = 2\mathrm{e}^{-4t}u(t)\ \mathrm{A}$$

(2) 零状态响应的计算。

求解该系统零状态响应的微分方程为

$$\begin{cases} \dfrac{\mathrm{d}}{\mathrm{d}t} i_{Lzs}(t) + 4i_{Lzs}(t) = 4x(t) \\ i_{Lzs}(0_-) = 0, \ x(t) = \mathrm{e}^{-3t}u(t) \end{cases}$$

将激励 $x(t)=\mathrm{e}^{-3t}u(t)$ 代入微分方程，可得

$$\begin{cases} \dfrac{\mathrm{d}}{\mathrm{d}t} i_{Lzs}(t) + 4i_{Lzs}(t) = 4\mathrm{e}^{-3t}u(t) \\ i_{Lzs}(0_-) = 0 \end{cases}$$

由于方程的右端没有冲激，因此 $\dfrac{\mathrm{d}}{\mathrm{d}t} i_{Lzs}(t)$ 中不含有冲激，可得 $i_{Lzs}(0_+)=i_{Lzs}(0_-)=0$。

在 $t > 0$ 时，微分方程可以简化为

$$\frac{\mathrm{d}}{\mathrm{d}t}i_{Lzs}(t) + 4i_{Lzs}(t) = 4\mathrm{e}^{-3t}$$

其特解为 $i_{Lzsp}(t) = 4\mathrm{e}^{-3t}$，齐次解形式为 $i_{Lzsh}(t) = B\mathrm{e}^{-4t}$，因此完全解形式为

$$i_{Lzs}(t) = i_{Lzsp}(t) + i_{Lzsh}(t) = (4\mathrm{e}^{-3t} + B\mathrm{e}^{-4t})u(t)$$

代入初始状态，可得 $0 = i_{Lzs}(0_+) = 4 + B$，即 $B = -4$。所以，该系统的零状态响应为

$$i_{Lzs}(t) = (4\mathrm{e}^{-3t} - 4\mathrm{e}^{-4t})u(t) \text{ A}$$

（3）计算完全响应。

将零输入响应与零状态响应相加得到完全响应为

$$i_L(t) = i_{Lzs}(t) + i_{Lzi}(t) = (4\mathrm{e}^{-3t} - 2\mathrm{e}^{-4t})u(t) \text{ A}$$

利用 MATLAB 求解零输入响应：

```
dzi = dsolve('DiL+4*iL=0','iL(0)=2','t')
dzi
```

运行结果：

```
dzi =
2 * exp(-4*t)
```

利用 MATLAB 求解零状态响应：

```
dzs = dsolve('DiL+4*iL=4*exp(-3*t)','iL(0)=0','t')
dzs
```

运行结果：

```
dzs =
4 * exp(-3*t) - 4 * exp(-4*t)
```

【例 4.1-11】 LTI 系统微分方程为 $\dfrac{\mathrm{d}^2}{\mathrm{d}t^2}y(t) + 3\dfrac{\mathrm{d}}{\mathrm{d}t}y(t) + 2y(t) = 2\dfrac{\mathrm{d}}{\mathrm{d}t}x(t) + x(t)$，

$y(0_-) = 3$，$y'(0_-) = 0$，求该系统在如下不同激励下的完全响应 $y(t)$。

(1) $x(t) = u(t)$；　　　　　　　　　(2) $x(t) = \mathrm{e}^{-4t}u(t)$；

(3) $x(t) = 2u(t) + 3\mathrm{e}^{-4t}u(t)$；　　　(4) $x(t) = 3u(t) + 2\mathrm{e}^{-4(t-2)}u(t-2)$。

解　由于系统起始状态未变，所以在不同激励下，系统的零输入响应不变。求解该系统零输入响应的微分方程为

$$\begin{cases} \dfrac{\mathrm{d}^2}{\mathrm{d}t^2}y_{zi}(t) + 3\dfrac{\mathrm{d}}{\mathrm{d}t}y_{zi}(t) + 2y_{zi}(t) = 0 \\ y_{zi}(0_-) = 3, \ y'_{zi}(0_-) = 0 \end{cases}$$

由于方程的右端没有冲激，因此 $\dfrac{\mathrm{d}^2}{\mathrm{d}t^2}y_{zi}(t)$ 和 $\dfrac{\mathrm{d}}{\mathrm{d}t}y_{zi}(t)$ 上均不含有冲激，可得

$$\begin{cases} y'_{zi}(0_+) = y'_{zi}(0_-) = 0 \\ y_{zi}(0_+) = y_{zi}(0_-) = 3 \end{cases}$$

特征方程为 $\lambda^2 + 3\lambda + 2 = 0$，可得两个特征根为 $\lambda_1 = -1$，$\lambda_2 = -2$。由于方程右端为 0，因此方程完全解中仅有齐次解，没有特解，即

$$y_{zi}(t) = (A\mathrm{e}^{-t} + B\mathrm{e}^{-2t})u(t)$$

代入初始状态，可得

$$\begin{cases} 0 = y'_{zi}(0_+) = -A - 2B \\ 3 = y_{zi}(0_+) = A + B \end{cases} \Rightarrow \begin{cases} A = 6 \\ B = -3 \end{cases}$$

因此，系统的零输入响应为

$$y_{zi}(t) = (6\mathrm{e}^{-t} - 3\mathrm{e}^{-2t})u(t)$$

求解该系统零状态响应的微分方程为

$$\begin{cases} \dfrac{\mathrm{d}^2}{\mathrm{d}t^2}y_{zs}(t) + 3\dfrac{\mathrm{d}}{\mathrm{d}t}y_{zs}(t) + 2y_{zs}(t) = 2\dfrac{\mathrm{d}}{\mathrm{d}t}x(t) + x(t) \\ y_{zs}(0_-) = 0, \quad y'_{zs}(0_-) = 0 \end{cases}$$

（1）将 $x(t) = u(t)$ 代入该系统的零状态响应微分方程：

$$\begin{cases} \dfrac{\mathrm{d}^2}{\mathrm{d}t^2}y_{zs1}(t) + 3\dfrac{\mathrm{d}}{\mathrm{d}t}y_{zs1}(t) + 2y_{zs1}(t) = 2\delta(t) + u(t) \\ y_{zs1}(0_-) = 0, \quad y'_{zs1}(0_-) = 0 \end{cases}$$

利用冲激平衡法，可知 $\dfrac{\mathrm{d}^2}{\mathrm{d}t^2}y_{zs1}(t)$ 包含 $2\delta(t)$，而 $\dfrac{\mathrm{d}}{\mathrm{d}t}y_{zs1}(t)$ 和 $y_{zs1}(t)$ 中不包含冲激，所以初始状态为

$$\begin{cases} y_{zs1}(0_+) = y_{zs1}(0_-) = 0 \\ y'_{zs1}(0_+) = y'_{zs1}(0_-) + 2 = 2 \end{cases}$$

在 $t > 0$ 时，微分方程可以简化为

$$\dfrac{\mathrm{d}^2}{\mathrm{d}t^2}y_{zs1}(t) + 3\dfrac{\mathrm{d}}{\mathrm{d}t}y_{zs1}(t) + 2y_{zs1}(t) = 1$$

其完全解形式为

$$y_{zs1}(t) = \left(\frac{1}{2} + A_1\mathrm{e}^{-t} + B_1\mathrm{e}^{-2t}\right)u(t)$$

代入初始状态，可得

$$\begin{cases} 2 = y'_{zs1}(0_+) = -A_1 - 2B_1 \\ 0 = y_{zs1}(0_+) = \dfrac{1}{2} + A_1 + B_1 \end{cases} \Rightarrow \begin{cases} A_1 = 1 \\ B_1 = -\dfrac{3}{2} \end{cases}$$

所以，$x(t) = u(t)$ 时系统的零状态响应为

$$y_{zs1}(t) = \left(\frac{1}{2} + \mathrm{e}^{-t} - \frac{3}{2}\mathrm{e}^{-2t}\right)u(t)$$

此时，完全响应为

$$y_1(t) = y_{zi}(t) + y_{zs1}(t) = (6\mathrm{e}^{-t} - 3\mathrm{e}^{-2t})u(t) + \left(\frac{1}{2} + \mathrm{e}^{-t} - \frac{3}{2}\mathrm{e}^{-2t}\right)u(t)$$

$$= \left(\frac{1}{2} + 7\mathrm{e}^{-t} - \frac{9}{2}\mathrm{e}^{-2t}\right)u(t)$$

（2）将 $x(t) = \mathrm{e}^{-4t}u(t)$ 代入该系统的零状态响应微分方程：

$$\begin{cases} \dfrac{\mathrm{d}^2}{\mathrm{d}t^2}y_{zs2}(t) + 3\dfrac{\mathrm{d}}{\mathrm{d}t}y_{zs2}(t) + 2y_{zs2}(t) = 2\delta(t) - 7\mathrm{e}^{-4t}u(t) \\ y_{zs2}(0_-) = 0, \quad y'_{zs2}(0_-) = 0 \end{cases}$$

利用冲激平衡法，可知 $\dfrac{\mathrm{d}^2}{\mathrm{d}t^2}y_{zs2}(t)$ 包含 $2\delta(t)$，而 $\dfrac{\mathrm{d}}{\mathrm{d}t}y_{zs2}(t)$ 和 $y_{zs2}(t)$ 中不包含冲激，所以初始状态为

$$\begin{cases} y_{zs2}(0_+)=y_{zs2}(0_-)=0 \\ y'_{zs2}(0_+)=y'_{zs2}(0_-)+2=2 \end{cases}$$

在 $t>0$ 时，微分方程可以简化为

$$\frac{\mathrm{d}^2}{\mathrm{d}t^2}y_{zs2}(t)+3\frac{\mathrm{d}}{\mathrm{d}t}y_{zs2}(t)+2y_{zs2}(t)=-7\mathrm{e}^{-4t}$$

其完全解形式为

$$y_{zs}(t)=\left(-\frac{7}{6}\mathrm{e}^{-4t}+A_2\mathrm{e}^{-t}+B_2\mathrm{e}^{-2t}\right)u(t)$$

代入初始状态，可得

$$\begin{cases} 2=y'_{zs2}(0_+)=\dfrac{14}{3}-A_2-2B_2 \\ 0=y_{zs2}(0_+)=-\dfrac{7}{6}+A_2+B_2 \end{cases} \Rightarrow \begin{cases} A_2=-\dfrac{1}{3} \\ B_2=\dfrac{3}{2} \end{cases}$$

所以，$x(t)=\mathrm{e}^{-4t}u(t)$ 时系统的零状态响应为

$$y_{zs2}(t)=\left(-\frac{7}{6}\mathrm{e}^{-4t}-\frac{1}{3}\mathrm{e}^{-t}+\frac{3}{2}\mathrm{e}^{-2t}\right)u(t)$$

此时，完全响应为

$$\begin{aligned} y_2(t) &= y_{zi}(t)+y_{zs2}(t) \\ &= (6\mathrm{e}^{-t}-3\mathrm{e}^{-2t})u(t)+\left(-\frac{7}{6}\mathrm{e}^{-4t}-\frac{1}{3}\mathrm{e}^{-t}+\frac{3}{2}\mathrm{e}^{-2t}\right)u(t) \\ &= \left(-\frac{7}{6}\mathrm{e}^{-4t}+\frac{17}{3}\mathrm{e}^{-t}-\frac{3}{2}\mathrm{e}^{-2t}\right)u(t) \end{aligned}$$

（3）在已知激励为 $x(t)=u(t)$ 和 $x(t)=\mathrm{e}^{-4t}u(t)$ 的零状态响应的情况下，利用 LTI 系统中零状态响应与激励之间的线性关系，可得激励信号为 $x(t)=2u(t)+3\mathrm{e}^{-4t}u(t)$ 时零状态响应为

$$\begin{aligned} y_{zs3}(t) &= 2y_{zs1}(t)+3y_{zs2}(t) \\ &= 2\times\left(\frac{1}{2}+\mathrm{e}^{-t}-\frac{3}{2}\mathrm{e}^{-2t}\right)u(t)+3\times\left(-\frac{7}{6}\mathrm{e}^{-4t}-\frac{1}{3}\mathrm{e}^{-t}+\frac{3}{2}\mathrm{e}^{-2t}\right)u(t) \\ &= \left(1-\frac{7}{2}\mathrm{e}^{-4t}+\mathrm{e}^{-t}+\frac{3}{2}\mathrm{e}^{-2t}\right)u(t) \end{aligned}$$

此时，完全响应为

$$\begin{aligned} y_3(t) &= y_{zi}(t)+y_{zs3}(t)=(6\mathrm{e}^{-t}-3\mathrm{e}^{-2t})u(t)+\left(1-\frac{7}{2}\mathrm{e}^{-4t}+\mathrm{e}^{-t}+\frac{3}{2}\mathrm{e}^{-2t}\right)u(t) \\ &= \left(1-\frac{7}{2}\mathrm{e}^{-4t}+7\mathrm{e}^{-t}-\frac{3}{2}\mathrm{e}^{-2t}\right)u(t) \end{aligned}$$

（4）利用 LTI 系统中零状态响应与激励之间的线性时不变关系，可得激励信号为 $x(t)=3u(t)+2\mathrm{e}^{-4(t-2)}u(t-2)$ 时零状态响应为

$$y_{zs4}(t) = 3y_{zs1}(t) + 2y_{zs2}(t-2)$$

$$= 3 \times \left(\frac{1}{2} + e^{-t} - \frac{3}{2}e^{-2t}\right)u(t) + 2 \times \left[-\frac{7}{6}e^{-4(t-2)} - \frac{1}{3}e^{-(t-2)} + \frac{3}{2}e^{-2(t-2)}\right]u(t-2)$$

$$= \left(\frac{3}{2} + 3e^{-t} - \frac{9}{2}e^{-2t}\right)u(t) + \left[-\frac{7}{3}e^{-4(t-2)} - \frac{2}{3}e^{-(t-2)} + 3e^{-2(t-2)}\right]u(t-2)$$

此时，完全响应为

$$y_4(t) = y_{zi}(t) + y_{zs4}(t)$$

$$= (6e^{-t} - 3e^{-2t})u(t) + \left(\frac{3}{2} + 3e^{-t} - \frac{9}{2}e^{-2t}\right)u(t) + \left[-\frac{7}{3}e^{-4(t-2)} - \frac{2}{3}e^{-(t-2)} + 3e^{-2(t-2)}\right]u(t-2)$$

$$= \left(\frac{3}{2} + 9e^{-t} - \frac{15}{2}e^{-2t}\right)u(t) + \left[-\frac{7}{3}e^{-4(t-2)} - \frac{2}{3}e^{-(t-2)} + 3e^{-2(t-2)}\right]u(t-2)$$

本例第（1）小题与例 4.1-8 一致，区别仅为求解时分别采用经典法和双零法，计算结果一致，而双零法的求解过程似乎并未明显简单化。但是通过本例后面的几个小题可以发现，由于双零法可以充分利用系统的线性时不变特性，因此当不同激励之间满足一定关系时，可以有效地简化计算过程。本章后续小节将介绍冲激响应和卷积的概念，并利用冲激响应和卷积来计算系统的零状态响应，也是基于这个原因。

4.2　离散时间系统的时域分析

LTI 离散时间系统的数学模型为常系数线性差分方程，所以本章所讨论的差分方程都是常系数且线性的。常系数线性差分方程的时域求解方法可以分为三类：迭代法、时域经典法和双零法。这里将通过一个例子来简单介绍迭代法，而 4.2.1 节和 4.2.2 节将分别介绍时域经典法和双零法。

【例 4.2-1】　已知差分方程 $y(n) + 3y(n-1) = u(n)$，$y(-1) = 2$，求 $n \geqslant 0$ 时的 $y(n)$。

解　将差分方程变形可得

$$y(n) = -3y(n-1) + u(n)$$

从 $n = 0$ 开始依次利用方程进行迭代计算，即

将 $n = 0$ 代入方程，可得 $y(0) = -3y(-1) + u(0) = -3 \times 2 + 1 = -5$；

将 $n = 1$ 代入方程，可得 $y(1) = -3y(0) + u(1) = -3 \times (-5) + 1 = 16$；

将 $n = 2$ 代入方程，可得 $y(2) = -3y(1) + u(2) = -3 \times 16 + 1 = -47$；

······

通过依次迭代，可以计算得到 $n \geqslant 0$ 时的所有 $y(n)$ 的值。可见，迭代法概念清晰且求解过程简单直接，适合用计算机语言进行求解，但该方法往往只能得到数值解，而不易得到输出序列 $y(n)$ 的解析解。

4.2.1　差分方程的求解

与微分方程的经典法求解类似，对于 LTI 离散时间系统的差分方程，也可以通过分别

求解齐次解 $y_h(n)$ 和特解 $y_p(n)$ 来计算其完全解，即 $y(n) = y_h(n) + y_p(n)$，称为差分方程的经典法求解。

1. 齐次解的求解

令系统的差分方程式(4-2)的右边为零，可得

$$a_0 y(n) + a_1 y(n-1) + \cdots + a_{N-1} y(n-N+1) + a_N y(n-N) = 0 \quad (4.2-1)$$

式(4.2-1)称为式(4-2)对应的齐次方程，其解称为齐次解 $y_h(n)$，求解过程可以简化为代数方程的求根问题，称为特征根法。

为了确定 n 阶差分方程齐次解的形式，下面首先介绍一阶常系数差分方程齐次解的求解。令式(4.2-1)中的 $N = 1$，可得

$$a_0 y(n) + a_1 y(n-1) = 0$$

即

$$\frac{y(n)}{y(n-1)} = -\frac{a_1}{a_0} = \lambda$$

因此，$y_h(n)$ 可以用指数序列表示：

$$y_h(n) = A\lambda^n \quad (4.2-2)$$

可见，差分方程齐次解的基础形式为指数序列 $A\lambda^n$，而 n 阶常系数线性差分方程齐次解 $y_h(n)$ 的形式为指数序列 $A\lambda^n$ 的线性组合。将 $A\lambda^n$ 代入式(4.2-1)并整理可得

$$A\lambda^{n-N}(a_0\lambda^N + a_1\lambda^{N-1} + \cdots + a_{N-1}\lambda + a_N) = 0$$

可见，$y_h(n) = A\lambda^n$ 为式(4.2-1)的解的充要条件为 λ 是代数方程

$$a_0\lambda^N + a_1\lambda^{N-1} + \cdots + a_{N-1}\lambda + a_N = 0 \quad (4.2-3)$$

的根，因此式(4.2-3)具有确定式(4.2-1)的齐次解的特性的作用，称之为齐次方程(4.2-1)的特征方程，它的根称为特征根，而 A 由于暂时无法确定，称为待定系数。

与微分方程类似，LTI 离散时间系统差分方程的特征根一般以实数或者共轭复数的形式出现，同时又可以分为单根和重根两种情况，不同的特征根对应的齐次方程解的基础形式如表 4.2-1 所示。通过将各个特征根对应的齐次解的基础形式相加，可得差分方程的齐次解。

表 4.2-1　特征根对应的齐次方程解的基础形式

特征根 λ	对应的齐次方程解的基础形式
实数单根(λ)	$A\lambda^n$
K 重实数根(λ 为 K 重根)	$\lambda^n(A_0 + A_1 n + \cdots + A_{K-1}n^{K-1})$
一对共轭复数根 $(\lambda_{1,2} = \sigma \pm j\Omega = re^{\pm j\theta})$	$r^n[A_1\cos(n\theta) + A_2\sin(n\theta)]$

表中，A，A_0，A_1，$\cdots$，A_{K-1} 为待定系数。

2. 特解的求解

将激励序列 $x(n)$ 代入式(4-2)，化简后差分方程右边的函数称为自由项，特解 $y_p(n)$

的形式由自由项决定,也即特解的形式与激励序列的形式有关。不同形式的自由项对应的特解形式如表 4.2 - 2 所示。若自由项为表中各种情况的组合,则特解也是相应的组合。

求解差分方程特解的过程如下:

(1) 根据差分方程自由项得到含待定系数的特解形式。

(2) 将特解代入差分方程,确定特解中的待定系数使等式成立。

表 4.2 - 2   自由项对应的特解形式

自由项	特解形式	条件
E	A	当 1 不是特征根时
	An^K	当 1 是 K 重特征根时
n^m	$A_m n^m + A_{m-1} n^{m-1} + \cdots + A_1 n + A_0$	当 1 不是特征根时
	$n^K(A_m n^m + A_{m-1} n^{m-1} + \cdots + A_1 n + A_0)$	当 1 是 K 重特征根时
a^n	Aa^n	当 a 不是特征根时
	$An^K a^n$	当 a 是 K 重特征根时
$\cos(\Omega n)$	$A_1 \cos(\Omega n) + A_2 \sin(\Omega n)$	当 $e^{\pm j\Omega}$ 不是特征根时
$\sin(\Omega n)$		

表中,A,A_0,A_1,$\cdots$,A_m 为待定系数。

3. 完全解的求解

将齐次解 $y_h(n)$ 和特解 $y_p(n)$ 相加可得完全解 $y(n)$,即

$$y(n) = y_h(n) + y_p(n) \tag{4.2-4}$$

与连续时间系统类似,根据离散时间系统差分方程确定的特征根称为系统的自由频率(或固有频率),它决定了齐次解 $y_h(n)$ 的形式,因此又称齐次解 $y_h(n)$ 为系统的自由响应;而特解 $y_p(n)$ 与系统激励的形式有关,因此又称特解 $y_p(n)$ 为系统的强迫响应;完全解 $y(n)$ 又称为系统的完全响应。

齐次解中的待定系数可以在完全解中通过边界条件来确定。

通过经典法求解常系数差分方程的完全解的步骤如下:

(1) 根据差分方程建立特征方程,求解特征根。

(2) 根据特征根得到含有待定系数的齐次解。

(3) 根据差分方程自由项得到含待定系数的特解,将特解代入差分方程,确定特解中的待定系数。

(4) 将(2)和(3)得到的齐次解和特解相加得到完全解形式。

(5) 将边界条件(初始状态)代入完全解,确定齐次解中的待定系数。

上述过程中的边界条件一般为离散时间系统的初始状态,下面阐述离散时间系统的起始状态和初始状态的概念。同连续时间系统类似,离散时间系统的起始状态是激励作用之前的系统状态,即系统的起始状态未受激励的影响;系统的初始状态是激励作用之后的系统状态,即系统的初始状态会受到激励的影响。对于 N 阶系统的差分方程,假设激励在 $n=0$ 时刻开始加入且为因果序列,则 $y(-1)$,$y(-2)$,$\cdots$,$y(-N)$ 为系统的起始状态,

而 $y(0)$, $y(1)$, ..., $y(N-1)$ 为系统的初始状态。

【例 4.2-2】 已知系统的差分方程为 $y(n)+y(n-1)-2y(n-2)=x(n)$, $x(n)=u(n)$, $y(0)=1$, $y(1)=4$, 求 $n \geqslant 0$ 时系统的完全响应。

解 （1）齐次解的求解。

特征方程为
$$\lambda^2 + \lambda - 2 = 0$$

特征根为 $\lambda_1 = 1$, $\lambda_2 = -2$, 所以齐次解形式为
$$y_h(n) = A_1 1^n + A_2(-2)^n = A_1 + A_2(-2)^n$$

（2）特解的求解。

将激励 $x(n)=u(n)$ 代入差分方程, 在 $n \geqslant 0$ 时, 差分方程为
$$y(n)+y(n-1)-2y(n-2)=1$$

可见, 自由项为多项式（且为常数）, 又由于 1 为特征根, 因此, 可设特解形式为
$$y_p(n) = Bn$$

代入方程的左边, 可得
$$Bn + B(n-1) - 2B(n-2) = 1$$

解得, $B = \dfrac{1}{3}$。因此, 有

$$y_p(n) = \frac{1}{3} n u(n)$$

（3）完全解的求解。

将齐次解和特解相加可得完全解为
$$y(n) = y_h(n) + y_p(n) = \left[A_1 + A_2(-2)^n + \frac{1}{3}n \right] u(n)$$

将 $n=0$ 和 $n=1$ 代入完全解 $y(n)$ 中, 可得
$$\begin{cases} 1 = y(0) = A_1 + A_2 \\ 4 = y(1) = A_1 - 2A_2 + \dfrac{1}{3} \end{cases}$$

解得, $A_1 = \dfrac{17}{9}$, $A_2 = -\dfrac{8}{9}$。所以, 该系统的完全响应为

$$y(n) = \left[\frac{17}{9} - \frac{8}{9} \times (-2)^n + \frac{1}{3}n \right] u(n)$$

【例 4.2-3】 已知系统的差分方程为 $y(n)+5y(n-1)+4y(n-2)=x(n)$, $x(n)=2^n u(n)$, $y(-1)=1$, $y(-2)=0$, 求 $n \geqslant 0$ 时系统的完全响应。

解 （1）齐次解的求解。

特征方程为
$$\lambda^2 + 5\lambda + 4 = 0$$

特征根为 $\lambda_1 = -1$, $\lambda_2 = -4$, 所以齐次解形式为
$$y_h(n) = A_1(-1)^n + A_2(-4)^n$$

（2）特解的求解。

将激励 $x(n)=2^n u(n)$ 代入差分方程, 在 $n \geqslant 0$ 时, 差分方程为
$$y(n)+5y(n-1)+4y(n-2)=2^n$$

根据自由项形式，可设特解形式为

$$y_p(n) = B2^n$$

代入方程左边，可得

$$B2^n + 5B2^{n-1} + 4B2^{n-2} = 2^n$$

解得，$B = \dfrac{2}{9}$。因此，得

$$y_p(n) = \frac{2}{9} \times 2^n u(n)$$

（3）完全解的求解。

将齐次解和特解相加可得完全解：

$$y(n) = y_h(n) + y_p(n) = \left[A_1(-1)^n + A_2(-4)^n + \frac{2}{9} \times 2^n \right] u(n)$$

本例与例 4.2-2 的区别是：本例给出的两个条件为起始状态，例 4.2-2 给出的两个条件为初始状态。在求完全解中的待定系数时，应该用初始状态，为此，应将本例中的起始状态转换为初始状态。利用迭代法可得

$$\begin{cases} y(0) = -5y(-1) - 4y(-2) + x(0) = -5 \times 1 + 0 + 1 = -4 \\ y(1) = -5y(0) - 4y(-1) + x(1) = -5 \times (-4) - 4 \times 1 + 2 = 18 \end{cases}$$

将 $n=0$ 和 $n=1$ 代入完全解 $y(n)$ 中，可得

$$\begin{cases} -4 = y(0) = A_1 + A_2 + \dfrac{2}{9} \\ 18 = y(1) = -A_1 - 4A_2 + \dfrac{4}{9} \end{cases}$$

解得，$A_1 = \dfrac{2}{9}$，$A_2 = -\dfrac{40}{9}$。所以，该系统的完全响应为

$$y(n) = \left[\frac{2}{9}(-1)^n - \frac{40}{9}(-4)^n + \frac{2}{9} \times 2^n \right] u(n)$$

4.2.2 离散时间系统的零输入响应与零状态响应

同 LTI 连续时间系统一样，LTI 离散时间系统的完全解还可以通过计算零输入响应和零状态响应来得到，即双零法。在离散时间系统中，零输入响应是指系统外加激励为零，仅由系统的起始状态所引起的响应，记作 $y_{zi}(n)$；零状态响应是指系统起始状态为零，仅由激励所引起的响应，记作 $y_{zs}(n)$。系统的完全响应 $y(n)$ 等于零输入响应与零状态响应的和，即

$$y(n) = y_{zi}(n) + y_{zs}(n) \tag{4.2-5}$$

一般情况下，对于 N 阶 LTI 离散时间系统，假设激励为因果序列且从 $n=0$ 开始作用于系统，则该系统可以描述为常系数线性差分方程：

$$\sum_{k=0}^{N} a_k y(n-k) = \sum_{l=0}^{M} b_l x(n-l) \tag{4.2-6}$$

及起始状态 $y(i)(i = -N, -N+1, \cdots, -1)$，其中 $N \geqslant M$。因果序列激励下的完全响应可以分解为零输入响应和零状态响应并分别求解。求解零输入响应的差分方程为

$$\sum_{k=0}^{N} a_k y_{zi}(n-k) = 0 \tag{4.2-7}$$

及起始状态 $y_{zi}(i) = y(i)(i = -N, -N+1, \cdots, -1)$。

求解零状态响应的差分方程为

$$\sum_{k=0}^{N} a_k y_{zs}(n-k) = \sum_{l=0}^{M} b_l x(n-l) \qquad (4.2-8)$$

及起始状态 $y_{zs}(i) = 0(i = -N, -N+1, \cdots, -1)$，其中 $N \geqslant M$。

【例 4.2-4】 已知系统的差分方程为 $y(n) + y(n-1) - 2y(n-2) = x(n)$，$x(n) = u(n)$，$y(0) = 1$，$y(1) = 4$，求系统的零输入响应、零状态响应和完全响应。

解　（1）零输入响应的求解。

本例题就是例 4.2-2，区别为求解方法不同，这里采用双零法求解。题目给出的条件 $y(0)$ 和 $y(1)$ 为初始状态，在经典法求解中，可以直接用于求解完全解中的待定系数。但是，$y(0)$ 和 $y(1)$ 是受到激励的影响的，不能直接用于计算零输入响应中的待定系数，因此需要利用迭代法逆向计算出起始状态 $y(-1)$ 和 $y(-2)$，利用起始状态来计算零输入响应中的待定系数。将系统差分方程变形可得

$$y(n-2) = \frac{1}{2}\left[y(n) + y(n-1) - x(n)\right]$$

将 $n=1$ 和 $n=0$ 代入方程，可得

$$\begin{cases} y(-1) = \frac{1}{2}\left[y(1) + y(0) - x(1)\right] = \frac{1}{2} \times (4+1-1) = 2 \\ y(-2) = \frac{1}{2}\left[y(0) + y(-1) - x(0)\right] = \frac{1}{2} \times (1+2-1) = 1 \end{cases}$$

因此，求解零输入响应的方程为

$$\begin{cases} y_{zi}(n) + y_{zi}(n-1) - 2y_{zi}(n-2) = 0 \\ y_{zi}(-1) = 2, \ y_{zi}(-2) = 1 \end{cases}$$

特征方程为

$$\lambda^2 + \lambda - 2 = 0$$

解得特征根为 $\lambda_1 = 1$，$\lambda_2 = -2$，因此零输入响应的形式为

$$y_{zi}(n) = \left[A_1 + A_2(-2)^n\right]u(n)$$

通过迭代可以由零输入的起始状态得到零输入的初始状态，即

$$\begin{cases} y_{zi}(0) = -y_{zi}(-1) + 2y_{zi}(-2) = -2 + 2 \times 1 = 0 \\ y_{zi}(1) = -y_{zi}(0) + 2y_{zi}(-1) = 0 + 2 \times 2 = 4 \end{cases}$$

将 $n=0$ 和 $n=1$ 代入 $y_{zi}(n) = \left[A_1 + A_2(-2)^n\right]u(n)$，可得

$$\begin{cases} 0 = y_{zi}(0) = A_1 + A_2 \\ 4 = y_{zi}(1) = A_1 + A_2(-2) \end{cases}$$

解得，$A_1 = \frac{4}{3}$，$A_2 = -\frac{4}{3}$。所以，零输入响应为

$$y_{zi}(n) = \left[\frac{4}{3} - \frac{4}{3}(-2)^n\right]u(n)$$

（2）零状态响应的求解。

求解零状态响应的方程为

$$\begin{cases} y_{zs}(n) + y_{zs}(n-1) - 2y_{zs}(n-2) = u(n) \\ y_{zs}(-1) = y_{zs}(-2) = 0 \end{cases}$$

其齐次解形式为

$$y_{zs}(n) = B_1 + B_2(-2)^n$$

$n \geqslant 0$ 时，由于 1 为特征根，因此特解形式为 $y_{zsp}(n) = Cn$，代入差分方程，可得

$$Cn + C(n-1) - 2C(n-2) = 1$$

解得 $C = \dfrac{1}{3}$，可得特解为 $y_{zsp}(n) = \dfrac{1}{3}n$。 所以，零状态响应的形式为

$$y_{zs}(n) = \left[B_1 + B_2(-2)^n + \frac{1}{3}n \right] u(n)$$

为了求解零状态响应中的待定系数，应利用激励加入后的系统状态，即零状态响应的初始状态。利用迭代法可得

$$\begin{cases} y_{zs}(0) = -y_{zs}(-1) + 2y_{zs}(-2) + u(0) = 1 \\ y_{zs}(1) = -y_{zs}(0) + 2y_{zs}(-1) + u(1) = -1 + 1 = 0 \end{cases}$$

将 $n = 0$ 和 $n = 1$ 代入 $y_{zs}(n)$ 中，可得

$$\begin{cases} 1 = y_{zs}(0) = B_1 + B_2 + 0 \\ 0 = y_{zs}(1) = B_1 - 2B_2 + \dfrac{1}{3} \end{cases}$$

解得 $B_1 = \dfrac{5}{9}$，$B_2 = \dfrac{4}{9}$。所以，系统的零状态响应为

$$y_{zs}(n) = \left[\frac{5}{9} + \frac{4}{9}(-2)^n + \frac{1}{3}n \right] u(n)$$

系统的完全响应为

$$y(n) = y_{zi}(n) + y_{zs}(n)$$
$$= \left[\frac{4}{3} - \frac{4}{3}(-2)^n \right] u(n) + \left[\frac{5}{9} + \frac{4}{9}(-2)^n + \frac{1}{3}n \right] u(n)$$
$$= \left[\frac{17}{9} - \frac{8}{9}(-2)^n + \frac{1}{3}n \right] u(n)$$

计算结果与例 4.2-2（采用齐次解＋特解的方法）完全一致！

同 LTI 连续时间系统一样，在 LTI 离散时间系统中，零输入响应与起始状态成线性时不变关系，零状态响应与激励成线性时不变关系，但完全响应与起始状态和激励不满足线性时不变关系。这里不再一一举例赘述。

离散时间系统的 MATLAB 计算一般采用基于迭代法的 filter 函数，filter 函数不能计算解析解，但是可以得到数值解。

利用 MATLAB 求解零输入响应、零状态响应和完全响应的数值解：

```
a=[1,1,-2];                    %差分方程响应系数矩阵
b=[1];                         %差分方程激励系数矩阵
n=[0:10];                      %定义仿真时间
x=n>=0;                        %定义激励
init=filtic(b,a,[2,1]);        %计算等效初始条件输入向量,[2,1]=[y(-1),y(-2)]
initzs=filtic(b,a,[0,0]);      %计算零状态响应的等效初始条件的输入向量
ynzi=filter(b, a, 0*x, init);  %计算零输入响应
ynzs=filter(b, a, x, initzs);  %计算零状态响应
```

```
yn=filter(b, a, x, init);         %计算完全响应
ynzi
ynzs
yn
```

运行结果：

ynzi =										
0	4	−4	12	−20	44	84	172	−340	684	−1364
ynzs =										
1	0	3	−2	9	−12	31	−54	117	−224	459
yn=										
1	4	−1	10	−11	32	−53	118	−223	460	−905

注：ynzi、ynzs 和 yn 均为从 n＝0 开始的序列。

4.3　单位冲激响应与单位样值响应

4.3.1　单位冲激响应

单位冲激响应是指连续时间系统中，单位冲激信号 $\delta(t)$ 作用下系统的零状态响应，简称冲激响应，用 $h(t)$ 表示，如图 4.3-1 所示。冲激响应完全由系统本身特性所确定并能够表征系统的特性，其傅里叶变换为频域系统函数 $H(\omega)$，其拉普拉斯变换为复频域系统函数 $H(s)$。LTI 连续时间系统中，通过冲激响应可以计算得到信号激励下系统的零状态响应，因此，冲激响应在连续时间系统分析过程中非常重要。

将 $x(t)=\delta(t)$，$y(t)=h(t)$ 代入 n 阶 LTI 连续时间系统的常系数微分方程式 (4-1)，可得关于冲激响应的微分方程为

```
δ(t) → 连续 LTI 系统 → h(t)
```

图 4.3-1　连续 LTI 系统的冲激响应

$$\sum_{k=0}^{n} a_k \frac{\mathrm{d}^k}{\mathrm{d}t^k} h(t) = \sum_{l=0}^{m} b_l \frac{\mathrm{d}^l}{\mathrm{d}t^l} \delta(t) \tag{4.3-1}$$

及起始状态 $h^{(i)}(0_-)=0$ $(i=0, 1, \cdots, n-1)$，其中 $n \geqslant m$。

可见，系统的冲激响应虽为零状态响应，即起始状态为零，但由于方程右端肯定含有冲激或其导数，因此将导致系统存在初始状态；同时，由于激励仅为冲激，在 $t>0$ 时系统激励为零，因此 $t>0$ 时的系统响应仅含齐次解。

LTI 系统冲激响应的求解有多种方法，下面主要介绍两种方法：直接求解法和间接求解法。直接求解法利用冲激平衡法和微分方程经典法直接求解式 (4.3-1)；间接求解法通过求解冲激响应基本项 $h_0(t)$，并充分利用 LTI 系统零状态响应的线性时不变特性求解系统的冲激响应。

间接求解法的基本步骤如下：

(1) 求解 $\sum_{k=0}^{n} a_k \frac{\mathrm{d}^k}{\mathrm{d}t^k} h_0(t) = \delta(t)$ 且起始状态 $h_0^{(i)}(0_-)=0$ $(i=0, 1, \cdots, n-1)$ 的解，称为冲激响应基本项 $h_0(t)$。

（2）利用 LTI 系统零状态响应的线性时不变特性，可得系统的冲激响应为

$$h(t) = \sum_{l=0}^{m} b_l \frac{\mathrm{d}^l}{\mathrm{d}t^l} h_0(t) \tag{4.3-2}$$

【例 4.3-1】 LTI 系统微分方程为 $\dfrac{\mathrm{d}^2}{\mathrm{d}t^2}y(t) + 6\dfrac{\mathrm{d}}{\mathrm{d}t}y(t) + 5y(t) = 3\dfrac{\mathrm{d}}{\mathrm{d}t}x(t) + 2x(t)$，求该系统的冲激响应。

解 （1）直接求解法。

将 $x(t) = \delta(t)$，$y(t) = h(t)$ 代入方程可得

$$\frac{\mathrm{d}^2}{\mathrm{d}t^2}h(t) + 6\frac{\mathrm{d}}{\mathrm{d}t}h(t) + 5h(t) = 3\delta'(t) + 2\delta(t) \tag{4.3-3}$$

在 $t = 0$ 时，令

$$\begin{cases} \dfrac{\mathrm{d}^2}{\mathrm{d}t^2}h(t) = 3\delta'(t) + A\delta(t) \\[2mm] \dfrac{\mathrm{d}}{\mathrm{d}t}h(t) = 3\delta(t) \\[2mm] h(t) = 0 \end{cases} \tag{4.3-4}$$

将式（4.3-4）代入式（4.3-3），整理可得

$$3\delta'(t) + (A + 18)\delta(t) = 3\delta'(t) + 2\delta(t)$$

平衡方程两边的 $\delta(t)$ 及其微分项，可得

$$A + 18 = 2 \quad \Rightarrow \quad A = -16$$

可见，$\dfrac{\mathrm{d}^2}{\mathrm{d}t^2}h(t)$ 包含 $-16\delta(t)$，可得 $h'(0_+) - h'(0_-) = -16$；$\dfrac{\mathrm{d}}{\mathrm{d}t}h(t)$ 包含 $3\delta(t)$，可得 $h(0_+) - h(0_-) = 3$。所以

$$\begin{cases} h'(0_+) = h'(0_-) - 16 = 0 - 16 = -16 \\ h(0_+) = h(0_-) + 3 = 0 + 3 = 3 \end{cases}$$

在 $t > 0$ 时，式（4.3-3）可以简化为

$$\frac{\mathrm{d}^2}{\mathrm{d}t^2}h(t) + 6\frac{\mathrm{d}}{\mathrm{d}t}h(t) + 5h(t) = 0 \tag{4.3-5}$$

微分方程仅含齐次解，其特征根为 $\alpha_1 = -1$，$\alpha_2 = -5$，可得

$$h(t) = (B_1 e^{-t} + B_2 e^{-5t})u(t)$$

利用初始状态可得

$$\begin{cases} -16 = h'(0_+) = -B_1 - 5B_2 \\ 3 = h(0_+) = B_1 + B_2 \end{cases} \Rightarrow \begin{cases} B_1 = \dfrac{-1}{4} \\[2mm] B_2 = \dfrac{13}{4} \end{cases}$$

所以，该系统的冲激响应为

$$h(t) = \left(-\frac{1}{4}e^{-t} + \frac{13}{4}e^{-5t}\right)u(t)$$

（2）间接求解法。

设原微分方程右端仅有 $\delta(t)$，并设此时的零状态响应为冲激响应基本项 $h_0(t)$，即 $h_0(t)$ 为下面方程的零状态响应：

$$\frac{\mathrm{d}^2}{\mathrm{d}t^2}h_0(t) + 6\frac{\mathrm{d}}{\mathrm{d}t}h_0(t) + 5h_0(t) = \delta(t) \tag{4.3-6}$$

由于方程右端仅有 $\delta(t)$ 而没有其导数，可见，$\dfrac{\mathrm{d}^2}{\mathrm{d}t^2}h_0(t)$ 中含有冲激，而 $\dfrac{\mathrm{d}}{\mathrm{d}t}h_0(t)$ 和 $h_0(t)$ 中不含冲激。可得，$h'_0(0_+) - h'_0(0_-) = 1$，$h_0(0_+) - h_0(0_-) = 0$。所以

$$\begin{cases} h'_0(0_+) = h'_0(0_-) + 1 = 0 + 1 = 1 \\ h_0(0_+) = h_0(0_-) = 0 \end{cases}$$

在 $t > 0$ 时，式 (4.3-6) 可以简化为

$$\frac{\mathrm{d}^2}{\mathrm{d}t^2}h_0(t) + 6\frac{\mathrm{d}}{\mathrm{d}t}h_0(t) + 5h_0(t) = 0 \tag{4.3-7}$$

微分方程仅含齐次解，其特征根为 $\alpha_1 = -1$，$\alpha_2 = -5$，可得

$$h_0(t) = (C_1 \mathrm{e}^{-t} + C_2 \mathrm{e}^{-5t})u(t)$$

利用初始状态可得

$$\begin{cases} 1 = h'_0(0_+) = -C_1 - 5C_2 \\ 0 = h_0(0_+) = C_1 + C_2 \end{cases} \Rightarrow \begin{cases} C_1 = \dfrac{1}{4} \\ C_2 = -\dfrac{1}{4} \end{cases}$$

所以，该系统的冲激响应基本项为

$$h_0(t) = \left(\frac{1}{4}\mathrm{e}^{-t} - \frac{1}{4}\mathrm{e}^{-5t}\right)u(t)$$

由系统的线性时不变特性可知，当原微分方程的右端仅为 $2\delta(t)$ 时系统的零状态响应为 $2h_0(t) = \left(\dfrac{2}{4}\mathrm{e}^{-t} - \dfrac{2}{4}\mathrm{e}^{-5t}\right)u(t)$；当原微分方程的右端仅为 $3\delta'(t)$ 时系统的零状态响应为 $3h'_0(t) = \left(-\dfrac{3}{4}\mathrm{e}^{-t} + \dfrac{15}{4}\mathrm{e}^{-5t}\right)u(t)$。利用线性性质里面的叠加性，可得原系统的冲激响应为

$$h(t) = 3h'_0(t) + 2h_0(t) = \left(-\frac{1}{4}\mathrm{e}^{-t} + \frac{13}{4}\mathrm{e}^{-5t}\right)u(t)$$

直接求解法适合激励阶数较低的系统；间接求解法适合激励阶数较高的系统，而且间接求解法在求解冲激响应基本项 $h_0(t)$ 时，系统的状态跳变是固定的，可使分析的问题简单化。

冲激响应基础项 $h_0(t)$ 的求解：

```
d = dsolve('D2y + 6 * Dy + 5 * y = dirac(t)', 'y(-0.01) = 0', 'Dy(-0.01) = 0');
                                    % dirac(t) 为冲激信号表达式
d
```

运行结果：

```
d =
(exp(-t) * heaviside(t))/4 - (exp(-5 * t) * heaviside(t))/4   % heaviside(t) 为阶跃信号表达式
```

利用 impulse 函数求解冲激响应：

```
a=[1,6,5];
b=[3,2];
sys=tf(b,a);          %定义系统
t=0:0.01:4;           %定义时间域范围为0~4秒
impulse(sys,t)        %绘制冲激响应时域波形
```

运行结果如图 4.3-2 所示，该波形为在 0~4 s 冲激响应的时域波形。

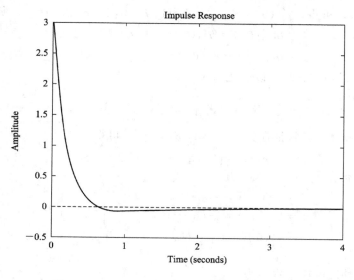

图 4.3-2   impulse 函数求解冲激响应所得曲线

单位阶跃响应是指激励为单位阶跃信号 $u(t)$ 时系统的零状态响应，简称阶跃响应，用 $g(t)$ 表示。由于 $u(t)=\int_{-\infty}^{t}\delta(\tau)d\tau$，$\delta(t)=\dfrac{d}{dt}u(t)$，对于 LTI 系统，利用其激励和零状态响应的线性和时不变特性，可得

$$\begin{cases} g(t)=\displaystyle\int_{-\infty}^{t}h(\tau)d\tau \\ h(t)=\dfrac{d}{dt}g(t) \end{cases}$$

【例 4.3-2】 求解例 4.3-1 中 LTI 系统的阶跃响应。

解 (1) 直接求解 $x(t)=u(t)$ 时的零状态响应。

将 $x(t)=u(t)$、$y(t)=g(t)$ 代入系统微分方程，可得

$$\frac{d^2}{dt^2}g(t)+6\frac{d}{dt}g(t)+5g(t)=3\delta(t)+2u(t) \tag{4.3-8}$$

由冲激平衡法可知，$\dfrac{d^2}{dt^2}g(t)$ 上有 $3\delta(t)$，而 $\dfrac{d}{dt}g(t)$ 和 $g(t)$ 中均不含冲激。可得 $g'(0_+)-g'(0_-)=3$，$g(0_+)-g(0_-)=0$。所以

$$\begin{cases} g'(0_+)=g'(0_-)+3=0+3=3 \\ g(0_+)=g(0_-)=0 \end{cases}$$

在 $t>0$ 时，式(4.3-8)可以简化为

$$\frac{\mathrm{d}^2}{\mathrm{d}t^2}g(t)+6\frac{\mathrm{d}}{\mathrm{d}t}g(t)+5g(t)=2 \qquad (4.3-9)$$

方程特解为 $\frac{2}{5}u(t)$，其特征根为 $\alpha_1=-1$，$\alpha_2=-5$，可得

$$g(t)=\left(A_1\mathrm{e}^{-t}+A_2\mathrm{e}^{-5t}+\frac{2}{5}\right)u(t)$$

利用初始状态可得

$$\begin{cases}3=g'(0_+)=-A_1-5A_2\\[2mm]0=g(0_+)=A_1+A_2+\dfrac{2}{5}\end{cases}\Rightarrow\begin{cases}A_1=\dfrac{1}{4}\\[2mm]A_2=-\dfrac{13}{20}\end{cases}$$

所以，该系统的阶跃响应为

$$g(t)=\left(\frac{1}{4}\mathrm{e}^{-t}-\frac{13}{20}\mathrm{e}^{-5t}+\frac{2}{5}\right)u(t)$$

（2）利用冲激响应的积分计算。

对例 4.3-1 已经求得的冲激响应进行积分，可得阶跃响应为

$$g(t)=\int_{-\infty}^{t}h(\tau)\mathrm{d}\tau=\int_{-\infty}^{t}\left(-\frac{1}{4}\mathrm{e}^{-\tau}+\frac{13}{4}\mathrm{e}^{-5\tau}\right)u(\tau)\mathrm{d}\tau=\int_{0}^{t}\left(-\frac{1}{4}\mathrm{e}^{-\tau}+\frac{13}{4}\mathrm{e}^{-5\tau}\right)\mathrm{d}\tau u(t)$$

$$=\left(\frac{1}{4}\mathrm{e}^{-\tau}\Big|_{\tau=0}^{t}-\frac{13}{20}\mathrm{e}^{-5\tau}\Big|_{\tau=0}^{t}\right)u(t)=\left(\frac{1}{4}\mathrm{e}^{-t}-\frac{13}{20}\mathrm{e}^{-5t}+\frac{2}{5}\right)u(t)$$

利用 step 函数求解阶跃响应：

```
a=[1,6,5];
b=[3,2];
sys=tf(b,a);              %定义系统
t=0:0.01:4;               %定义时间域范围为 0～4 s
step(sys,t)               %绘制阶跃响应时域波形
```

运行结果如图 4.3-3 所示，该波形为在 0～4 s 阶跃响应的时域波形。

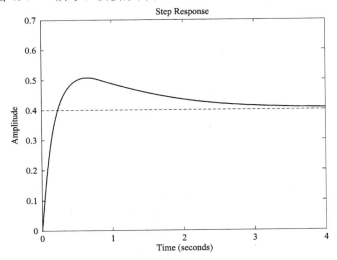

图 4.3-3　step 函数求解阶跃响应所得曲线

4.3.2 单位样值响应

同连续时间系统中单位冲激响应类似，单位样值响应是指离散时间系统中，单位样值序列 $\delta(n)$ 作用下系统的零状态响应，用 $h(n)$ 表示，如图 4.3-4 所示。单位样值响应完全由系统本身特性所确定并能够表征系统的特性，其 z 变换为 z 域系统函数 $H(z)$。LTI 离散时间系统中，通过单位样值响应可以计算得到信号激励下系统的零状态响应，因此，单位样值响应在离散时间系统分析过程中非常重要。

$$\delta(n) \longrightarrow \boxed{\text{离散 LTI 系统}} \longrightarrow h(n)$$

图 4.3-4　离散 LTI 系统的冲激响应

将 $x(n)=\delta(n)$，$y(n)=h(n)$ 代入 n 阶 LTI 离散时间系统的常系数差分方程式 (4-2)，可得关于单位样值响应的差分方程为

$$\sum_{k=0}^{N} a_k h(n-k) = \sum_{l=0}^{M} b_l \delta(n-l) \tag{4.3-10}$$

及起始状态 $h(i)=0(i=-N, -N+1, \cdots, -1)$，其中 $N \geqslant M$。单位样值响应的常用求解方法，与 4.3.1 节中单位冲激响应的间接法类似，其基本求解步骤如下：

（1）求解 $\sum_{k=0}^{N} a_k h_0(n-k) = \delta(n)$ 且起始状态为 $h_0(i)=0$ $(i=-N, -N+1, \cdots, -1)$ 的解，称为单位样值响应基本项 $h_0(n)$。

（2）利用 LTI 系统零状态响应的线性时不变特性，可得系统的单位样值响应为

$$h(n) = \sum_{l=0}^{M} b_l h_0(n-l) \tag{4.3-11}$$

离散时间系统在单位阶跃序列 $u(n)$ 激励下的零状态响应称为单位阶跃响应，简称阶跃响应，用 $g(n)$ 表示。与连续时间系统类似，离散时间系统的单位样值响应和单位阶跃响应之间也存在一定联系。由于 $\delta(n)=u(n)-u(n-1)$ 及 $u(n)=\sum_{m=0}^{+\infty} \delta(n-m)$，利用 LTI 系统的线性和时不变特性，可得

$$\begin{cases} h(n) = g(n) - g(n-1) \\ g(n) = \sum_{m=0}^{+\infty} h(n-m) \end{cases} \tag{4.3-12}$$

【例 4.3-3】　求 LTI 离散时间系统 $y(n)+5y(n-1)+6y(n-2)=2x(n)+3x(n-1)$ 的单位样值响应。

解　（1）求解单位样值响应基本项 $h_0(n)$，即求解

$$\begin{cases} h_0(n) + 5h_0(n-1) + 6h_0(n-2) = \delta(n) \\ h_0(-1) = h_0(-2) = 0 \end{cases}$$

由于方程右端仅为 $\delta(n)$，可以认为特解为零，即方程仅含齐次解。差分方程的特征方程为

$$\alpha^2 + 5\alpha + 6 = 0$$

特征根为 $\alpha_1 = -2$，$\alpha_2 = -3$。因此，单位样值响应基本项为

$$h_0(n) = h_{0h}(n) = [A_1(-2)^n + A_2(-3)^n]u(n)$$

应该利用初始状态 $h_0(0)$ 和 $h_0(1)$ 确定待定系数，利用迭代法可得

$$\begin{cases} h_0(0) = -5h_0(-1) - 6h_0(-2) + \delta(0) = 1 \\ h_0(1) = -5h_0(0) - 6h_0(-1) + \delta(1) = -5 \end{cases}$$

将 $n=0$ 和 $n=1$ 代入到 $h_0(n)$ 中，得

$$\begin{cases} 1 = h_0(0) = A_1 + A_2 \\ -5 = h_0(1) = -2A_1 - 3A_2 \end{cases}$$

解得 $A_1 = -2$，$A_2 = 3$。所以，单位样值响应基本项为

$$h_0(n) = [-2(-2)^n + 3(-3)^n]u(n)$$

（2）利用线性时不变特性求解系统的单位样值响应。

系统的单位样值响应为

$$\begin{aligned} h(n) &= 2h_0(n) + 3h_0(n-1) \\ &= [-4 \times (-2)^n + 6 \times (-3)^n]u(n) + [3 \times (-2)^n - 3 \times (-3)^n]u(n-1) \\ &= 2\delta(n) + [-(-2)^n + 3 \times (-3)^n]u(n-1) \end{aligned}$$

MATLAB 计算单位样值响应一般采用 impz 函数，impz 函数不能计算解析解，但是可以得到数值解。

利用 MATLAB 计算单位样值响应的数值解：

```
a=[1,5,6];          %差分方程激励系数矩阵
b=[2,3];            %差分方程响应系数矩阵
hn=impz(b,a,10)';   %利用 impz 计算单位样值响应的 10 个点的值，并将向量转置为横向量
hn
```

运行结果：

```
hn =
2  -7  23  -73  227  -697  2123  -6433  19427  -58537
```

注：hn 为从 n=0 开始的序列。

4.4　卷积积分与卷积和

4.4.1　卷积积分及其应用

将施加于 LTI 连续时间系统的激励信号分解为冲激及其时移之和，利用系统的时不变性质分别计算冲激及其时移的零状态响应，最后利用线性性质叠加得到系统在该激励信号作用下的零状态响应，这便是利用卷积积分计算 LTI 连续时间系统零状态响应的整个过程。卷积积分是连续时间系统中计算零状态响应的一种重要方法和手段，本节将介绍卷积积分的定义、性质、计算和应用等内容。

连续信号卷积

1. 卷积积分的定义

对于两个连续时间信号 $f_1(t)$ 和 $f_2(t)$，其卷积积分（简称卷积）的定义为

$$f(t) = f_1(t) * f_2(t) = \int_{-\infty}^{+\infty} f_1(\tau) f_2(t-\tau) \mathrm{d}\tau \qquad (4.4-1)$$

其中，$*$ 为卷积运算符号，也可记作 $\otimes$。

现在考虑一个 LTI 连续时间系统，已知其冲激响应为 $h(t)$，计算其在激励为 $x(t)$ 时的零状态响应。由 LTI 系统的时不变性质可知，系统在 $\delta(t-\tau)$ 激励下的零状态响应为 $h(t-\tau)$；由比例性可知，系统在 $x(\tau)\delta(t-\tau)\Delta\tau$ 激励下的零状态响应为 $x(\tau)h(t-\tau)\Delta\tau$；利用叠加性，将不同时移下的激励和响应分别求和可得，系统在 $\sum x(\tau)\delta(t-\tau)\Delta\tau$ 激励下的零状态响应为 $\sum x(\tau)h(t-\tau)\Delta\tau$；取极限 $\Delta\tau \to 0$，使得求和转化为积分，即系统在 $\int_{-\infty}^{+\infty} x(\tau)\delta(t-\tau)\mathrm{d}\tau$ 激励下的零状态响应为 $\int_{-\infty}^{+\infty} x(\tau)h(t-\tau)\mathrm{d}\tau$。由冲激函数的定义与性质可得，激励为 $x(t) * \delta(t) = \int_{-\infty}^{+\infty} x(\tau)\delta(t-\tau)\mathrm{d}\tau = x(t)$ 时，系统的零状态响应为 $x(t) * h(t)$。通过卷积计算系统的零状态响应的过程如表 4.4-1 所示。

表 4.4-1　通过卷积计算系统的零状态响应的过程

激励	零状态响应	说明
$\delta(t)$	$h(t)$	已知条件
$\delta(t-\tau)$	$h(t-\tau)$	时不变性质
$x(\tau)\delta(t-\tau)\Delta\tau$	$x(\tau)h(t-\tau)\Delta\tau$	比例性
$\sum x(\tau)\delta(t-\tau)\Delta\tau$	$\sum x(\tau)h(t-\tau)\Delta\tau$	叠加性
$\lim\limits_{\Delta\tau \to 0} \sum x(\tau)\delta(t-\tau)\Delta\tau$	$\lim\limits_{\Delta\tau \to 0} \sum x(\tau)h(t-\tau)\Delta\tau$	取极限
$\int_{-\infty}^{+\infty} x(\tau)\delta(t-\tau)\mathrm{d}\tau$	$\int_{-\infty}^{+\infty} x(\tau)h(t-\tau)\mathrm{d}\tau$	积分定义
$x(t) * \delta(t) = x(t)$	$x(t) * h(t)$	冲激函数的定义与性质

对于 LTI 连续时间系统，在已知系统激励 $x(t)$ 和冲激响应 $h(t)$ 的情况下，可以通过卷积计算系统的零状态响应，即

$$y_{\mathrm{zs}}(t) = x(t) * h(t) \qquad (4.4-2)$$

可见，冲激响应具有表征系统的特性，一般可以用如图 4.4-1 所示的框图来表示冲激响应为 $h(t)$ 的 LTI 连续时间系统。

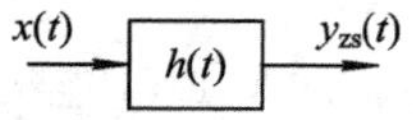

图 4.4-1　冲激响应为 $h(t)$ 的
LTI 连续时间系统

在实际应用中，考虑到系统多为因果系统，而激励信号多为因果信号，即

$$\begin{cases} x(t) = x(t)u(t) \\ h(t) = h(t)u(t) \end{cases}$$

此时，系统的零状态响应为

$$y_{\mathrm{zs}}(t) = \int_{-\infty}^{+\infty} x(\tau)u(\tau)h(t-\tau)u(t-\tau)\mathrm{d}\tau = \left[\int_0^t x(\tau)h(t-\tau)\mathrm{d}\tau\right]u(t) \qquad (4.4-3)$$

2. 卷积积分的性质

卷积作为一种数学运算, 具有一些特殊的性质, 利用卷积的性质可以简化卷积的计算过程。

1) 结合律

$$f_1(t) * f_2(t) * f_3(t) = f_1(t) * [f_2(t) * f_3(t)] \qquad (4.4-4)$$

证明:

$$
\begin{aligned}
f_1(t) * f_2(t) * f_3(t) &= \int_{-\infty}^{+\infty} \left[\int_{-\infty}^{+\infty} f_1(\tau) f_2(v-\tau) \mathrm{d}\tau \right] f_3(t-v) \mathrm{d}v \\
&= \int_{-\infty}^{+\infty} f_1(\tau) \left[\int_{-\infty}^{+\infty} f_2(v-\tau) f_3(t-v) \mathrm{d}v \right] \mathrm{d}\tau \\
&\xupdownarrow{x=v-\tau} \int_{-\infty}^{+\infty} f_1(\tau) \left[\int_{-\infty}^{+\infty} f_2(x) f_3(t-\tau-x) \mathrm{d}x \right] \mathrm{d}\tau \\
&\xupdownarrow{f(t)=f_2(t)*f_3(t)} \int_{-\infty}^{+\infty} f_1(\tau) f(t-\tau) \mathrm{d}\tau \\
&= f_1(t) * f(t) = f_1(t) * [f_2(t) * f_3(t)]
\end{aligned}
$$

图 4.4－2(a)所示的 LTI 系统由两个子系统 A 和 B 级联得到, 子系统 A 的冲激响应为 $h_1(t)$, 子系统 B 的冲激响应为 $h_2(t)$, 在激励为 $x(t)$ 时, 该系统的零状态响应为 $y_{zs}(t) = x(t) * h_1(t) * h_2(t)$; 图 4.4－2(b)所示的 LTI 系统的冲激响应为 $h_1(t) * h_2(t)$, 在激励为 $x(t)$ 时, 该系统的零状态响应为 $y_{zs}(t) = x(t) * [h_1(t) * h_2(t)]$。卷积的结合律表明, 冲激响应分别为 $h_1(t)$ 和 $h_2(t)$ 的两个子系统级联, 相当于一个冲激响应为 $h_1(t) * h_2(t)$ 的系统。

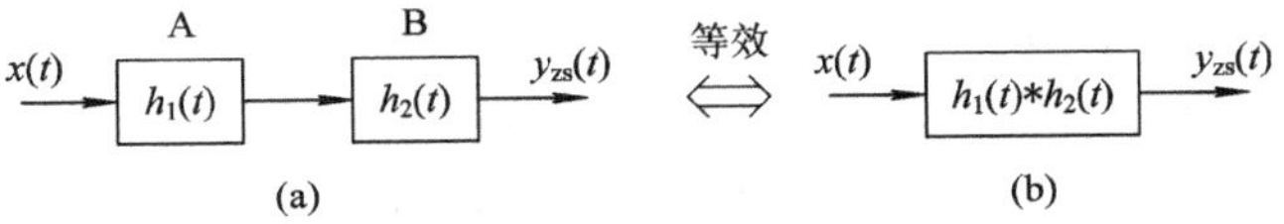

图 4.4－2　卷积结合律的系统意义

2) 交换律

$$f_1(t) * f_2(t) = f_2(t) * f_1(t) \qquad (4.4-5)$$

证明:

$$
\begin{aligned}
f_1(t) * f_2(t) &= \int_{-\infty}^{+\infty} f_1(\tau) f_2(t-\tau) \mathrm{d}\tau \\
&\xupdownarrow{\tau=t-v} \int_{-\infty}^{+\infty} f_2(v) f_1(t-v) \mathrm{d}v \\
&= f_2(t) * f_1(t)
\end{aligned}
$$

图 4.4－3(a)所示的 LTI 系统由两个子系统 A 和 B 级联得到, 子系统 A 的冲激响应为 $h_1(t)$, 子系统 B 的冲激响应为 $h_2(t)$。可见, 该系统的冲激响应为 $h_1(t) * h_2(t)$。若交换子系统 A 和 B 的前后位置, 如图 4.4－3(b)所示, 则该系统的冲激响应为 $h_2(t) * h_1(t)$。卷积的交换律表明, 级联子系统前后位置互换后, 整体系统的冲激响应不变。

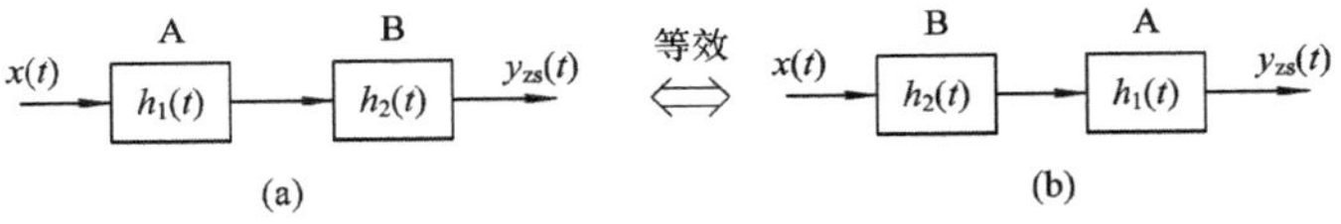

图 4.4－3　卷积交换律的系统意义

对图 4.4-4 所示的两个不同的一阶 RC 电路子系统进行级联，其中，电压跟随器用于隔离前后级电路，消除相互影响，子系统 $h_1(t)$ 的传输算子为 $H_1(p)=1/(pR_1C_1+1)$，子系统 $h_2(t)$ 的传输算子为 $H_2(p)=1/(pR_2C_2+1)$。可见，级联时不论是 $h_1(t)$ 在前、$h_2(t)$ 在后，还是 $h_2(t)$ 在前、$h_1(t)$ 在后，整体系统的传输算子相同，即

$$H_1(p)H_2(p)=H_2(p)H_1(p)=\frac{1}{(pR_1C_1+1)(pR_2C_2+1)}$$

级联后整体系统的微分方程均为

$$C_1C_2R_1R_2y''(t)+(C_1R_1+C_2R_2)y'(t)+y(t)=x(t)$$

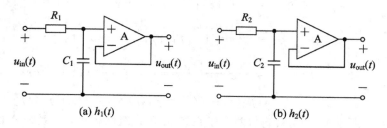

(a) $h_1(t)$ (b) $h_2(t)$

图 4.4-4　级联的电路子系统

3）分配律

$$f_1(t)*[f_2(t)+f_3(t)]=f_1(t)*f_2(t)+f_1(t)*f_3(t) \tag{4.4-6}$$

该定律利用卷积的定义式即可证明。

图 4.4-5(a) 所示的系统由 A 和 B 两个子系统并联得到，子系统 A 的冲激响应为 $h_1(t)$，子系统 B 的冲激响应为 $h_2(t)$，则在激励为 $x(t)$ 时，该系统的零状态响应为 $y_{zs}(t)=x(t)*h_1(t)+x(t)*h_2(t)$；图 4.4-5(b) 所示系统的冲激响应为 $h_1(t)+h_2(t)$，则在激励为 $x(t)$ 时，其零状态响应为 $y_{zs}(t)=x(t)*[h_1(t)+h_2(t)]$。卷积的分配律表明，冲激响应分别为 $h_1(t)$ 和 $h_2(t)$ 的两个子系统并联，相当于一个冲激响应为 $h_1(t)+h_2(t)$ 的系统。

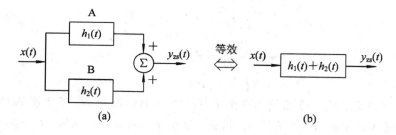

图 4.4-5　卷积分配律的系统意义

4）与冲激函数的卷积

$$f(t)*\delta(t)=f(t) \tag{4.4-7}$$
$$f(t)*\delta(t-t_0)=f(t-t_0) \tag{4.4-8}$$

证明：
$$f(t) * \delta(t) = \int_{-\infty}^{+\infty} f(\tau)\delta(t - \tau)\mathrm{d}\tau$$

$$= \int_{-\infty}^{+\infty} f(t)\delta(t - \tau)\mathrm{d}\tau$$

$$= f(t)$$

$$f(t) * \delta(t - t_0) = \int_{-\infty}^{+\infty} f(\tau)\delta(t - \tau - t_0)\mathrm{d}\tau$$

$$= \int_{-\infty}^{+\infty} f(t - t_0)\delta(t - \tau - t_0)\mathrm{d}\tau$$

$$= f(t - t_0)$$

式(4.4－7)表明任意信号与冲激的卷积等于该信号本身，式(4.4－8)表明任意信号与冲激延时的卷积等于该信号的延时。

5) 时移性

在性质 4) 的基础上，利用卷积的交换律和结合律，我们可以得到更具一般性的结论：若 $f(t) = f_1(t) * f_2(t)$，则有

$$f(t - t_1 - t_2) = f_1(t - t_1) * f_2(t - t_2) \tag{4.4－9}$$

6) 微积分性质

(1) 卷积的微分性质为

$$[f_1(t) * f_2(t)]' = f_1'(t) * f_2(t) = f_1(t) * f_2'(t) \tag{4.4－10}$$

即两个信号卷积的微分等于其中任一信号的微分与另一信号的卷积。

证明
$$[f_1(t) * f_2(t)]' = \frac{\mathrm{d}}{\mathrm{d}t}\int_{-\infty}^{+\infty} f_1(\tau)f_2(t - \tau)\mathrm{d}\tau$$

$$= \int_{-\infty}^{+\infty} f_1(\tau)\frac{\mathrm{d}}{\mathrm{d}t}f_2(t - \tau)\mathrm{d}\tau$$

$$= f_1(t) * f_2'(t)$$

利用交换律亦可证明 $[f_1(t) * f_2(t)]' = f_1'(t) * f_2(t)$。

通过类推，可得

$$[f_1(t) * f_2(t)]^{(n)} = f_1^{(m)}(t) * f_2^{(n-m)}(t) \quad (n \geqslant m \geqslant 0) \tag{4.4－11}$$

结合性质 4)，可得

$$f(t) * \delta'(t) = f'(t) \tag{4.4－12}$$

(2) 卷积的积分性质为

$$[f_1(t) * f_2(t)]^{(-1)} = f_1^{(-1)}(t) * f_2(t) = f_1(t) * f_2^{(-1)}(t) \tag{4.4－13}$$

即两个信号卷积的积分等于其中任一信号的积分与另一信号的卷积，该性质成立的充要条件为：$f_1(t)$ 和 $f_2(t)$ 均为有始信号。

证明过程类似于卷积的微分性质的证明过程，不再赘述。

由于 $u(t) = \delta^{(-1)}(t)$，结合性质 4)，可得

$$f(t) * u(t) = f^{(-1)}(t) \tag{4.4－14}$$

(3) 结合卷积的微分性质和积分性质可以得到卷积的微积分性质为

$$f_1(t) * f_2(t) = f_1'(t) * f_2^{(-1)}(t) = f_1^{(-1)}(t) * f_2'(t) \tag{4.4－15}$$

该性质成立的充要条件为：$f_1(t)$ 和 $f_2(t)$ 均为有始信号。

【例 4.4 - 1】 已知某 LTI 系统在激励为 $x(t) = tu(t)$ 时，系统的零状态响应为 $y_{zs}(t) = 3tu(t) - u(t) + e^{-3t}u(t)$，求该系统的冲激响应 $h(t)$。

解　由于 $x(t) * h(t) = y_{zs}(t)$，即

$$tu(t) * h(t) = 3tu(t) - u(t) + e^{-3t}u(t)$$

利用卷积的微分性质，可得

$$[tu(t) * h(t)]'' = [tu(t)]'' * h(t) = \delta(t) * h(t) = h(t)$$

因此：

$$h(t) = [3tu(t) - u(t) + e^{-3t}u(t)]'' = 9e^{-3t}u(t)$$

表 4.4 - 2 所示为卷积积分的主要性质。

表 4.4 - 2　卷积积分的主要性质

性质名称		表　达　式
结合律		$[f_1(t) * f_2(t)] * f_3(t) = f_1(t) * [f_2(t) * f_3(t)]$
交换律		$f_1(t) * f_2(t) = f_2(t) * f_1(t)$
分配律		$f_1(t) * [f_2(t) + f_3(t)] = f_1(t) * f_2(t) + f_1(t) * f_3(t)$
与冲激函数的卷积		$f(t) * \delta(t) = f(t)$
		$f(t) * \delta(t - t_0) = f(t - t_0)$
时移性		$f(t - t_1 - t_2) = f_1(t - t_1) * f_2(t - t_2)$
微积分	微分	$[f_1(t) * f_2(t)]' = f'_1(t) * f_2(t) = f_1(t) * f'_2(t)$
	积分	$[f_1(t) * f_2(t)]^{(-1)} = f_1^{(-1)}(t) * f_2(t) = f_1(t) * f_2^{(-1)}(t)$
	微积分	$f_1(t) * f_2(t) = f'_1(t) * f_2^{(-1)}(t) = f_1^{(-1)}(t) * f'_2(t)$

3. 卷积积分的计算和应用

下面介绍常用的卷积的计算方法。

1) 用定义式计算卷积

用定义式计算卷积就是利用卷积的定义式(4.4 - 1)直接计算卷积，计算过程的重点在于确定卷积的积分限以及在相应区间上的被积分函数。积分过程中，需要注意 τ 为积分变量，而 t 为参变量（参数），卷积结果仍为 t 的函数。

2) 用图解法计算卷积

由卷积定义式(4.4 - 1)可见，卷积的计算过程由若干基本的信号运算组成，包括反褶、时移、相乘和积分等运算过程。所谓图解法，就是将上述过程图形化，从而完成计算。

利用图解法计算卷积 $f(t) = f_1(t) * f_2(t) = \int_{-\infty}^{+\infty} f_1(\tau) f_2(t - \tau) d\tau$，其过程一般可以分为以下几步：

(1) 变量替换：将函数中的变量 t 替换为 τ，得到 $f_1(\tau)$ 和 $f_2(\tau)$ 的波形。

(2) 反褶：将 $f_2(\tau)$ 的波形反褶得到 $f_2(-\tau)$ 的波形。

(3) 时移：以 t 为参变量，将 $f_2(-\tau)$ 沿 τ 轴平移得到 $f_2(t - \tau)$。

(4) 相乘：将 $f_1(\tau)$ 和 $f_2(t - \tau)$ 相乘得到 $f_1(\tau) f_2(t - \tau)$。

（5）积分：对 $f_1(\tau)f_2(t-\tau)$ 进行积分运算，得到 t 时刻的卷积结果。

（6）改变 t 值：在 $(-\infty,+\infty)$ 区间内改变 t 值，重复上述步骤（3）、（4）、（5）。

3）用性质计算卷积

卷积具有若干特殊性质，在卷积计算过程中应用性质有时可以简化计算过程，尤其要重视与冲激函数卷积的性质以及卷积的微积分性质。

【例 4.4-2】 某 LTI 系统冲激响应 $h(t)=e^{-t}u(t)$，激励为 $x(t)=u(t)-u(t-2)$，求该系统的零状态响应。

解 该系统的零状态响应为
$$y_{zs}(t)=x(t)*h(t)=[u(t)-u(t-2)]*e^{-t}u(t)$$

（1）用定义式法计算卷积。

由卷积的定义式可得
$$y_{zs}(t)=\int_{-\infty}^{+\infty}[u(\tau)-u(\tau-2)]e^{-(t-\tau)}u(t-\tau)d\tau$$
$$=\int_0^2 e^{-(t-\tau)}u(t-\tau)d\tau$$
$$=e^{-t}\int_0^2 e^{\tau}u(t-\tau)d\tau$$
$$=\begin{cases}0 & (t<0)\\ e^{-t}\int_0^t e^{\tau}d\tau=1-e^{-t} & (0\leqslant t<2)\\ e^{-t}\int_0^2 e^{\tau}d\tau=e^{-(t-2)}-e^{-t} & (t\geqslant 2)\end{cases}$$
$$=(1-e^{-t})[u(t)-u(t-2)]+[e^{-(t-2)}-e^{-t}]u(t-2)$$
$$=(1-e^{-t})u(t)-(1-e^{-(t-2)})u(t-2)$$

（2）用图解法计算卷积。

冲激响应 $h(t)$ 及激励信号 $x(t)$ 的波形如图 4.4-6（a）、（b）所示。为简化讨论过程，利用交换律交换卷积中 $x(\tau)$ 和 $h(\tau)$ 的位置，即计算
$$y_{zs}(t)=h(t)*x(t)=\int_{-\infty}^{+\infty}h(\tau)x(t-\tau)d\tau$$

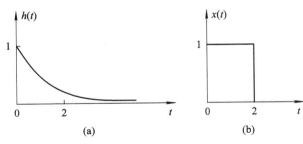

图 4.4-6 例 4.4-2 中 $h(t)$ 和 $x(t)$ 的波形

① 变量替换。将函数中的变量 t 替换为 τ，得到 $h(\tau)$ 和 $x(\tau)$ 的波形如图 4.4-7（a）、（b）所示。

② 反褶。将 $x(\tau)$ 的波形反褶得到 $x(-\tau)$ 的波形，如图 4.4-7（c）所示。

③ 时移。以 t 为参变量，将 $x(-\tau)$ 沿 τ 轴平移得到 $x(t-\tau)$，如图 4.4－7(d)所示。

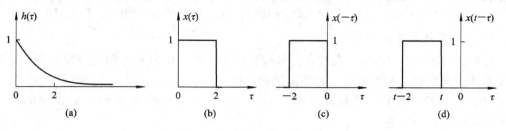

图 4.4－7　图解法的变量替换、反褶和时移

④ 分段相乘及积分。当时移量 t 为不同的值时，乘积 $h(\tau)x(t-\tau)$ 可分为几种不同的情况：

当 $t<0$ 时，如图 4.4－8(a)所示，$h(\tau)$ 与 $x(t-\tau)$ 无重叠部分，所以

$$y_{zs}(t)=\int_{-\infty}^{+\infty}h(\tau)x(t-\tau)\mathrm{d}\tau=0$$

当 $0\leqslant t<2$ 时，如图 4.4－8(b)所示，$h(\tau)$ 与 $x(t-\tau)$ 在 $0\sim t$ 有重叠，所以

$$y_{zs}(t)=\int_0^t \mathrm{e}^{-\tau}\mathrm{d}\tau=1-\mathrm{e}^{-t}$$

当 $t\geqslant 2$ 时，如图 4.4－8(c)所示，$h(\tau)$ 与 $x(t-\tau)$ 在 $(t-2)\sim t$ 有重叠，所以

$$y_{zs}(t)=\int_{t-2}^t \mathrm{e}^{-\tau}\mathrm{d}\tau=\mathrm{e}^{-(t-2)}-\mathrm{e}^{-t}$$

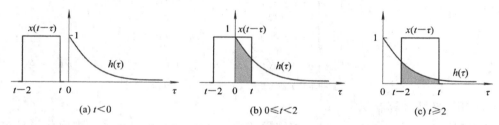

图 4.4－8　图解法的求解过程

可见，该系统的零状态响应可以表示为

$$y_{zs}(t)=(1-\mathrm{e}^{-t})\left[u(t)-u(t-2)\right]+\left[\mathrm{e}^{-(t-2)}-\mathrm{e}^{-t}\right]u(t-2)$$
$$=(1-\mathrm{e}^{-t})u(t)-(1-\mathrm{e}^{-(t-2)})u(t-2)$$

其波形如图 4.4－9 所示。

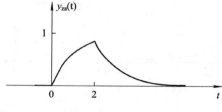

图 4.4－9　卷积计算结果

（3）用性质计算卷积。

由于激励信号 $x(t)$ 求导后为关于冲激的函数，而信号与冲激的卷积相对较为简单，因此，本例题在利用性质后可简化计算过程。过程如下：

$$y_{zs}(t) = x(t) * h(t) = x'(t) * h^{(-1)}(t) = [\delta(t) - \delta(t-2)] * \int_{-\infty}^{t} e^{-\tau} u(\tau) d\tau$$

$$= [\delta(t) - \delta(t-2)] * \int_{0}^{t} e^{-\tau} d\tau u(t)$$

$$= [\delta(t) - \delta(t-2)] * (1 - e^{-t}) u(t)$$

$$= (1 - e^{-t}) u(t) - (1 - e^{-(t-2)}) u(t-2)$$

利用 MATLAB 计算卷积：

```
dt=0.01;
t1=-2:dt:4;                                    %定义激励信号的时间范围
x=(t1>0&t1<2)*1;                               %定义激励信号
t2=-1:dt:5;                                     %定义冲激响应的时间范围
h=(t2>0).*exp(-t2);                            %定义冲激响应
yzs=dt*conv(x,h);                              %卷积函数 conv 计算零状态响应
t3=t1(1)+t2(1)+dt*[0:length(t1)+length(t2)-2]; %求解零状态响应的时间范围
subplot(3,1,1)
plot(t1,x)                                     %画激励信号的波形
xlabel('Time(seconds)')
ylabel('x(t)')
subplot(3,1,2)
plot(t2,h)                                     %画冲激响应的波形
xlabel('Time(seconds)')
ylabel('h(t)')
subplot(3,1,3)
plot(t3,yzs)                                   %画零状态响应的波形
xlabel('Time(seconds)')
ylabel('yzs(t)')
```

运行结果如图 4.4 - 10 所示，图中三个波形分别为激励、冲激响应和零状态响应的波形。

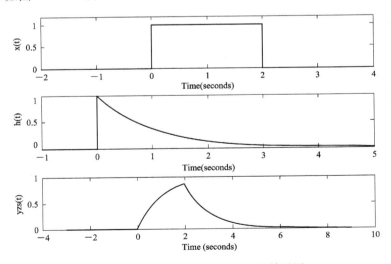

图 4.4 - 10　conv 函数计算卷积的结果图

4.4.2 卷积和及其应用

同 LTI 连续时间系统的卷积积分类似，卷积和可应用于计算 LTI 离散时间系统的零状态响应。本节将介绍卷积和的定义、性质、计算和应用等内容。

离散信号卷积和

1. 卷积和的定义

对于两个离散时间信号 $f_1(n)$ 和 $f_2(n)$，其卷积和（也称离散卷积）的定义为

$$f(n) = f_1(n) * f_2(n) = \sum_{m=-\infty}^{+\infty} f_1(m) f_2(n-m) \qquad (4.4-16)$$

其中，$*$ 为卷积和的运算符号，也可记作 $\otimes$。

考虑一个 LTI 离散时间系统，已知其单位样值响应为 $h(n)$，现在计算其在激励为 $x(n)$ 时的零状态响应。由 LTI 系统的时不变性质可知，系统在 $\delta(n-m)$ 激励下的零状态响应为 $h(n-m)$；由比例性可知，系统在 $x(m)\delta(n-m)$ 激励下的零状态响应为 $x(m)h(n-m)$；利用叠加性，将不同时移下的激励和响应分别求和可得，系统在 $\sum\limits_{m=-\infty}^{+\infty} x(m)\delta(n-m)$ 激励下的零状态响应为 $\sum\limits_{m=-\infty}^{+\infty} x(m)h(n-m)$；利用冲激序列的定义及性质可得，激励为 $x(n) * \delta(n) = \sum\limits_{m=-\infty}^{+\infty} x(m)\delta(n-m) = x(n)$ 时，系统的零状态响应为 $x(n) * h(n) = \sum\limits_{m=-\infty}^{+\infty} x(m)\delta(n-m)$。通过卷积和计算系统的零状态响应的过程如表 4.4-3 所示。

表 4.4-3　通过卷积和计算系统的零状态响应的过程

激　励	零状态响应	说　明
$\delta(n)$	$h(n)$	已知条件
$\delta(n-m)$	$h(n-m)$	时不变性质
$x(m)\delta(n-m)$	$x(m)h(n-m)$	比例性
$\sum\limits_{m=-\infty}^{+\infty} x(m)\delta(n-m)$	$\sum\limits_{m=-\infty}^{+\infty} x(m)h(n-m)$	叠加性
$x(n) * \delta(n) = x(n)$	$x(n) * h(n)$	冲激序列的定义与性质

对于 LTI 离散时间系统，在已知系统激励 $x(n)$ 和单位样值响应 $h(n)$ 的情况下，可以通过卷积和计算系统的零状态响应，即

$$y_{zs}(n) = x(n) * h(n) \qquad (4.4-17)$$

可见，单位样值响应具有表征离散时间系统的特性，一般可以用如图 4.4-11 所示的框图来表示冲激响应为 $h(n)$ 的 LTI 离散时间系统。

$x(n)$ → [$h(n)$] → $y_{zs}(n)$

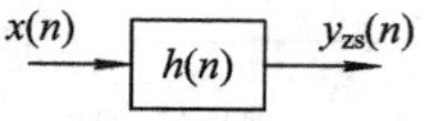

图 4.4-11　单位样值响应为 $h(n)$ 的 LTI 离散时间系统

在实际应用中,考虑到系统多为因果系统,而激励信号多为因果信号,即

$$\begin{cases} x(n) = x(n)u(n) \\ h(n) = h(n)u(n) \end{cases}$$

此时,系统的零状态响应为

$$y_{zs}(n) = \sum_{m=-\infty}^{+\infty} x(m)u(m)h(n-m)u(n-m) = \sum_{m=0}^{n} x(m)h(n-m)u(n) \quad (4.4-18)$$

2. 卷积和的性质

除了没有微分和积分性质,卷积和的其他性质与卷积积分的性质十分类似,这些性质都可以利用卷积和的定义式进行证明,这里直接给出结论,请读者自行证明。

1) 结合律

$$f_1(n) * f_2(n) * f_3(n) = f_1(n) * [f_2(n) * f_3(n)] \quad (4.4-19)$$

与连续时间系统类似,根据结合律,单位样值响应为 $h_1(n)$ 和 $h_2(n)$ 的两个子系统相级联可以等效为单位样值响应为 $h_1(n) * h_2(n)$ 的系统,如图 4.4-12 所示。

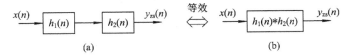

图 4.4-12　卷积和结合律的系统意义

2) 交换律

$$f_1(n) * f_2(n) = f_2(n) * f_1(n) \quad (4.4-20)$$

交换律说明卷积的结果与两个序列的前后次序无关。卷积的交换律表明,单位样值响应为 $h_1(n)$ 和 $h_2(n)$ 的两个级联子系统前后位置互换后,整体系统的单位样值响应不变,如图 4.4-13 所示。

图 4.4-13　卷积和交换律的系统意义

3) 分配律

$$f_1(n) * [f_2(n) + f_3(n)] = f_1(n) * f_2(n) + f_1(n) * f_3(n) \quad (4.4-21)$$

根据分配率,单位样值响应为 $h_1(n)$ 和 $h_2(n)$ 的两个子系统相并联可以等效为单位样值响应为 $h_1(n) + h_2(n)$ 的系统,如图 4.4-14 所示。

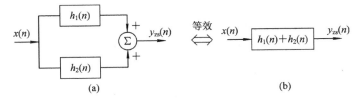

图 4.4-14　卷积和分配律的系统意义

4）与冲激序列的卷积

$$f(n) * \delta(n) = f(n) \tag{4.4-22}$$

$$f(n) * \delta(n - N) = f(n - N) \tag{4.4-23}$$

式（4.4-22）表明任意序列与单位样值序列的卷积和等于该信号本身，式（4.4-23）表明任意序列与单位样值序列延时的卷积和等于该序列的延时。

5）位移性

若 $f(n) = f_1(n) * f_2(n)$，则有

$$f(n - N_1 - N_2) = f_1(n - N_1) * f_2(n - N_2) \tag{4.4-24}$$

表 4.4-4 所示为卷积和的主要性质。

表 4.4-4 卷积和的主要性质

性质名称	表达式
结合律	$f_1(n) * f_2(n) * f_3(n) = f_1(n) * [f_2(n) * f_3(n)]$
交换律	$f_1(n) * f_2(n) = f_2(n) * f_1(n)$
分配律	$f_1(n) * [f_2(n) + f_3(n)] = f_1(n) * f_2(n) + f_1(n) * f_3(n)$
与冲激序列的卷积	$f(n) * \delta(n) = f(n)$ $f(n) * \delta(n - N) = f(n - N)$
位移性	$f(n - N_1 - N_2) = f_1(n - N_1) * f_2(n - N_2)$

3. 卷积和的计算和应用

下面介绍常用的卷积和的计算方法。

1）用定义式计算卷积和

用定义式计算卷积和就是利用卷积和的定义式（4.4-16）直接计算卷积和，计算过程的重点在于确定卷积和的求和限以及在相应区间上的被求和函数。求和过程中，需要注意 m 为求和变量，而 n 为参变量（参数），卷积结果仍为 n 的函数。

2）用图解法计算卷积和

由卷积和的定义式（4.4-16）可见，卷积和的计算过程由若干基本的信号运算组成，包括反褶、位移、相乘和求和等运算过程。所谓图解法，就是将上述过程图形化并完成卷积和计算。

利用图解法计算卷积 $f(n) = f_1(n) * f_2(n) = \sum\limits_{m=-\infty}^{+\infty} f_1(m) f_2(n-m)$，其过程一般可以分为以下几步：

（1）变量替换：将序列中的变量 n 替换为 m，得到 $f_1(m)$ 和 $f_2(m)$ 的波形。

（2）反褶：将 $f_2(m)$ 的波形反褶得到 $f_2(-m)$ 的波形。

（3）位移：以 n 为参变量，将 $f_2(-m)$ 沿 m 轴平移得到 $f_2(n-m)$。

（4）相乘：将 $f_1(m)$ 和 $f_2(n-m)$ 相乘得到 $f_1(m)f_2(n-m)$。

（5）求和：对 $f_1(m)f_2(n-m)$ 进行求和运算，得到 n 时刻的卷积和。

（6）改变 n 值：在 $(-\infty, +\infty)$ 区间内改变 n 值，重复上述步骤（3）、（4）、（5）。

3）用性质计算卷积和

同卷积积分一样，在卷积和的计算过程中，利用卷积和的性质有时可以简化计算过程。

4）用竖式乘法计算卷积和

当进行卷积和的两个序列为有限长序列时，还可以采用竖式乘法来计算卷积和。竖式乘法是：首先将有限长序列用 $\delta(n)$ 及其位移来表示，然后利用卷积和的位移性质以及与冲激序列相卷积时的性质来进行求解。下面将通过例子予以说明。

【例 4.4-3】　已知 $f_1(n) = \{1\quad 6\quad -2\}_0$，$f_2(n) = \{2\quad 3\}_{-1}$，试求 $f_1(n) * f_2(n)$。

解　$\{\cdots\}$ 加下标是序列的一种表示方法，例如 $\{1\quad 6\quad -2\}_0$ 表示一个从 $n=0$ 开始有值且值依次为 1、6 和 -2 的序列，$\{2\quad 3\}_{-1}$ 表示一个从 $n=-1$ 开始有值且值依次为 2 和 3 的序列。因此有

$$\begin{cases} f_1(n) = \delta(n) + 6\delta(n-1) - 2\delta(n-2) \\ f_2(n) = 2\delta(n+1) + 3\delta(n) \end{cases}$$

利用卷积和的性质可得

$$\begin{aligned} f_1(n) * f_2(n) &= [\delta(n) + 6\delta(n-1) - 2\delta(n-2)] * [2\delta(n+1) + 3\delta(n)] \\ &= [\delta(n) + 6\delta(n-1) - 2\delta(n-2)] * 2\delta(n+1) \\ &\quad + [\delta(n) + 6\delta(n-1) - 2\delta(n-2)] * 3\delta(n) \\ &= [2\delta(n+1) + 12\delta(n) - 4\delta(n-1)] + [3\delta(n) + 18\delta(n-1) - 6\delta(n-2)] \\ &= 2\delta(n+1) + 15\delta(n) + 14\delta(n-1) - 6\delta(n-2) \end{aligned}$$

可见，上述过程中 $f_1(n)$ 分别与 $f_2(n)$ 中的 $2\delta(n+1)$ 和 $3\delta(n)$ 进行卷积和，计算结果除了系数分别是 2 和 3 的区别外，$f_1(n) * 2\delta(n+1)$ 的计算结果比 $f_1(n) * 3\delta(n)$ 的计算结果整体左移一位，这由卷积的性质不难理解，最后将 $f_1(n) * 2\delta(n+1)$ 和 $f_1(n) * 3\delta(n)$ 的计算结果对应相加。上述计算过程可以用竖式乘法表示为

	1	6	-2	
		2	3	
		3	18	-6	←3 与第一行相乘的结果
2	12	-4			←2 与第一行相乘的结果
2	15	14	-6	

竖式乘法求卷积和的原理：从卷积和的定义可见，求和符号内两个序列的序号分别为 n 和 n−m，即两序列的序号和为 n，若将序号和等于 n 的两个样值相乘，再将这些乘积相加即为 n 点的卷积和。由此也可见，若两个序列的起始自变量分别为 N_1 和 N_2，则两序列卷积和的起始变量为 $N_1 + N_2$。

因此，竖式乘法的计算结果为

$$f_1(n) * f_2(n) = \{2\quad 15\quad 14\quad -6\}_{-1}$$

利用 MATLAB 计算卷积：

```
f1=[1,6,−2];                  %定义序列 f₁(n)
nf1=0:length(f1)−1;           %定义序列 f₁(n) 的横坐标
```

```
f2=[2,3];                      %定义序列 f₂(n)
nf2=−1:length(f2)−1−1;         %定义序列 f₂(n)的横坐标
nf=(nf1(1)+nf2(1)):(length(f1)+length(f2)−2+nf1(1)+nf2(1));  %定义序列 f(n)的横坐标
f=conv(f1,f2);                 %利用 conv 函数计算卷积
f
subplot(1,3,1)
stem(nf1,f1,'.')               %显示 f₁(n)的波形
xlabel('n');
ylabel('f1(n)');
subplot(1,3,2)
stem(nf2,f2,'.')
xlabel('n');
ylabel('f2(n)');               %显示 f₂(n)的波形
subplot(1,3,3)
stem(nf,f,'.')
xlabel('n');
ylabel('f(n)');                %显示 f(n)的波形
```

运行结果：

```
f =
     2    15    14    −6
```

运行结果图如图 4.4−15 所示，分别为 $f_1(n)$、$f_2(n)$ 和 $f(n)$ 的波形。

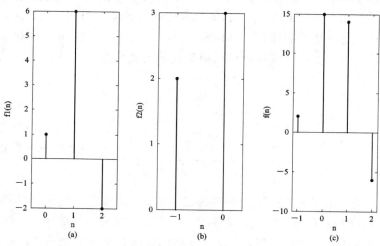

图 4.4−15　conv 计算卷积的结果图

【例 4.4−4】　已知 LTI 离散时间系统的单位样值响应为 $h(n)=u(n)$，计算激励为 $x(n)=\left(\dfrac{1}{2}\right)^n u(n)$ 时的零状态响应。

解　该系统的零状态响应为

$$y_{zs}(n)=x(n)*h(n)=\left(\frac{1}{2}\right)^n u(n)*u(n)=\sum_{m=-\infty}^{+\infty}\left(\frac{1}{2}\right)^m u(m)u(n-m)$$

（1）利用定义式计算卷积和。具体如下：

$$y_{zs}(n) = \sum_{m=-\infty}^{+\infty} \left(\frac{1}{2}\right)^m u(m)u(n-m)$$

$$= \begin{cases} 0 & (n < 0) \\ \sum_{m=0}^{n} \left(\frac{1}{2}\right)^m = \dfrac{1-\left(\frac{1}{2}\right)^{n+1}}{1-\frac{1}{2}} = 2-\left(\frac{1}{2}\right)^n & (n \geqslant 0) \end{cases}$$

$$= \left[2-\left(\frac{1}{2}\right)^n\right]u(n)$$

（2）利用图解法计算卷积和。

$x(n)$ 和 $h(n)$ 的波形分别如图 4.4 - 16(a) 和(b)所示。下面利用图解法的求解步骤进行求解。

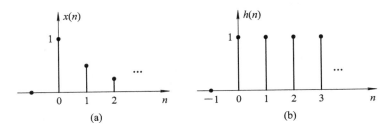

图 4.4 - 16　例 4.4 - 4 中 $x(n)$ 和 $h(n)$ 的波形

① 变量替换：将序列中的变量 n 替换为 m，得到 $x(m)$ 和 $h(m)$ 的波形，分别如图 4.4 - 17(a)、(b)所示。

② 反褶：将 $h(m)$ 的波形反褶得到 $h(-m)$ 的波形，如图 4.4 - 17(c)所示。

③ 位移：以 n 为参变量，将 $h(-m)$ 沿 m 轴平移得到 $h(n-m)$，如图 4.4 - 17(d)、(e)所示，分别对应 $n \geqslant 0$ 和 $n < 0$ 时的图形。

④ 分段相乘及求和：当位移量 n 值不同时，乘积 $x(m)h(n-m)$ 可以分为以下两种情况：

当 $n < 0$ 时，$x(m)$ 和 $h(n-m)$ 无重叠部分，所以

$$y_{zs}(n) = \sum_{m=-\infty}^{+\infty} \left(\frac{1}{2}\right)^m u(m)u(n-m) = 0$$

当 $n \geqslant 0$ 时，$x(m)$ 和 $h(n-m)$ 在 $m=0$ 到 $m=n$ 之间有重叠部分，且乘积 $x(m)h(n-m) = \left(\frac{1}{2}\right)^m$，所以

$$y_{zs}(n) = \sum_{m=-\infty}^{+\infty} \left(\frac{1}{2}\right)^m u(m)u(n-m) = \sum_{m=0}^{n} \left(\frac{1}{2}\right)^m = 2-\left(\frac{1}{2}\right)^n$$

可见，该系统的零状态响应为

$$y_{zs}(n) = \left[2-\left(\frac{1}{2}\right)^n\right]u(n)$$

零状态响应 $y_{zs}(n)$ 的波形如图 4.4 - 17(f)所示。

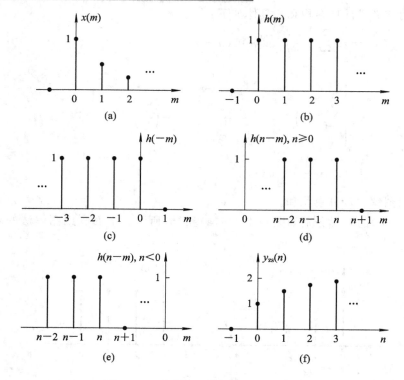

图 4.4-17 图解法求解过程中的图形

比较定义式法和图解法，可见两者的本质其实都是利用定义式计算卷积和，只不过图解法将求解过程和内容图形化而已，更有利于分析和理解。

4.5 实 例 分 析

在电子及通信等系统中，由于存在电容、电感等动态元件，因此描述系统的方程一般为微分方程。对系统进行时域分析有助于了解系统在时域的响应过程，特别是暂态响应过程。

传统的汽车发动机点火系统中，通过 12 V 的蓄电池供电，利用由点火线圈初级绕组、断电器及电容器等元件等构成的初级回路产生 $200\sim300$ V 的瞬时高电压，然后利用变压器在次级回路产生 $15\sim20$ kV 的互感瞬时电压，从而击穿火花塞并实现点火。在这里，我们将利用时域分析方法来分析其初级回路瞬时高电压的产生过程。

点火系统中的初级回路可以用 RLC 二阶动态电路来描述，如图 4.5-1(a)所示。12 V 蓄电池用电压源模型 U_s 来实现，点火线圈初级绕组用电感模型 L 来实现，断电器用开关模型 S 来实现，输出取电感 L 两端的电压。开关 S 在 $t=0$ 时打开，开关打开前，电路已达稳态，电压源 $U_s=12$ V，电感 $L=7$ mH，电阻 $R=4$ Ω，电容 $C=0.8$ μF，可见，电路的起始状态为 $i'_L(0_-)=\dfrac{u_L(0_-)}{L}=\dfrac{0}{7\times10^{-3}}=0$，$i_L(0_-)=\dfrac{U_s}{R}=\dfrac{12}{4}=3$ A，$u_C(0_-)=0$ V。利用 $i_L(t)$ 列写开关断开后的系统方程为

$$L \frac{\mathrm{d}}{\mathrm{d}t} i_L(t) + R i_L(t) + \frac{1}{C} \int_0^t i_L(\tau) \mathrm{d}\tau = U_s$$

即

$$\frac{\mathrm{d}^2}{\mathrm{d}t^2} i_L(t) + \frac{R}{L} \frac{\mathrm{d}}{\mathrm{d}t} i_L(t) + \frac{1}{LC} i_L(t) = 0$$

将各参数代入方程，可得

$$\begin{cases} \dfrac{\mathrm{d}^2}{\mathrm{d}t^2} i_L(t) + \dfrac{4}{7} \times 10^3 \times \dfrac{\mathrm{d}}{\mathrm{d}t} i_L(t) + \dfrac{1}{56} \times 10^{10} i_L(t) = 0 \\ i_L(0_-) = 3 \text{ A}, \ i'_L(0_-) = 0 \end{cases}$$

利用本章计算方法，可得

$$i_L(t) \approx \mathrm{e}^{-286t} \left[3\cos(13360t) + 0.06\sin(13360t) \right]$$
$$\approx 3\mathrm{e}^{-286t} \cos(13360t) \text{A} \quad (t > 0)$$

而电感上的电压为

$$u_L(t) = L \frac{\mathrm{d} i_L(t)}{\mathrm{d}t}$$
$$\approx \mathrm{e}^{-286t} \left[-6\cos(13360t) - 281\sin(13360t) \right]$$
$$\approx -281\mathrm{e}^{-286t} \sin(13360t) \text{V} \quad (t > 0)$$

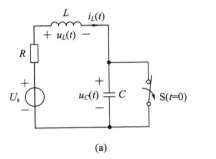 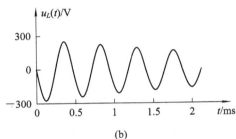

图 4.5 - 1　点火系统初级回路及其响应曲线

　　电感电压 $u_L(t)$ 的波形如图 4.5 - 1(b) 所示，波形在第一个波谷底部时幅度达到最大值，即在 $13360t = 90°$ 时，电感电压达到最大值 $u_{L\max} \approx 270$ V，实现了直流低电压到瞬时高电压的转换。

≪ 习　题　4

4 - 1　求下列微分方程的齐次解形式和特解。

(1) $\dfrac{\mathrm{d}}{\mathrm{d}t} y(t) + 2y(t) = 2 + \mathrm{e}^{-3t} + \sin(2t)$；　(2) $\dfrac{\mathrm{d}^2}{\mathrm{d}t^2} y(t) + 2\dfrac{\mathrm{d}}{\mathrm{d}t} y(t) + 5y(t) = \mathrm{e}^{-4t} u(t)$；

(3) $\dfrac{\mathrm{d}^2}{\mathrm{d}t^2} y(t) + 2\dfrac{\mathrm{d}}{\mathrm{d}t} y(t) + y(t) = \mathrm{e}^{-2t} u(t)$；(4) $\dfrac{\mathrm{d}^2}{\mathrm{d}t^2} y(t) + 6\dfrac{\mathrm{d}}{\mathrm{d}t} y(t) + 5y(t) = t u(t)$。

4-2 已知 LTI 连续时间系统的微分方程为 $\dfrac{d^2}{dt^2}y(t)+3\dfrac{d}{dt}y(t)+2y(t)=x(t)$，系统的激励信号为 $x(t)=4u(t)$，边界条件为 $y'(0_+)=0$，$y(0_+)=3$，求激励信号加入后的系统响应，并判断其中的自由响应、强迫响应、暂态响应和稳态响应。

4-3 已知 LTI 连续时间系统的微分方程为 $\dfrac{d^2}{dt^2}y(t)+6\dfrac{d}{dt}y(t)+3y(t)=\dfrac{d}{dt}x(t)+2x(t)$，系统的起始状态为 $y'(0_-)=2$，$y(0_-)=1$，求该系统在下列激励下的初始状态。

(1) $x(t)=2\delta(t)$；　　　　(2) $x(t)=e^{-4t}u(t)$；　　　　(3) $x(t)=tu(t)$。

4-4 LTI 连续时间系统微分方程为 $\dfrac{d^2}{dt^2}y(t)+9\dfrac{d}{dt}y(t)+14y(t)=2\dfrac{d}{dt}x(t)$，$x(t)=e^{-t}u(t)$，$y(0_-)=5$，$y'(0_-)=0$，求该系统的完全响应 $y(t)$。

4-5 某 LTI 连续时间系统，在因果信号 $x(t)$ 的激励下，其完全响应为 $y_1(t)=(2e^{-2t}+4e^{-3t})u(t)$；起始条件不变，当激励为 $3x(t)$ 时，其完全响应为 $y_2(t)=12e^{-3t}u(t)$。试求若起始条件不变，该系统在激励为 $-2x(t)$ 时的零输入响应、零状态响应和完全响应。

4-6 LTI 连续时间系统微分方程为 $\dfrac{d^2}{dt^2}y(t)+6\dfrac{d}{dt}y(t)+5y(t)=3\dfrac{d}{dt}x(t)+x(t)$，$y(0_-)=3$，$y'(0_-)=1$，求该系统在如下不同激励下的零输入响应、零状态响应和完全响应。

(1) $x(t)=u(t)$；　　　　(2) $x(t)=e^{-2t}u(t)$；　　　　(3) $x(t)=2u(t-2)+4e^{-2t}u(t)$。

4-7 LTI 连续时间系统的信号模拟图如题 4-7 图所示，已知 $y(0_-)=2$，$y'(0_-)=4$，$x(t)=[e^{-2t}+\sin(t)]u(t)$，计算该系统的零输入响应、零状态响应和完全响应，并指出暂态响应、稳态响应、自由响应和强迫响应。

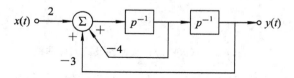

题 4-7 图

4-8 用经典法求解下列差分方程的完全解。

(1) $y(n)+3y(n-1)=4u(n)$，$y(0)=3$；

(2) $y(n)+6y(n-1)+5y(n-2)=21\times2^nu(n)$，$y(0)=3$，$y(1)=1$；

(3) $y(n)+3y(n-1)+2y(n-2)=36nu(n-1)$，$y(0)=10$，$y(-1)=0$；

(4) $y(n)-2y(n-1)+2y(n-2)=\cos\left(\dfrac{\pi}{2}n\right)u(n)$，$y(0)=1$，$y(1)=2$。

4-9 LTI 离散时间系统的差分方程为 $y(n)+\dfrac{3}{2}y(n-1)+\dfrac{1}{2}y(n-2)=x(n)$，$x(n)=\left(\dfrac{1}{3}\right)^nu(n)$，$y(-1)=1$，$y(-2)=3$，求该系统的零输入响应、零状态响应和完全响应，并说明其稳态响应和暂态响应。

4 - 10　三个 LTI 离散时间系统的传输算子分别为 $H_1(E)$、$H_2(E)$ 和 $H_3(E)$，若各系统的激励均为 $x(n)=\left(\dfrac{1}{2}\right)^n u(n)$，起始状态均为 $y(-1)=-4$，$y(-2)=3$，求各系统的零输入响应、零状态响应和完全响应。

(1) $H_1(E)=\dfrac{E^2}{E^2+3E+2}$；

(2) $H_2(E)=\dfrac{2E}{E^2+3E+2}$；

(3) $H_3(E)=\dfrac{3E^2+2E}{E^2+3E+2}$。

4 - 11　计算下列连续时间系统的冲激响应和阶跃响应。

(1) $\dfrac{\mathrm{d}}{\mathrm{d}t}y(t)+3y(t)=x(t)$；

(2) $\dfrac{\mathrm{d}}{\mathrm{d}t}y(t)+5y(t)=\dfrac{\mathrm{d}}{\mathrm{d}t}x(t)+2x(t)$；

(3) $\dfrac{\mathrm{d}^2}{\mathrm{d}t^2}y(t)+2\dfrac{\mathrm{d}}{\mathrm{d}t}y(t)+y(t)=\dfrac{\mathrm{d}}{\mathrm{d}t}x(t)$；

(4) $\dfrac{\mathrm{d}^2}{\mathrm{d}t^2}y(t)+6\dfrac{\mathrm{d}}{\mathrm{d}t}y(t)+5y(t)=\dfrac{\mathrm{d}^2}{\mathrm{d}t^2}x(t)+x(t)$。

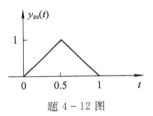

题 4 - 12 图

4 - 12　已知 LTI 连续时间因果系统，当激励信号为 $x(t)=e^{-3t}u(t)$ 时，零状态响应如题 4 - 12 图所示，求该系统的冲激响应波形。

4 - 13　求解下列离散时间系统的单位样值响应。

(1) $y(n)=x(n-1)$；

(2) $y(n)+3y(n-1)+2y(n-2)=3x(n)+2x(n-1)$。

4 - 14　题 4 - 14 图所示的复合系统由多个子系统构成，各个子系统的冲激响应分别为 $h_1(t)=\delta(t)$，$h_2(t)=2u(t)$，$h_3(t)=e^{-3t}u(t)$，求各复合系统的单位冲激响应。

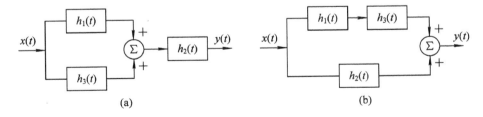

题 4 - 14 图

4 - 15　已知一阶 LTI 因果系统的阶跃响应为 $g(t)=(2-2e^{-3t})u(t)$，在激励为 $x(t)=e^{-2t}u(t)$ 时，系统的完全响应为 $y(t)=(6e^{-2t}+e^{-3t})u(t)$，试求：

(1) 该系统的零输入响应和零状态响应；

(2) 该系统的起始状态 $y(0_-)$。

4 – 16　用定义式计算下列卷积。

(1) $e^{-2t}u(t) * u(t)$；　　　(2) $e^{-t}u(t) * e^{-t}u(t)$；　　　(3) $\sin(2t)u(t) * e^{-t}u(t)$。

4 – 17　已知 $f_1(t) = e^{-2t}u(t)$，$f_2(t) = u(t)$，试用图解法计算卷积 $f(t) = f_1(t) * f_2(t)$。

4 – 18　用卷积的性质计算下列卷积。

(1) $u(t) * u(t)$；　　　　　　　　　　(2) $e^{-t}u(t) * u(t)$；

(3) $e^{-t}u(t) * [u(t-2) + 2u(t-4)]$；　　(4) $[e^{-t}u(t) * u(t)]'$。

4 – 19　计算下列各小题中的因果信号 $f(t)$：

(1) $f(t) * u(t) = e^{-3t}u(t)$；

(2) $f(t) * [u(t) - u(t-2)] = (1 - e^{-t})u(t) - (1 - e^{-(t-2)})u(t-2)$。

4 – 20　某 LTI 因果系统，在因果信号 $x_1(t) = e^{-2t}u(t)$ 激励下零状态响应为 $y_1(t)$，在 $x_2(t) = \int_{-\infty}^{t} x_1(\tau)\mathrm{d}\tau$ 激励下，系统的零状态响应为 $y_2(t) = -\dfrac{1}{2}y_1(t) + e^{-t}u(t)$，求 $y_1(t)$ 和 $y_2(t)$。

4 – 21　电路如题 4 – 21 图所示，动态元件无起始储能。

(1) 求该电路的冲激响应；

(2) 激励电压为 $u_i(t) = e^{-t}u(t)$ V，求响应电流 $i_o(t)$。

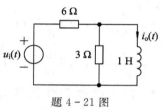

题 4 – 21 图

4 – 22　已知 $f(t) = f_1(t) * f_2(t)$，且 $a > 0$，证明 $f(at) = a f_1(at) * f_2(at)$。

4 – 23　如题 4 – 23 图所示的电路中，在 $t = 0_-$ 时刻电路已达稳态，开关在 $t = 0$ 时由位置 1 拨到位置 2。

(1) 求 $t > 0$ 时电路的响应 $u_C(t)$。

(2) 若开关在 $t = 2$ 时由位置 2 拨回位置 1，求 $t > 0$ 时电路的响应 $u_C(t)$。

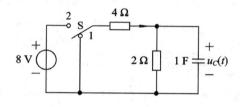

题 4 – 23 图

4 – 24　LTI 因果系统中，激励与响应的关系可以描述为

$$\frac{\mathrm{d}}{\mathrm{d}t}y(t) + 3y(t) = x(t) * f(t) + 2x(t)$$

其中，$f(t) = e^{-2t}u(t)$，求该系统的冲激响应。

4 – 25　题 4 – 25 图所示复合系统中，各子系统的单位样值响应分别为 $h_1(n) = u(n)$，$h_2(n) = \delta(n-2)$，求各复合系统的单位样值响应。

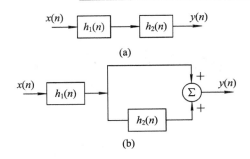

题 4 - 25 图

4 - 26　利用卷积和定义式计算下列各题：

(1) $u(n) * u(n)$；

(2) $2^n u(n) * 3^n u(n)$；

(3) $\left(\dfrac{1}{2}\right)^n u(n) * \delta(n-1)$；

(4) $u(n) * [u(n) - u(n-4)]$。

4 - 27　利用图解法计算卷积和 $u(n) * [u(n) - u(n-4)]$ 并画出波形。

4 - 28　利用卷积和的性质计算下列卷积和：

(1) $u(n) * [u(n) - u(n-4)]$；

(2) $\left(\dfrac{1}{2}\right)^n u(n) * \delta(n-1)$。

4 - 29　已知 $2^n u(n) * 3^n u(n) = (3^{n+1} - 2^{n+1}) u(n)$，利用卷积和的性质计算 $2^n u(n) * 3^n u(n-2)$。

4 - 30　利用竖式乘法计算下列卷积和。

(1) $\{1 \quad -2 \quad 3 \quad 4\}_{-2} * \{-5 \quad 0 \quad 2\}_3$；

(2) $[\delta(n+1) + 2\delta(n-1)] * [2\delta(n) - \delta(n-1) + \delta(n-2)]$；

(3) $2^n [u(n) - u(n-3)] * [u(n) - u(n-2)]$。

4 - 31　LTI 离散时间系统的差分方程为 $y(n) + 0.2 y(n-1) = x(n) + x(n-1)$。

(1) 求该系统的单位样值响应；

(2) 求该系统在激励为 $x(n) = (0.5)^n u(n)$ 时的零状态响应。

第5章　连续时间系统的傅里叶分析

5.1　信号的正交函数分解

为了方便分析和解决问题，往往要将输入系统的信号分解为容易求得响应的形式。第2章介绍了信号可分解成奇分量和偶分量，也可分解成脉冲分量。而把信号分解为冲激信号和的形式，即任意输入信号分解为一系列冲激函数，是信号处理的根本。由此可得出，系统的零状态响应是输入信号与系统的单位冲激响应的卷积。

不同的信号随时间变化的波形千差万别，本章将换一个角度分析信号的分解，期望在千变万化的时域波形中找出不变的成分。

首先来看一个乐谱。图 5.1-1 是耳熟能详的儿歌《两只老虎》的简谱，其中只有 7 个音符，1(do)，2(re)，3(mi)，4(fa)，5(so)，6(la)，5(so)这 7 个音符编排成了这首儿歌。《两只老虎》音乐随时间变化的曲线见图 5.1-2，它看起来杂乱无章，而乐谱却一目了然。

图 5.1-1 《两只老虎》简谱

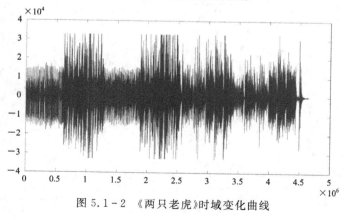

图 5.1-2 《两只老虎》时域变化曲线

音乐作品有不同的曲风，但所有的音乐都是由一些基本的音高组合而成的。自从有了电子乐器，人们更加清晰地认识到这些音高与频率的对应关系，如表 5.1-1 所示。因为电子乐器的发音体是由若干电子元件组成的振荡器，振荡器的输出通过电压放大，不同的频率变化产生出不同的音频信号，再进行功率放大，由扬声器传送出特定的声音。由此可见频率在音乐中的重要作用。

表 5.1-1　音高频率对应表

音高	1·	2·	3·	4·	5·	6·	7·	
频率/Hz	131	147	165	175	196	220	247	
音高	1	2	3	4	5	6	7	i
频率/Hz	262	294	330	349	392	440	494	523

再来分析一个信号叠加的例子。式(5.1-1)的信号 $y(t)$ 是由两个不同频率、不同振幅的正弦信号叠加而成的：

$$y(t)=\frac{4}{\pi}\left(\sin(t)+\frac{1}{3}\sin(3t)\right) \tag{5.1-1}$$

下面这段 MATLAB 程序计算 $y(t)$ 并画出了这两个正弦信号及叠加后信号的波形，如图 5.1-3 所示。

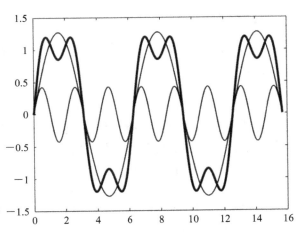

图 5.1-3　2 个正弦信号叠加图

```
t=0: 0.001 * pi: 5 * pi;          %自变量赋值
y=(4/pi) * sin(t);                %周期为 2π、振幅 4/π 的正弦信号
y1=(4/(3 * pi)) * sin(3 * t);     %周期为 2π/3、振幅 4/(3π) 的正弦信号
plot(t, y, t, y1, t, y+y1);       %画出两个频率信号和叠加信号的波形
```

按比例，将叠加的正弦信号增加到 5 个时，如式(5.1-2)所示，5 项叠加曲线就是近似的方波，如图 5.1-4 所示。

$$y(t)=\frac{4}{\pi}\left(\sin(t)+\frac{1}{3}\sin(3t)+\frac{1}{5}\sin(5t)+\frac{1}{7}\sin(7t)+\frac{1}{9}\sin(9t)\right) \tag{5.1-2}$$

随着叠加的正弦信号个数的增加，所有正弦波中上升的部分逐渐让原本缓慢增加的曲线不断变陡，而所有正弦波中下降的部分又抵消了上升到最高处还继续上升的部分使其变为水平线，一个近似的矩形就这么叠加而成了。但是要多少个正弦波叠加起来才能形成一个标准 $90°$ 角的矩形波呢？答案是无穷多个正弦信号。

不仅仅是矩形，周期三角波信号的波形也可以用正弦波叠加得到。式(5.1-3)的 $y(t)$ 同样由正弦信号组成，只是改变了系数，7 个正弦信号合成曲线如图 5.1-5 所示。可见，该合成波就是近似的三角波。

$$y(t) = \frac{2}{\pi}\left(\sin(t) - \frac{1}{2}\sin(2t) + \frac{1}{3}\sin(3t) - \frac{1}{4}\sin(4t) + \frac{1}{5}\sin(5t) - \frac{1}{6}\sin(6t) + \frac{1}{7}\sin(7t)\right)$$

$$(5.1-3)$$

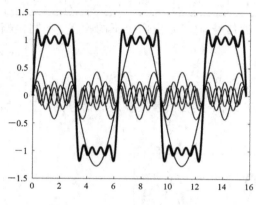
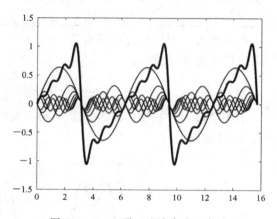

图 5.1-4　5 个正弦信号合成方波图　　　　图 5.1-5　7 项正弦波合成三角波

对于周期信号，频率(或者周期)是最主要的一个参数。然而相同频率的周期信号，在一个周期内随时间变化的波形不尽相同，能否找到固定变化规律的周期信号来表示千差万别的周期信号，成为问题的关键。上面几个例子说明正弦信号就是固定变化规律的周期信号，合成方波和三角波的例子有以下共同的特点：

(1) 正弦信号叠加得到周期信号。

(2) 叠加的正弦信号越多，越接近理想波形(图 5.1-3、图 5.1-4 的理想波形均为是方波)。

(3) 构成周期信号的所有正弦信号的频率是叠加信号频率的整数倍。

(4) 改变正弦信号的振幅可以得到不同的叠加图形。

由此能否推断出任何周期信号都可用正弦函数来表示呢？答案是肯定的。

上述分析思路来源于傅里叶，傅里叶分析方法的建立有过一段漫长的历史，涉及很多人的工作和很多不同物理现象的研究。

傅里叶(1768 — 1830)是一位法国数学家和物理学家的名字，英语原名是 Jean Baptiste Joseph Fourier。傅里叶早在 1807 年就写成了关于热传导的论文《热的传播理论》，向巴黎科学院呈交，但经拉格朗日、拉普拉斯和勒让德审阅后被科学院拒绝，1811 年又提交了经修改的论文，该文获科学院大奖，却未正式发表。傅里叶在论文中推导出著名的热传导方程，并在求解该方程时发现解函数可以由三角函数构成的级数形式表示，从而提出任一函数都可以展成三角函数的无穷级数的理论。傅里叶的论文一直未正式发表的原因是来自著名的数学家拉格朗日(Joseph Louis Lagrange，1736 — 1813)的坚决反对，拉格朗日坚持认为傅里叶的方法无法表示带有棱角的信号，如在方波中出现非连续变化斜率。法国科学学会屈服于拉格朗日的威望，拒绝发表傅里叶的论文，直到拉格朗日死后的 1822 年该论文才被发表出来。

拉格朗日的反对是有理由的：正弦曲线无法合成一个带有棱角的信号。但是，我们可以用正弦曲线来非常逼近地表示它，逼近到两种表示方法不存在能量差别，基于此，傅里叶的分析是成立的。

基本周期信号有很多，选用正弦信号的原因是：正余弦函数拥有其他周期信号所不具有的保真性质。一个正弦信号作用到线性时不变系统时的输出仍是正弦信号，只有幅度和相位可能发生变化，其频率和波的形状不变。这就是正弦曲线的保真性，且只有正弦曲线才拥有这样的性质。

以上初步确定可以用正弦信号来表示周期信号，下面导出更普遍的表达式。

正交：定义在$(t_1，t_2)$区间内的两个函数 $\varphi_1(t)$ 和 $\varphi_2(t)$，若满足

$$\int_{t_1}^{t_2} \varphi_1(t)\varphi_2(t)\mathrm{d}t = 0$$

则称 $\varphi_1(t)$ 和 $\varphi_2(t)$ 在区间$(t_1，t_2)$内正交。

正交函数集：如有 n 个函数 $\varphi_1(t)$，$\varphi_2(t)$，$\cdots$，$\varphi_n(t)$ 构成一个函数集，当这些函数在区间$(t_1，t_2)$内满足

$$\int_{t_1}^{t_2} \varphi_i(t)\varphi_j(t)\mathrm{d}t = \begin{cases} 0 & (i \neq j) \\ K_i \neq 0 & (i = j) \end{cases} \tag{5.1-4}$$

时，称此函数集为在区间$(t_1，t_2)$内的正交函数集。

完备正交函数集：如果在正交函数集$\{\varphi_1(t)，\varphi_2(t)，\cdots，\varphi_n(t)\}$之外，不存在函数 $\phi(t)$ 满足等式

$$\int_{t_1}^{t_2} \phi(t)\varphi_i(t)\mathrm{d}t = 0 \quad (i = 1，2，\cdots，n)$$

则此函数集称为完备的正交函数集。

三角函数集 $\{1，\cos(\omega_1 t)，\sin(\omega_1 t)，\cos(2\omega_1 t)，\sin(2\omega_1 t)，\cdots，\cos(n\omega_1 t)，\sin(n\omega_1 t)，\cdots\}$ 在区间$(t_0，t_0+T_1)$内构成正交函数集，而且是完备的正交函数集(其中 $T_1 = 2\pi/\omega_1$)：

$$\int_{t_0}^{t_0+T_1} \cos(m\omega_1 t)\cos(n\omega_1 t)\mathrm{d}t = \begin{cases} 0 & (m \neq n) \\ \dfrac{T_1}{2} & (m = n \neq 0) \\ T_1 & (m = n = 0) \end{cases} \tag{5.1-5}$$

$$\int_{t_0}^{t_0+T_1} \sin(m\omega_1 t)\sin(n\omega_1 t)\mathrm{d}t = \begin{cases} 0 & (m \neq n) \\ \dfrac{T_1}{2} & (m = n \neq 0) \end{cases} \tag{5.1-6}$$

$$\int_{t_0}^{t_0+T_1} \sin(m\omega_1 t)\cos(n\omega_1 t)\mathrm{d}t = 0 \tag{5.1-7}$$

三角函数集是实际工程中最常用的正交函数集。

因此，周期为 T_1、角频率为 ω_1 的周期信号 $f(t)$ 可以用三角函数集里的函数来线性表示：

$$f(t) = a_0 + \sum_{n=1}^{\infty} \{a_n\cos(n\omega_1 t) + b_n\sin(n\omega_1 t)\}$$

其中，a_0、a_n、b_n 是线性表示的系数，每个周期信号对应各自不同的系数；ω_1 是周期信号 $f(t)$ 的角频率，本书后面章节将角频率和频率统称为频率。

完备三角函数集里有无穷多个函数，如果只取 m 个函数线性表示来近似 $f(t)$，则实际函数与近似表达式两者之间的均方误差为

$$\overline{\varepsilon^2(t)} = \frac{1}{T_1} \int_{t_0}^{t_0+T_1} \left\{ f(t) - a_0 - \sum_{n=1}^{m} [a_n \cos(n\omega_1 t) + b_n \sin(n\omega_1 t)] \right\}^2 \mathrm{d}t \quad (5.1-8)$$

该误差越小，近似程度越好。当均方误差取最小值时，求得的系数 a_n、b_n 即为最佳。以 a_n 为例，均方误差对 a_n 的偏微分等于 0 时误差最小，因此有

$$\frac{\partial \overline{\varepsilon^2(t)}}{\partial a_n} = 0 \quad (n = 0, 1, \cdots, m) \quad (5.1-9)$$

根据正交函数集的特点，函数集里不同的函数相乘的积分均为零，而且对某个确定的 n 来说，所有不包含 a_n 的各项，求导也等于零，只有两项不等于零，可以写为

$$\frac{\partial}{\partial a_n} \left\{ \int_{t_0}^{t_0+T_1} [-2f(t)a_n \cos(n\omega_1 t) + (a_n \cos(n\omega_1 t))^2] \mathrm{d}t \right\} = 0$$

$$\int_{t_0}^{t_0+T_1} [-2f(t)\cos(n\omega_1 t) + 2a_n \cos^2(n\omega_1 t)] \mathrm{d}t = 0$$

$$a_n = \frac{\int_{t_0}^{t_0+T_1} f(t)\cos(n\omega_1 t)\mathrm{d}t}{\int_{t_0}^{t_0+T_1} \cos^2(n\omega_1 t)\mathrm{d}t} = \frac{2}{T_1} \int_{t_0}^{t_0+T_1} f(t)\cos(n\omega_1 t)\mathrm{d}t \quad (5.1-10)$$

同理，根据

$$\frac{\partial \overline{\varepsilon^2(t)}}{\partial b_n} = 0$$

计算得出

$$b_n = \frac{\int_{t_0}^{t_0+T_1} f(t)\sin(n\omega_1 t)\mathrm{d}t}{\int_{t_0}^{t_0+T_1} \sin^2(n\omega_1 t)\mathrm{d}t} = \frac{2}{T_1} \int_{t_0}^{t_0+T_1} f(t)\sin(n\omega_1 t)\mathrm{d}t \quad (5.1-11)$$

a_0 是周期信号的直流分量，即周期信号的平均值：

$$a_0 = \frac{1}{T_1} \int_{t_0}^{t_0+T_1} f(t)\mathrm{d}t \quad (5.1-12)$$

5.2 周期信号的傅里叶级数

5.2.1 傅里叶级数的三角形式

周期信号用完备的正交三角函数集里的三角函数线性表示时，称为傅里叶级数展开。

对于任意一个满足狄里赫利条件的周期为 T_1 的信号 $f(t)$，都可以用三角函数集里的函数线性表示。实际工程中遇到的周期信号大都满足这个条件，所以后面不再提此条件。

狄里赫利(Dirichlet)条件如下：

（1）在一个周期内，如果有间断点存在，则间断点的数目有限。

（2）在一个周期内，极大值和极小值的数目有限。

（3）在一个周期内，信号是绝对可积的。

因此，满足狄里赫利条件的 $f(t)$ 可以表示为

$$f(t) = a_0 + \sum_{n=1}^{\infty} \left[a_n \cos(n\omega_1 t) + b_n \sin(n\omega_1 t) \right] \tag{5.2-1}$$

$$a_0 = \frac{1}{T_1} \int_{T_1} f(t) \, dt \tag{5.2-2}$$

$$a_n = \frac{2}{T_1} \int_{T_1} f(t) \cos(n\omega_1 t) \, dt \quad (n = 1, 2, \cdots) \tag{5.2-3}$$

$$b_n = \frac{2}{T_1} \int_{T_1} f(t) \sin(n\omega_1 t) \, dt \quad (n = 1, 2, \cdots) \tag{5.2-4}$$

1. 傅里叶级数展开的含义

不同周期信号的傅里叶级数展开拥有相同的形式，即都是直流和各个频率交流信号的线性表示，区别在于线性表示的系数，取不同的 a_n、b_n 得到不同的周期信号，系数与周期信号一一对应。例如，5.1 节介绍的乐谱其组成单元都是简单的音高，不同的组合和不同的时长节拍构成各种美妙的乐曲。

2. 傅里叶分解的合理性

（1）对于一个不存在间断点的周期信号而言，傅里叶级数收敛，并且级数在每一点展开的值与原信号值完全一致。

（2）对于含有有限间断点的周期信号，除了不连续点之外，其他各点的函数值与傅里叶级数展开完全一致。而不连续点处，傅里叶级数收敛于不连续点的平均值。虽然在不连续点处傅里叶级数展开与原函数值不相等，但考虑整个周期信号，原信号与傅里叶级数展开能量上没有差别。

3. 吉伯斯现象（Gibbs Phenomenon，也称吉布斯效应）

将具有不连续点的周期函数（如矩形脉冲）进行傅里叶级数展开时，间断点附近的波形总是不可避免地存在起伏振荡从而形成过冲。随着级数所取函数项数的增多，合成波形中出现的过冲点越来越靠近原信号的不连续点。当选取的函数项数趋于无穷时，该过冲值趋于一个常数，大约等于总跳变值的 9%，这种现象称为吉伯斯现象，如图 5.2-1 所示。

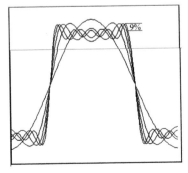

图 5.2-1　吉伯斯现象

傅里叶级数展开式（5.2－1）中既有同频率正弦函数 $\sin(n\omega_1 t)$ 项，又有余弦函数 $\cos(n\omega_1 t)$ 项，为便于后续分析画图，利用三角函数运算进行合并：

$$f(t) = a_0 + \sum_{n=1}^{\infty} \sqrt{a_n^2 + b_n^2}\left(\frac{a_n}{\sqrt{a_n^2 + b_n^2}}\cos(n\omega_1 t) + \frac{b_n}{\sqrt{a_n^2 + b_n^2}}\sin(n\omega_1 t)\right) \quad (5.2－5)$$

令 $\dfrac{a_n}{\sqrt{a_n^2 + b_n^2}} = \cos\varphi_n$，$\dfrac{b_n}{\sqrt{a_n^2 + b_n^2}} = -\sin\varphi_n$，$c_n = \sqrt{a_n^2 + b_n^2}$，$c_0 = a_0$，则

$$f(t) = c_0 + \sum_{n=1}^{\infty} c_n\{\cos\varphi_n \cos(n\omega_1 t) - \sin\varphi_n \sin(n\omega_1 t)\}$$

$$f(t) = c_0 + \sum_{n=1}^{\infty} c_n \cos(n\omega_1 t + \varphi_n) \quad\quad (5.2－6)$$

其中，$\varphi_n = -\arctan\left(\dfrac{b_n}{a_n}\right)$。

由式（5.2－6）可见，任何周期信号可分解为直流 c_0 及许多正弦函数 $\sum\limits_{n=1}^{\infty} c_n \cos(n\omega_1 t + \varphi_n)$，这些正弦函数的频率是 $f(t)$ 频率的整数倍。不同的 c_n、φ_n 表示不同的周期信号。式（5.2－1）和式（5.2－6）称为傅里叶级数展开的三角形式。

【例 5.2－1】 求图 5.2－2 所示的周期锯齿信号的三角形式傅里叶级数。

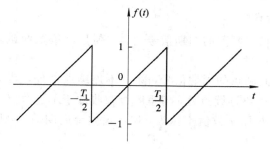

图 5.2－2 周期锯齿信号

解 $\quad a_n = \dfrac{2}{T_1}\displaystyle\int_{-\frac{T_1}{2}}^{\frac{T_1}{2}} f(t)\cos(n\omega_1 t)\,\mathrm{d}t = 0 \quad (n = 1, 2, \cdots)$

因周期锯齿信号是奇函数，余弦是偶函数，二者相乘是奇函数，奇函数在对称区间内积分等于零。

$$b_n = \frac{2}{T_1}\int_{-\frac{T_1}{2}}^{\frac{T_1}{2}} f(t)\sin(n\omega_1 t)\,\mathrm{d}t = \frac{4}{T_1}\int_{0}^{\frac{T_1}{2}} f(t)\sin(n\omega_1 t)\,\mathrm{d}t \quad (n = 1, 2, \cdots)$$

$$b_n = \frac{4}{T_1}\int_{0}^{\frac{T_1}{2}} \frac{2t}{T_1}\sin(n\omega_1 t)\,\mathrm{d}t$$

利用分部积分求该积分：

$$b_n = \frac{8}{T_1^2}\int_{0}^{\frac{T_1}{2}} t\sin(n\omega_1 t)\,\mathrm{d}t = \frac{8}{T_1^2}\int_{0}^{\frac{T_1}{2}} t \cdot \frac{-1}{n\omega_1} \cdot \mathrm{d}[\cos(n\omega_1 t)]$$

$$= \frac{-8}{T_1^2 n\omega_1}\left\{t\cos(n\omega_1 t)\,\Big|_{0}^{\frac{T_1}{2}} - \int_{0}^{\frac{T_1}{2}} \cos(n\omega_1 t)\,\mathrm{d}t\right\} = (-1)^{n+1}\frac{2}{n\pi}$$

因此，得到周期锯齿信号的傅里叶级数展开式为

$$f(t) = \sum_{n=1}^{\infty} (-1)^{n+1} \frac{2}{n\pi} \sin(n\omega_1 t)$$

$$= \frac{2}{\pi} \left\{ \sin(\omega_1 t) - \frac{1}{2}\sin(2\omega_1 t) + \frac{1}{3}\sin(3\omega_1 t) - \frac{1}{4}\sin(4\omega_1 t) + \cdots \right\}$$

5.1 节中，式(5.1-3)正是当 $\omega_1 = 1$ 时此傅里叶级数展开的前 7 项之和。

5.2.2　傅里叶级数的指数形式

傅里叶级数还可以展开成复指数形式。

利用欧拉公式，将式(5.2-1)中的正弦、余弦函数用复指数函数表示：

$$\cos(n\omega_1 t) = \frac{1}{2}(e^{jn\omega_1 t} + e^{-jn\omega_1 t})$$

$$\sin(n\omega_1 t) = \frac{1}{2j}(e^{jn\omega_1 t} - e^{-jn\omega_1 t})$$

$$f(t) = a_0 + \sum_{n=1}^{\infty} \left[\frac{a_n}{2}(e^{jn\omega_1 t} + e^{-jn\omega_1 t}) + \frac{b_n}{2j}(e^{jn\omega_1 t} - e^{-jn\omega_1 t}) \right]$$

$$= a_0 + \sum_{n=1}^{\infty} \left(\frac{a_n - jb_n}{2} e^{jn\omega_1 t} + \frac{a_n + jb_n}{2} e^{-jn\omega_1 t} \right)$$

$$= a_0 + \sum_{n=1}^{\infty} \left(\frac{a_n - jb_n}{2} e^{jn\omega_1 t} \right) + \sum_{n=1}^{\infty} \left(\frac{a_n + jb_n}{2} e^{-jn\omega_1 t} \right)$$

令

$$F_0 = a_0$$

$$F_n = \frac{a_n - jb_n}{2}$$

由式(5.2-3)和式(5.2-4)显而易见：

$$a_{-n} = a_n, \quad b_{-n} = -b_n$$

因而

$$F_{-n} = \frac{a_{-n} - jb_{-n}}{2} = \frac{a_n + jb_n}{2}$$

$$f(t) = F_0 + \sum_{n=1}^{\infty} F_n e^{jn\omega_1 t} + \sum_{n=1}^{\infty} F_{-n} e^{-jn\omega_1 t} = F_0 + \sum_{n=1}^{\infty} F_n e^{jn\omega_1 t} + \sum_{n=-1}^{-\infty} F_n e^{jn\omega_1 t}$$

$$f(t) = \sum_{n=-\infty}^{\infty} F_n e^{jn\omega_1 t} \tag{5.2-7}$$

$$F_n = \frac{a_n - jb_n}{2} = \frac{1}{T_1} \int_{T_1} f(t) \cos(n\omega_1 t) dt - j \frac{1}{T} \int_{T_1} f(t) \sin(n\omega_1 t) dt$$

$$F_n = \frac{1}{T_1} \int_{T_1} f(t) e^{-jn\omega_1 t} dt \quad (n = 0, \pm 1, \pm 2, \cdots) \tag{5.2-8}$$

指数函数集 $\{\cdots, e^{-jn\omega_1 t}, \cdots, e^{-j4\omega_1 t}, e^{-j3\omega_1 t}, e^{-j2\omega_1 t}, e^{-j\omega_1 t}, 1, e^{j\omega_1 t}, e^{j2\omega_1 t}, e^{j3\omega_1 t}, e^{j4\omega_1 t},$ $\cdots, e^{jn\omega_1 t}, \cdots\}$ 在 $(t_0, t_0 + T_1)$ 区间内是完备的正交函数集，故周期信号 $f(t)$ 可由完备正交函数集里的函数线性表示为

$$f(t) = \sum_{n=-\infty}^{\infty} F_n e^{jn\omega_1 t}$$

下面计算系数 F_n。

为了区别表达式中累加变量 n，假设求其中的一个系数 F_m。将等式右边的含有 F_m 的项保留，其他项移到等式左边：

$$f(t) - \sum_{n \neq m} F_n e^{jn\omega_1 t} = F_m e^{jm\omega_1 t}$$

等式两边同乘以 $e^{-jm\omega_1 t}$，则

$$F_m = f(t) e^{-jm\omega_1 t} - \sum_{n \neq m} F_n e^{j(n-m)\omega_1 t}$$

对等式两边求一个周期的积分：

$$\int_{T_1} F_m \, dt = \int_{T_1} f(t) e^{-jm\omega_1 t} \, dt - \sum_{n \neq m} F_n \int_{T_1} e^{j(n-m)\omega_1 t} \, dt$$

因指数函数集正交，故等式右边第二项的积分为零，则

$$T_1 F_m = \int_{T_1} f(t) e^{-jm\omega_1 t} \, dt$$

得到傅里叶级数展开的系数：

$$F_m = \frac{1}{T_1} \int_{T_1} f(t) e^{-jm\omega_1 t} \, dt$$

其他系数同理。可见，用该方法求 F_n 与利用 a_n、b_n 求 F_n 的结果是一致的。

计算傅里叶级数的系数需要求一个周期内的积分，理论上可以从任何点开始，而常用积分区间为 $(0, T_1)$ 或 $\left(-\dfrac{T_1}{2}, \dfrac{T_1}{2}\right)$。一般情况下选择后者更有利，因为奇函数在对称区间内积分为零，偶函数在对称区间内的积分是半个周期积分的 2 倍，可以简化运算。

周期信号的频谱

5.2.3 周期信号的频谱

傅里叶级数展开有三种形式，它们如式（5.2-1）、式（5.2-6）、式（5.2-7）所示。第一种形式中因为同频率的函数有正弦和余弦两项，所以实际工作中较少应用，其余两种展开式重写如下：

$$f(t) = c_0 + \sum_{n=1}^{\infty} c_n \cos(n\omega_1 t + \varphi_n) = \sum_{n=-\infty}^{\infty} F_n e^{jn\omega_1 t}$$

级数展开式中包含不同频率的正弦信号，称它们为 $f(t)$ 的谐波。

基波：傅里叶级数展开式中频率等于原信号频率 ω_1 的正弦函数分量。

谐波：傅里叶级数展开式中频率等于原信号频率整数倍（$n\omega_1$）的正弦函数分量，通常称这些函数为 $f(t)$ 的谐波分量。例如，傅里叶级数展开式中频率为 $3\omega_1$ 的正弦函数为 $f(t)$ 的 3 次谐波，频率为 $n\omega_1$ 的分量称为 n 次谐波。

分析傅里叶级数展开的三角形式，等式左边 $f(t)$ 是周期 $\left(T_1 = \dfrac{2\pi}{\omega_1}\right)$ 信号，关注信号随时间 t 变化的规律，等式右边无穷多个周期信号相加，它们是直流、基波和各次谐波，关注点转移到了频率 $n\omega_1$ 上。

对于式(5.2-9)所示的一般正弦信号(正弦和余弦的统称),已知信号的频率 ω、振幅 A 和初相位 φ 就可确定该正弦信号,频率、振幅和初相位称为正弦信号的三要素,此时弱化了时间变量 t。

$$A\cos(\omega t + \varphi) \tag{5.2-9}$$

正弦信号三要素之间没有关联,即振幅、相位与频率的大小无关联;而傅里叶级数展开式中的正弦信号为

$$c_n\cos(n\omega_1 t + \varphi_n) \tag{5.2-10}$$

三要素有共同的变量 n。

一个已知的非正弦周期信号,傅里叶级数展开的系数与该周期信号一一对应,其中的直流、基波和各次谐波的振幅和相位是确定的。用函数形式描述它们之间的关系比较抽象、不直观,如果把不同谐波信号的振幅对频率的关系绘制成图,便可清楚而直观地看出各频率分量的相对大小,这种图称为信号的幅度频率谱,简称幅度谱。类似地,不同频率信号的相位与频率的关系也可绘制成图,称为相位频谱。

【例 5.2-2】　已知傅里叶级数展开的三角形式

$$f(t) = 1 + 3\cos(2t) + 4\sin(2t) + \cos(4t + 0.25\pi)$$

求傅里叶级数展开的指数形式,并画出频谱图。

解　该信号的周期 $T_1 = \pi$,基波频率 $\omega_1 = 2$。将同频率的正弦和余弦化成有初相位的余弦:

$$f(t) = 1 + 5\cos(2t - 0.295\pi) + \cos(4t + 0.25\pi)$$

利用欧拉公式将余弦信号化成复指数:

$$f(t) = 1 + \frac{5}{2}(e^{j(2t-0.295\pi)} + e^{-j(2t-0.295\pi)}) + \frac{1}{2}(e^{j(4t+0.25\pi)} + e^{-j(4t+0.25\pi)})$$

$$= 1 + \frac{5}{2}e^{j2t}e^{-j0.295\pi} + \frac{5}{2}e^{-j2t}e^{j0.295\pi} + \frac{1}{2}e^{j4t}e^{j0.25\pi} + \frac{1}{2}e^{-j4t}e^{-j0.25\pi}$$

三角形式傅里叶级数展开的频率、幅度和相位关系见表 5.2-1,幅频特性和相频特性如图 5.2-3 所示。

表 5.2-1　例 5.2-2 三角形式傅里叶级数各频率对应幅度和相位

频率 ω	幅度 c_n	相位 φ_n	备 注
0	1	0	直流
2	5	-0.295π	基波
4	1	0.25π	2 次谐波

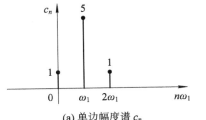

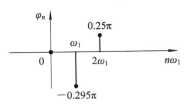

(a) 单边幅度谱 c_n　　　　　(b) 单边相位谱 φ_n

图 5.2-3　周期信号傅里叶级数展开三角形式频谱

指数形式傅里叶级数展开的频率、幅度和相位关系见表 5.2-2，幅频特性和相频特性如图 5.2-4 所示。

表 5.2-2 例 5.2-2 指数形式傅里叶级数各频率对应幅度和相位

频率 ω	幅度 $|F_n|$	相位 $\arg(F_n)$	备 注
-4	$1/2$	-0.25π	负频率的幅度与对应正频率的幅度
-2	$5/2$	0.295π	相同，相位与正频率的相反
0	1	0	
2	$5/2$	-0.295π	指数形式的幅度是对应三角形式幅
4	$1/2$	0.25π	度的 $1/2$，相位同三角形式

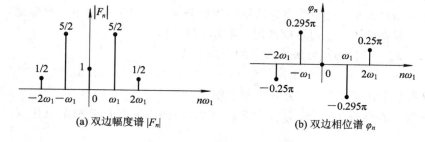

(a) 双边幅度谱 $|F_n|$　　　　(b) 双边相位谱 φ_n

图 5.2-4　周期信号傅里叶级数展开指数形式频谱

从该例可以看出，周期信号频谱具有如下特性：

(1) 离散性：不管幅度谱还是相位谱，只在 $n\omega_1$ 处有谱线，n 是整数，所以谱线是离散的。

(2) 谐波性：周期信号由很多正弦信号构成，这些正弦信号的频率是基波的整数倍。

(3) 由傅里叶级数的三角形式绘制的频谱图只有正频率，称为单边频谱；而指数形式绘制的频谱图有正频率和负频率，称为双边频谱。

频率是单位时间内完成周期性变化的次数，是描述周期运动频繁程度的量，应该是一个非负的实数。在傅里叶级数的指数形式中出现了负频率，对于初学者，可以先将负频率简单理解为数学描述方法，由欧拉公式可见，一个实际的正弦信号由正频率和负频率构成，并没有明确的实际物理意义；也可理解为一个向量的端点以角频率 ω 逆时针方向旋转的频率为正，那么向量顺时针方向旋转的频率为负。

综上所述，周期信号的傅里叶级数的表示有两种方式：一是函数表达式，包括三角形式和指数形式；二是频谱图，包括单边频谱和双边频谱。

周期信号傅里叶级数的系数求解运算繁琐，可借助 MATLAB 程序完成计算和绘制频谱图。已知

$$f(t) = \sum_{n=-\infty}^{\infty} F_n e^{jn\omega_1 t}$$

$$F_n = \frac{1}{T_1} \int_{T_1} f(t) e^{-jn\omega_1 t} dt$$

$f(t)$ 为连续周期信号，F_n 为离散非周期信号。

MATLAB 编程中要把连续信号离散化，变换方法为：将从 0 开始的一个周期内的连续时间信号离散化为 N 项序列，离散步长选取要足够小，plot 函数可画出该周期内的连续函数波形图。利用 MATLAB 函数 fft(x) 计算频谱。

已知 $f_1(t)$ 和 $f_2(t)$ 分别为在 $[-1,1]$ 区间内的矩形脉冲和三角脉冲，周期为 4，如图 5.2-5(a)、(b) 所示，求 $f_1(t)$ 和 $f_2(t)$ 对应的频谱，并分别画出对应的图形。

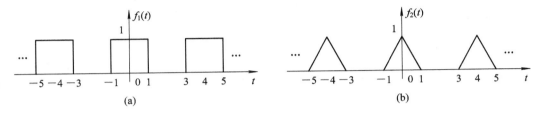

图 5.2-5　已知信号

解　MATLAB 程序为

```
t=[0：0.01：3.99]；N=400；%设置时间及离散点数
u0=(t>=0)；u1=(t>=1)；u3=(t>=3)；
f1=u0-u1+u3；f2=(1-t).*(u0-u1)+(t-3).*u3；%定义 f1 和 f2 函数
F1=fft(f1/N)；F2=fft(f2/N)；%求 f1 和 f2 的频谱
subplot(2,2,1)，plot(t,f1)；axis([0,4,-0.2,1.2])；ylabel('f1')；
subplot(2,2,2)，plot(t,f2)；axis([0,4,-0.2,1.2])；ylabel('f2')；%画时域连续波形
n=[0：399]；
subplot(2,2,3)，stem(n,F1)；axis([0,10,-0.5,0.5])；ylabel('F1')；
subplot(2,2,4)，stem(n,F2)；axis([0,10,-0.3,0.3])；ylabel('F2')；%画频域离散谱
```

执行结果如图 5.2-6 所示。

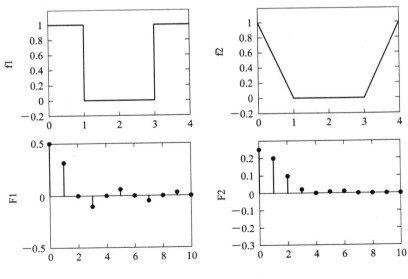

图 5.2-6　执行结果

5.2.4　傅里叶级数的性质

信号的时域表示和频域表示——对应，时域运算在频域的表现体现了傅里叶级数的性质。表5.2-3列出了连续周期信号傅里叶级数的常用性质。下面只对表5.2-3中的帕斯瓦尔定理进行介绍。

表 5.2 - 3　连续周期信号傅里叶级数的常用性质

性质	周期信号	傅里叶级数的系数	备　　注
唯一性	$f(t)$ 周期为 T_1，$\omega_1 = 2\pi/T_1$	a_n，b_n，F_n	余弦系数，正弦系数，指数系数
线性	$K_1 f_1(t) + K_2 f_2(t)$	$K_1 F_{1n} + K_2 F_{2n}$	周期信号的线性表示，系数也成线性
时移	$f(t - t_0)$	$F_n \mathrm{e}^{-jn\omega_1 t_0}$	
时间反转	$f(-t)$	F_{-n}	
尺度变换	$f(at)$	F_n	只是周期变化为 T/a
微分特性	$\dfrac{\mathrm{d}}{\mathrm{d}t} f(t)$	$jn\omega_1 F_n$	
积分特性	$\displaystyle\int_{-\infty}^{t} f(\tau)\mathrm{d}\tau$	$\dfrac{F_n}{jn\omega_1}$	直流分量为 0 时适用
对称性	$f(t)$ 为实信号	$F_{-n} = F_n^{*}$ $\|F_{-n}\| = \|F_n\|$ $\arg(F_{-n}) = -\arg(F_n)$	$-n$ 时的系数是 n 系数的共轭
	$f(t)$ 为实偶信号	$b_n = 0$，F_n 实且偶	级数三角形式展开式只有余弦项
	$f(t)$ 为实奇信号	$a_n = 0$，F_n 纯虚且奇	级数三角形式展开式只有正弦项
	$f(t)$ 为实奇谐信号	$a_n = b_n = F_n = 0$，n 偶数	级数展开式中只有奇次谐波
帕斯瓦尔定理	$\dfrac{1}{T_1}\displaystyle\int_{T_1} \|f(t)\|^2 \mathrm{d}t$	$\displaystyle\sum_{-\infty}^{\infty} \|F_n\|^2$	时域和频域的能量守恒： $\dfrac{1}{T_1}\displaystyle\int_{T_1} \|f(t)\|^2 \mathrm{d}t = \displaystyle\sum_{-\infty}^{\infty} \|F_n\|^2$

信号从能量的角度可分为能量信号和功率信号。周期信号的能量无穷大，而一个周期的能量有限，所以属于功率信号。定义周期信号 $f(t)$ 在 1 Ω 电阻上消耗的平均功率为信号的功率，不管该周期信号是电流信号还是电压信号，都满足功率的定义：

$$P = \frac{1}{T_1}\int_{T_1} |f(t)|^2 \mathrm{d}t$$

将傅里叶级数的展开式代入上式，得到

$$P = \frac{1}{T_1}\int_{T_1}\left[c_0 + \sum_{n=1}^{\infty} c_n \cos(n\omega_1 t + \varphi_n)\right]^2 \mathrm{d}t \tag{5.2-11}$$

将式(5.2-11)中的被积函数展开，展开式中具有 $\cos(n\omega_1 t + \varphi_n)$ 形式的项在一个周期内的积分等于零。由正交性可知，具有 $\cos(n\omega_1 t + \varphi_n)\cos(m\omega_1 t + \varphi_m)$ 形式的项，当

$m \neq n$ 时，其积分值为零，对于 $m = n$ 的项，积分值为 $\dfrac{T_1}{2}c_n^2$，因此，式(5.2-11)的积分为

$$P = \frac{1}{T_1}\int_{T_1}|f(t)|^2 dt = c_0^2 + \frac{1}{2}\sum_{n=1}^{\infty}c_n^2 = \sum_{-\infty}^{\infty}|F_n|^2$$

即周期信号的平均功率也可利用傅里叶级数的系数计算得到。

【例 5.2 - 3】 周期矩形脉冲信号 $f(t)$ 的波形如图 5.2 - 7 所示，周期为 T_1，脉宽为 τ，写出该信号傅里叶级数展开的三角形式和指数形式，并画出单边频谱、双边频谱。

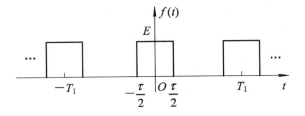

图 5.2 - 7 周期矩形波信号

解 由于 $f(t)$ 是偶函数，正弦波是奇函数，两者相乘是奇函数，奇函数在对称区间内的积分为零，因此 $b_n = 0$，即傅里叶级数展开式中没有正弦分量，只有直流和余弦分量：

$$b_n = \frac{2}{T_1}\int_{-T_1/2}^{T_1/2}f(t)\sin(n\omega_1 t)dt = 0 \quad (n = 1,\ 2,\ \cdots)$$

偶函数在对称区间的积分等于半周期积分的 2 倍：

$$a_0 = \frac{1}{T_1}\int_{-T_1/2}^{T_1/2}f(t)dt = \frac{2}{T_1}\int_0^{\tau/2}E\,dt = \frac{E\tau}{T_1}$$

$$a_n = \frac{2}{T_1}\int_{-T_1/2}^{T_1/2}f(t)\cos(n\omega_1 t)dt = \frac{4}{T_1}\int_0^{\frac{\tau}{2}}E\cos(n\omega_1 t)dt$$

$$= \frac{4E}{T_1 n\omega_1}\sin(n\omega_1 t)\Big|_0^{\frac{\tau}{2}} = \frac{4E}{T_1 n\omega_1}\sin\left(n\omega_1 \frac{\tau}{2}\right)$$

$$= \frac{2\tau E}{T_1}\cdot\frac{\sin\left(n\omega_1\frac{\tau}{2}\right)}{n\omega_1\frac{\tau}{2}} = \frac{2\tau E}{T_1}\cdot\mathrm{Sa}\left(\frac{n\omega_1\tau}{2}\right)$$

所以，该信号的傅里叶级数展开三角形式为

$$f(t) = \frac{E\tau}{T_1} + \frac{2E\tau}{T_1}\sum_{n=1}^{\infty}\mathrm{Sa}\left(\frac{n\omega_1\tau}{2}\right)\cos(n\omega_1 t)$$

若取 $E = 1$，$\tau = 2$，$T_1 = 10$，则 $\omega_1 = \pi/5$，因而有

$$f(t) = \frac{1}{5} + \frac{2}{5}\sum_{n=1}^{\infty}\mathrm{Sa}\left(\frac{n\pi}{5}\right)\cos(n\omega_1 t)$$

$$= 0.2 + 0.3742\cos(\omega_1 t) + 0.3027\cos(2\omega_1 t) + 0.2018\cos(3\omega_1 t)$$

$$+ 0.0935\cos(4\omega_1 t) + 0.0623\cos(6\omega_1 t + \pi) + \cdots$$

根据此傅里叶级数展开式可以画出幅度谱和相位谱，如图 5.2-8 所示。

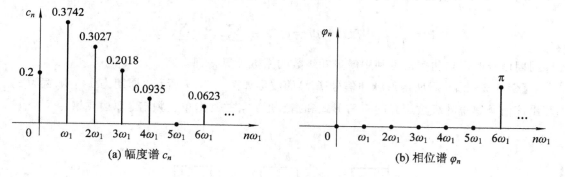

(a) 幅度谱 c_n　　　　　　　　(b) 相位谱 φ_n

图 5.2-8　单边频谱

对于相位只有 0 和 π 的情况，可将幅度谱和相位谱合二为一（见图 5.2-9），即

$$f(t) = 0.2 + 0.3742\cos(\omega_1 t) + 0.3027\cos(2\omega_1 t) + 0.2018\cos(3\omega_1 t)$$
$$+ 0.0935\cos(4\omega_1 t) - 0.0623\cos(6\omega_1 t) + \cdots$$

$$F_n = \frac{a_n - jb_n}{2} = \frac{\tau E}{T_1} \cdot \text{Sa}\left(\frac{n\omega_1\tau}{2}\right)$$

$$f(t) = \sum_{n=-\infty}^{\infty} \frac{E\tau}{T_1}\text{Sa}\left(\frac{n\omega_1\tau}{2}\right)e^{jn\omega_1 t} \tag{5.2-12}$$

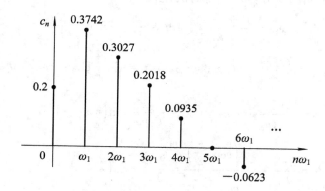

图 5.2-9　幅度谱和相位谱合二为一

同样地，若 $E=1$，$\tau=2$，$T_1=10$，$\omega_1=\pi/5$，则

$$f(t) = \frac{1}{5}\sum_{n=-\infty}^{\infty}\text{Sa}\left(\frac{n\pi}{5}\right)e^{jn\omega_1 t}$$

$$= \cdots + 0.031e^{-j\pi}e^{-j6\omega_1 t} + 0.046e^{-j4\omega_1 t} + 0.1e^{-j3\omega_1 t} + 0.151e^{-j2\omega_1 t} + 0.187e^{-j\omega_1 t}$$
$$+ 0.2 + 0.187e^{j\omega_1 t} + 0.151e^{j2\omega_1 t} + 0.1e^{j3\omega_1 t} + 0.046e^{j4\omega_1 t} + 0.031e^{j\pi}e^{j6\omega_1 t} + \cdots$$

双边频谱如图 5.2-10 所示，幅度谱和相位谱合二为一的双边频谱图 5.2-11 所示。

该信号的频谱同样具有离散性、谐波性和收敛特性。

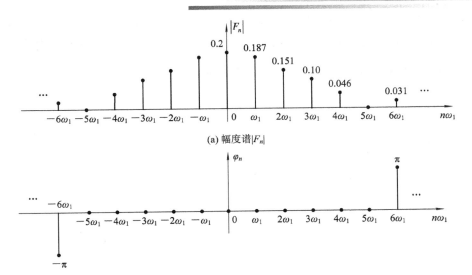

(a) 幅度谱 $|F_n|$

(b) 相位谱 φ_n

图 5.2-10 双边频谱

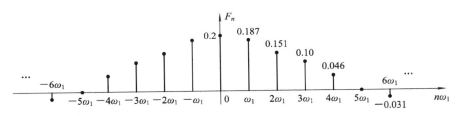

图 5.2-11 幅度谱和相位谱合二为一的双边频谱

下面验证帕斯瓦尔定理。

时域计算周期信号平均功率：

$$\frac{1}{T_1}\int_{T_1}|f(t)|^2\mathrm{d}t=\frac{1}{10}\int_{-1}^{1}1\mathrm{d}t=\frac{2}{10}\int_{0}^{1}1\mathrm{d}t=0.2$$

频域计算周期信号平均功率：

$$\sum_{-\infty}^{\infty}|F_n|^2=|F_0|^2+2\times[|F_1|^2+|F_2|^2+|F_3|^2+|F_4|^2+|F_5|^2+\cdots]$$

$$=0.2^2+2\times[0.187^2+0.151^2+0.1^2+0.046^2+0.031^2+\cdots]$$

$$=0.2$$

若忽略大于 6 次谐波的功率，则得到直流至 6 次谐波的平均功率之和：

$$\sum_{-6}^{6}|F_n|^2=0.2^2+2\times[0.187^2+0.151^2+0.1^2+0.046^2+0.031^2]$$

$$=0.181\ 694$$

前 6 次谐波的功率之和占总功率的 90.847%。从频谱图可见，5 次谐波的幅度为零，如果只计算幅值为 0 之前项的功率，即直流到 4 次谐波，则功率和占总功率的 89.886%。

信号在频域占据的最高频率与最低频率之差称为频带宽度（bandwidth）。

理论上，此信号傅里叶级数展开包含从直流至基频的无穷倍频率的谐波，该周期矩形信号的频带宽度为无穷大。而从频域计算功率可见，它的主要功率集中在第一个零点（即幅度为零处的频率）之内，在允许一定失真的条件下，可以要求通信系统只把第一个零点频率范围内的各个频率分量进行传送，而周期矩形脉冲频谱的第一个零点为 $\mathrm{Sa}\left(\dfrac{n\omega_1\tau}{2}\right)=0$ 处，即 $\dfrac{n\omega_1\tau}{2}=\pi$，$n\omega_1=\dfrac{\pi}{\tau}$。因此，定义周期矩形信号的频带宽度为

$$B_\omega=\frac{2\pi}{\tau}$$

对于一般的周期信号，通常把集中周期信号平均功率 90% 以上的谐波频率范围定义为信号的频带宽度，简称为信号带宽。

【例 5.2 - 4】 求如图 5.2 - 12(a) 所示的周期信号的傅里叶级数展开。

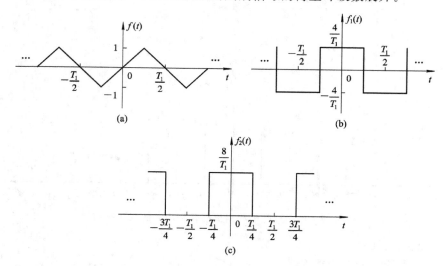

图 5.2 - 12 奇谐信号及变形波形

解 该信号满足 $f\left(t\pm\dfrac{T_1}{2}\right)=-f(t)$，即信号向左或向右平移半个周期后的波形与原信号波形关于横轴对称，具有这一特性的信号称为奇谐信号。该信号按傅里叶级数展开的系数

$$F_n=\frac{1}{T_1}\int_{-T_1/2}^{T_1/2}f(t)\mathrm{e}^{-\mathrm{j}n\omega_1 t}\mathrm{d}t=\frac{1}{T_1}\int_{-T_1/2}^{0}f(t)\mathrm{e}^{-\mathrm{j}n\omega_1 t}\mathrm{d}t+\frac{1}{T_1}\int_{0}^{T_1/2}f(t)\mathrm{e}^{-\mathrm{j}n\omega_1 t}\mathrm{d}t$$

上式第一个积分作变量代换 $t=\tau-\dfrac{T_1}{2}$，得到

$$F_n=\frac{1}{T_1}\int_{-T_1/2}^{0}f\left(\tau-\frac{T_1}{2}\right)\mathrm{e}^{-\mathrm{j}n\omega_1\left(\tau-\frac{T_1}{2}\right)}\mathrm{d}\left(\tau-\frac{T_1}{2}\right)+\frac{1}{T_1}\int_{0}^{T_1/2}f(t)\mathrm{e}^{-\mathrm{j}n\omega_1 t}\mathrm{d}t$$

$$=\frac{1}{T_1}\int_{0}^{T_1/2}-f(\tau)\mathrm{e}^{-\mathrm{j}n\omega_1\tau}\mathrm{e}^{\mathrm{j}n\pi}\mathrm{d}\tau+\frac{1}{T_1}\int_{0}^{T_1/2}f(t)\mathrm{e}^{-\mathrm{j}n\omega_1 t}\mathrm{d}t$$

$$=\frac{1}{T_1}(-1)^{n+1}\int_{0}^{T_1/2}f(\tau)\mathrm{e}^{-\mathrm{j}n\omega_1\tau}\mathrm{d}\tau+\frac{1}{T_1}\int_{0}^{T_1/2}f(t)\mathrm{e}^{-\mathrm{j}n\omega_1 t}\mathrm{d}t$$

$$=\begin{cases}0 & (n\text{ 为偶数})\\[2mm]\dfrac{2}{T_1}\displaystyle\int_{0}^{T_1/2}f(t)\mathrm{e}^{-\mathrm{j}n\omega_1 t}\mathrm{d}t & (n\text{ 为奇数})\end{cases}$$

可见，此类信号的傅里叶级数展开式只含有奇次谐波，故得名"奇谐信号"。下面利用性质来求 $f(t)$ 傅里叶级数展开式的系数。图 5.2 - 12(b)是该信号的微分波形，图 5.2 - 12(c)为在微分的基础上加上了直流，即

$$f_1(t) = \frac{\mathrm{d}}{\mathrm{d}t} f(t)$$

$$f_2(t) = \frac{4}{T_1} + f_1(t)$$

$f_2(t)$ 即为例 5.2 - 3 的图形，$E = \dfrac{8}{T_1}$，$\tau = \dfrac{T_1}{2}$，周期为 T_1，故 $f_2(t)$ 的傅里叶系数为

$$F_{2n} = \frac{4}{T_1} \cdot \mathrm{Sa}\left(n\omega_1 \frac{T_1}{4}\right) = \frac{4}{T_1} \cdot \mathrm{Sa}\left(\frac{n\pi}{2}\right)$$

因为 $f_1(t) = f_2(t) - \dfrac{4}{T_1}$，即只改变直流分量，得到 $f_1(t)$ 的直流分量等于零。

$f(t)$ 是 $f_1(t)$ 的积分，所以

$$F_0 = 0,\ F_n = \frac{F_{2n}}{\mathrm{j}n\omega_1} = \frac{4}{\mathrm{j}n\omega_1 T_1} \cdot \mathrm{Sa}\left(\frac{n\pi}{2}\right) = \frac{4}{\mathrm{j}n^2\pi^2} \cdot \sin\left(\frac{n\pi}{2}\right)$$

当 n 为偶数时，$\sin\left(\dfrac{n\pi}{2}\right) = 0$，傅里叶级数展开系数等于零，级数展开式只含有奇次谐波，即

$$\begin{aligned}
f(t) &= \sum_{n=奇数} \frac{4}{\mathrm{j}n^2\pi^2} \cdot \sin\left(\frac{n\pi}{2}\right) \mathrm{e}^{\mathrm{j}n\omega_1 t} \\
&= \frac{4}{\mathrm{j}\pi^2}\left\{\cdots - \frac{1}{5^2}\mathrm{e}^{-\mathrm{j}5\omega_1 t} + \frac{1}{3^2}\mathrm{e}^{-\mathrm{j}3\omega_1 t} - \mathrm{e}^{-\mathrm{j}\omega_1 t} + \mathrm{e}^{\mathrm{j}\omega_1 t} - \frac{1}{3^2}\mathrm{e}^{\mathrm{j}3\omega_1 t} + \frac{1}{5^2}\mathrm{e}^{\mathrm{j}5\omega_1 t} + \cdots\right\} \\
&= \frac{8}{\pi^2}\left\{\sin(\omega_1 t) - \frac{1}{3^2}\sin(3\omega_1 t) + \frac{1}{5^2}\sin(5\omega_1 t) + \cdots\right\}
\end{aligned}$$

5.3　傅 里 叶 变 换

对于任意一个满足狄里赫利条件、周期为 T_1 的周期信号 $f(t)$，都可以用傅里叶级数表示：

$$f(t) = \sum_{n=-\infty}^{\infty} F_n \mathrm{e}^{\mathrm{j}n\omega_1 t}$$

其中

$$F_n = \frac{1}{T_1} \int_{t_0}^{t_0+T_1} f(t) \mathrm{e}^{-\mathrm{j}n\omega_1 t} \mathrm{d}t$$

而相当广泛的一类信号是非周期的，下面讨论非周期信号用傅里叶级数的表示。当周期信号的周期趋于无穷大时，周期信号转变成非周期信号，进而通过傅里叶级数引出傅里叶变换。

若 $f(t)$ 绝对可积，即

$$\int_{-\infty}^{\infty} \left| f(t) \right| \mathrm{d}t < \infty$$

则因 $T_1 \to \infty$，$\omega_1 \to 0$，得 $F_n \to 0$。

F_n 为无穷小量，此时频谱图上的谱线都趋于无穷小，不再适合用傅里叶级数来表示。

暂且不考虑信号，思考我们是怎样分辨一种物质和另一种物质的，是根据物质的质量还是体积？答案是密度。密度是物质的一种特性，不随质量和体积的变化而变化，只随物态温度、压强的变化而变化。在 4 ℃时，已知一种液体密度为 1 g/cm³，则可知此液体是水，一种金属的密度为 10.51 g/cm³，则可知此金属是银。

对于非周期信号，它的频谱无穷小，而单位频率上的频谱是确定的，称为频谱密度。与根据物质的密度可以判断是何种物质类似，可用频谱密度唯一确定信号。在不至于混淆的情况下，将频谱密度简称为频谱，其表达式为

$$\frac{F_n}{f_1} = F_n T_1 = \int_{-\frac{T_1}{2}}^{\frac{T_1}{2}} f(t) \mathrm{e}^{-jn\omega_1 t} \mathrm{d}t \ \Rightarrow \ \begin{cases} \dfrac{T_1}{2} = \infty \\ n\omega_1 = \omega \end{cases} \Rightarrow \ \int_{-\infty}^{\infty} f(t) \mathrm{e}^{-j\omega t} \mathrm{d}t = F(\omega)$$

则

$$f(t) = \sum_{n=-\infty}^{\infty} F_n \mathrm{e}^{jn\omega_1 t} \ \Rightarrow \ \begin{cases} n\omega_1 = \omega \\ \sum \ \Rightarrow \ \int \\ F_n = \dfrac{F(\omega)\mathrm{d}\omega}{2\pi} \end{cases} \Rightarrow \ f(t) = \frac{1}{2\pi}\int_{-\infty}^{\infty} F(\omega) \mathrm{e}^{j\omega t} \mathrm{d}\omega$$

非周期信号从时域到频域的变换称为傅里叶正变换，用 $\mathscr{F}$ 表示，其频谱密度用时域函数名的大写表示：

$$\mathscr{F}[f(t)] = F(\omega) = \int_{-\infty}^{\infty} f(t) \mathrm{e}^{-j\omega t} \mathrm{d}t \tag{5.3-1}$$

由频谱密度求时域函数称为傅里叶反变换，用 $\mathscr{F}^{-1}$ 表示：

$$\mathscr{F}^{-1}[F(\omega)] = f(t) = \frac{1}{2\pi}\int_{-\infty}^{\infty} F(\omega) \mathrm{e}^{j\omega t} \mathrm{d}\omega \tag{5.3-2}$$

简写成：

$$f(t) \leftrightarrow F(\omega)$$

频谱密度 $F(\omega)$ 是复函数，可用模 $|F(\omega)|$ 和辐角 $\varphi(\omega)$ 来表示，它们都是 ω 的函数。

$$F(\omega) = |F(\omega)| \mathrm{e}^{j\arg F(\omega)} = |F(\omega)| \mathrm{e}^{j\varphi(\omega)} \tag{5.3-3}$$

以 ω 为横坐标，分别以模和辐角为纵坐标画图，即可得到幅频特性和相频特性图。

与周期信号类似，傅里叶变换也有三角形式：

$$F(\omega) = \int_{-\infty}^{\infty} f(t) \mathrm{e}^{-j\omega t} \mathrm{d}t = \int_{-\infty}^{\infty} f(t)[\cos\omega t - j\sin\omega t]\mathrm{d}t \tag{5.3-4}$$

$$f(t) = \frac{1}{2\pi}\int_{-\infty}^{\infty} |F(\omega)| \mathrm{e}^{j\varphi(\omega)} \mathrm{e}^{j\omega t} \mathrm{d}\omega$$

$$= \frac{1}{2\pi}\int_{-\infty}^{\infty} |F(\omega)| \{\cos[\omega t + \varphi(\omega)] + j\sin[\omega t + \varphi(\omega)]\}\mathrm{d}\omega \tag{5.3-5}$$

$|F(\omega)|$ 是 ω 的实偶函数，当 $f(t)$ 为实函数时，式(5.3-5)的虚部为零，则

$$f(t) = \frac{1}{2\pi}\int_{-\infty}^{\infty} |F(\omega)| \cos[\omega t + \varphi(\omega)]\mathrm{d}\omega$$

可见，非周期信号和周期信号一样，也可以分解为很多不同频率的正弦分量，区别是：

周期信号分解只含有频率与原信号频率成整数倍的正弦信号，即谱线是离散的；而非周期信号分解包含从零到无限高的所有频率分量，其频谱密度是连续的，这也是从频谱判断时域信号是周期信号还是非周期信号的依据。

从严格的数学定义看，不是所有的非周期信号都能用式(5.3-1)求傅里叶变换，只有满足绝对可积条件的信号才可以求傅里叶变换，即满足：

$$\int_{-\infty}^{\infty} \big| f(t) \big| \, \mathrm{d}t < \infty$$

由于有冲激函数存在，可使许多不满足绝对可积条件的信号也能求傅里叶变换。

5.3.1　典型非周期信号的傅里叶变换

1. 冲激信号 $\delta(t)$

冲激信号(见图 5.3-1(a))的频谱：

$$\mathscr{F}\big[\delta(t)\big] = \int_{-\infty}^{\infty} \delta(t)\mathrm{e}^{-\mathrm{j}\omega t}\,\mathrm{d}t = 1$$

可见，单位冲激信号的频谱等于常数 1，如图 5.3-1(b)所示，即在整个频率范围内频谱是均匀分布的。换言之，在时域变化异常剧烈的冲激信号在频域是变化最缓慢的常量。

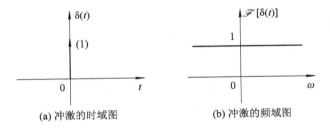

(a) 冲激的时域图　　　(b) 冲激的频域图

图 5.3-1　冲激信号的时域图和频域图

2. 矩形脉冲信号

矩形脉冲信号(见图 5.3-2(a))的频谱(见图 5.3-2(b))：

$$F(\omega) = \int_{-\infty}^{\infty} f(t)\mathrm{e}^{-\mathrm{j}\omega t}\,\mathrm{d}t = \int_{-\frac{\tau}{2}}^{\frac{\tau}{2}} E\mathrm{e}^{-\mathrm{j}\omega t}\,\mathrm{d}t = \frac{-E}{\mathrm{j}\omega}\big[\mathrm{e}^{-\mathrm{j}\omega\frac{\tau}{2}} - \mathrm{e}^{\mathrm{j}\omega\frac{\tau}{2}}\big]$$

$$= \tau E \cdot \frac{\sin\!\left(\dfrac{\omega\tau}{2}\right)}{\dfrac{\omega\tau}{2}} = \tau E \cdot \mathrm{Sa}\!\left(\frac{\omega\tau}{2}\right)$$

矩形脉冲信号在时域的持续时间为 τ，即时域集中在有限的范围内，然而它的频谱为无限宽，且时域持续时间越短，频域第一个零点 $2\pi/\tau$(第一个频谱密度为 0 时的频率)越大，说明含有的高频分量越多。第 2 章介绍过信号可分解成矩形脉冲，如被分解的信号时域变化很快，则需要分解的矩形脉冲窄，因此得出一个结论：时域变化越快，频域包含的高频分量越多。与周期矩形脉冲信号类似，矩形脉冲的能量主要集中在第一个零点内，故通常认为该信号占有频率的范围(频带)为

$$B_\omega = \frac{2\pi}{\tau}, \ B_f = \frac{1}{\tau}$$

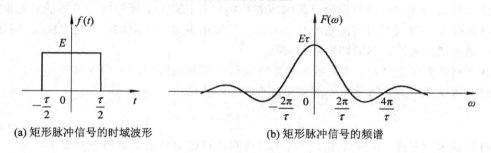

图 5.3 - 2　矩形脉冲信号的时域图和频域图

3．单边指数信号

单边指数信号（见图 5.3 - 3(a)）：

$$f(t) = E e^{-at} u(t) \quad (\alpha > 0)$$

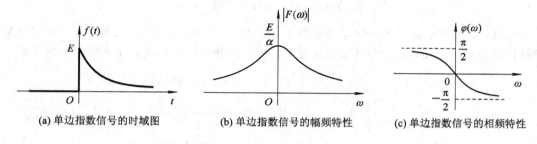

图 5.3 - 3　单边指数信号的时域图和频谱

其傅里叶变换为

$$\mathscr{F}\left[E e^{-at} u(t)\right] = \int_0^\infty E e^{-at} e^{-j\omega t} \, dt = \frac{-E}{\alpha + j\omega} e^{-(\alpha + j\omega)t} \bigg|_0^\infty = \frac{E}{\alpha + j\omega}$$

$$|F(\omega)| = \frac{E}{\sqrt{\alpha^2 + \omega^2}}$$

$$\varphi(\omega) = -\arctan\left(\frac{\omega}{\alpha}\right)$$

4．双边指数信号

双边指数信号：

$$f(t) = e^{-a|t|} \quad (\alpha \text{ 为大于 } 0 \text{ 的实数})$$

满足绝对可积条件，直接用定义计算：

$$F(\omega) = \int_{-\infty}^\infty f(t) e^{-j\omega t} \, dt = \int_{-\infty}^0 e^{at} e^{-j\omega t} \, dt + \int_0^\infty e^{-at} e^{-j\omega t} \, dt = \frac{-1}{j\omega - \alpha} + \frac{1}{j\omega + \alpha} = \frac{2\alpha}{\omega^2 + \alpha^2}$$

即

$$e^{-a|t|} \leftrightarrow \frac{2\alpha}{\omega^2 + \alpha^2}$$

5．直流信号

直流信号（见图 5.3 - 4(a)）不符合绝对可积，它的傅里叶变换不能直接通过定义来计算。根据冲激信号的傅里叶变换是常数的结论，得到时域变化最快的信号其在频域是常数，反之推断时域变化最慢的直流其在频域为冲激。

利用 $\delta(\omega)$ 的傅里叶反变换：

$$\mathscr{F}^{-1}[\delta(\omega)] = \frac{1}{2\pi}\int_{-\infty}^{\infty}\delta(\omega)\mathrm{e}^{\mathrm{j}\omega t}\,\mathrm{d}\omega = \frac{1}{2\pi}$$

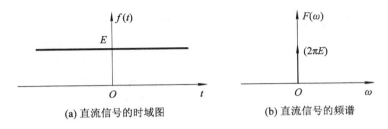

(a) 直流信号的时域图　　　　　　(b) 直流信号的频谱

图 5.3-4　直流信号的时域图和频谱

可见，时域 $\dfrac{1}{2\pi}$ 的直流信号其傅里叶变换为 $\delta(\omega)$，所以可得

$$E \leftrightarrow 2\pi E\delta(\omega)$$

频谱如图 5.3-4(b)所示。

6. 阶跃信号

阶跃信号不符合绝对可积，可将它看作单边指数信号 $\mathrm{e}^{-\alpha t}u(t)$ 在 α 趋于 0 时的极限，而

$$\mathscr{F}[\mathrm{e}^{-\alpha t}u(t)] = \int_{0}^{\infty}\mathrm{e}^{-\alpha t}\mathrm{e}^{-\mathrm{j}\omega t}\,\mathrm{d}t = \frac{1}{\alpha+\mathrm{j}\omega}$$

当 $\alpha=0$，$\omega\neq0$，有

$$u(t) \leftrightarrow \frac{1}{\mathrm{j}\omega}$$

当 $\alpha=0$，$\omega=0$ 时，频谱无穷大，用冲激表示，其强度为 π（见例 5.3-1，利用积分性质可得），所以有

$$u(t) \leftrightarrow \pi\delta(\omega) + \frac{1}{\mathrm{j}\omega}$$

7. 升余弦脉冲信号

升余弦脉冲信号（见图 5.3-5(a)）的表达式为

$$f(t) = \frac{E}{2}\left[1+\cos\left(\frac{\pi t}{\tau}\right)\right] \quad (0 \leqslant |t| \leqslant \tau)$$

$$= \frac{E}{2}\left[1+\cos\left(\frac{\pi t}{\tau}\right)\right][u(t+\tau)-u(t-\tau)]$$

其傅里叶变换为

$$F(\omega) = \frac{\tau E\,\mathrm{Sa}(\omega\tau)}{1-\left(\dfrac{\omega\tau}{\pi}\right)^{2}}$$

升余弦脉冲的频谱如图 5.3-5(b)所示。

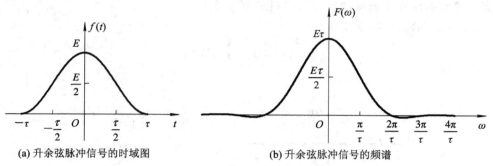

(a)升余弦脉冲信号的时域图　　　　　　(b)升余弦脉冲信号的频谱

图 5.3-5　升余弦脉冲信号的时域图和频谱

升余弦脉冲信号的频谱比矩形脉冲信号的频谱更加集中，同样它的绝大部分能量集中在小于 $2\pi/\tau$ 的频段之内。

利用 MATLAB 求傅里叶变换有两种方法，下面举例说明。

已知 $x_1(t)=u(t+1)-u(t-1)$，$x_2(t)=e^{-t}u(t)$，求 $x_1(t)$、$x_2(t)$ 对应的连续频谱，作出对应的图形。

方法一　用 MATLAB 的符号运算工具箱中的傅里叶正反变换函数：

F＝fourier(f)	％傅里叶正变换
f＝ifourier(F)	％傅里叶反变换

MATLAB 程序为

```
syms t w
x1＝sym('Heaviside(t+1)－Heaviside(t-1)');      ％Heaviside(t)是阶跃函数
x2＝sym('exp(-t) * Heaviside(t)');               ％exp(t)是指数函数
X1＝fourier(x1);
X2＝fourier(x2)
```

方法二　将连续时间信号数字化，利用 fft 函数进行傅里叶变换。具体实现过程为：首先将非周期连续时间信号的明显不为零区域截断为有限长度，将此区域内的信号看作一个周期，将 x 推广为周期信号；选取从 0 开始的一个周期，利用步长 d 进行采样使其成为离散向量 x；再用 d * fft(x)得出与连续频谱采样对应的离散频谱；用 plot 函数和 axis 函数分别对有限时间范围内的连续信号和有限频率范围内的频谱信号作图。

MATLAB 程序为

```
t＝[0：0.01：9.99]; N＝1000; w＝pi/5;     ％看作周期为10的信号
u0＝(t>＝0); u1＝(t>＝1); u3＝(t>＝9);
x1＝u0-u1+u3; x2＝exp(-1. * t);
X1＝0.01. * fft(x1); X2＝0.01. * fft(x2);
subplot(2,2,1), plot(t,x1); axis([0,10,-0.2,1.2]); ylabel('x1');
subplot(2,2,2), plot(t,x2); ylabel('x2');
n＝[0：999];
subplot(2,2,3), plot(n * w, X1); axis([0,20,-1,2.5]); ylabel('X1');
subplot(2,2,4), plot(n * w, X2); axis([0,10,-0.5,1]); ylabel('X2');
```

执行结果如果 5.3 - 6 所示。

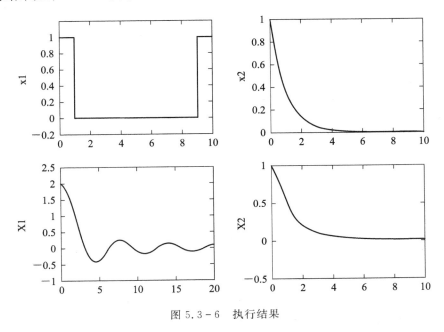

图 5.3 - 6　执行结果

5.3.2　傅里叶变换的性质

前面介绍了傅里叶变换，将时域非周期信号通过积分运算变换到频域，为方便理解，可将时域函数看作一个集合，频域函数为另一个集合，这两个集合没有交集，但是可以通过傅里叶变换将它们联系起来，即时域中的函数通过傅里叶变换对应到频域集合中的一个函数。研究傅里叶变换的性质就是要找出时域集合中的函数作相应的运算及其在频域集合中的变化规律。掌握傅里叶变换的性质，可为计算傅里叶变换提供快捷的方法，同时也有助于理解信号在时域和频域的不同表现。

表 5.3 - 1 列出了常用的傅里叶变换性质，其中有几个性质值得重点关注，下面逐一介绍。

1. 对称性

若 $f(t) \leftrightarrow F(\omega)$，则有 $F(t) \leftrightarrow 2\pi f(-\omega)$。

此性质的证明比较简单。根据傅里叶变换对：

$$F(\omega) = \int_{-\infty}^{\infty} f(t) e^{-j\omega t} dt$$

$$f(t) = \frac{1}{2\pi} \int_{-\infty}^{\infty} F(\omega) e^{j\omega t} d\omega$$

将变换对中的变量 t 和 ω 互换，得到如下变换对：

$$F(t) = \int_{-\infty}^{\infty} f(\omega) e^{-j\omega t} d\omega$$

$$f(\omega) = \frac{1}{2\pi} \int_{-\infty}^{\infty} F(t) e^{j\omega t} dt$$

表 5.3 - 1　傅里叶变换的性质

性　质	时　域	频　域
唯一性	$f_1(t)$	$F_1(\omega)$
	$f_2(t)$	$F_2(\omega)$
线性	$a_1 f_1(t) + a_2 f_2(t)$	$a_1 F_1(\omega) + a_2 F_2(\omega)$
折叠性	$f(-t)$	$F(-\omega)$
对称性	$F(t)$	$2\pi f(-\omega)$
时移性	$f(t-t_0)$	$F(\omega)\mathrm{e}^{-\mathrm{j}\omega t_0}$
尺度变换	$f(at)$	$\dfrac{1}{|a|}F\left(\dfrac{\omega}{a}\right)$
时域微分	$\dfrac{\mathrm{d}}{\mathrm{d}t}f(t)$	$\mathrm{j}\omega F(\omega)$
时域积分	$\displaystyle\int_{-\infty}^{t} f(\tau)\mathrm{d}\tau$	$\dfrac{1}{\mathrm{j}\omega}F(\omega) + \pi F(0)\delta(\omega)$
频域微分	$-\mathrm{j}t f(t)$	$\dfrac{\mathrm{d}}{\mathrm{d}\omega}F(\omega)$
频域积分	$\dfrac{\mathrm{j}}{t}f(t) + \pi f(0)\delta(t)$	$\displaystyle\int_{-\infty}^{\omega} F(\tau)\mathrm{d}\tau$
频移性	$f(t)\mathrm{e}^{\mathrm{j}\omega_0 t}$	$F(\omega - \omega_0)$
时域卷积	$f_1(t) * f_2(t)$	$F_1(\omega) \cdot F_2(\omega)$
时域相乘	$f_1(t) \cdot f_2(t)$	$\dfrac{1}{2\pi}F_1(\omega) * F_2(\omega)$
奇偶性	$f(t)$ 实偶函数	$F(\omega)$ 实偶函数
	$f(t)$ 实奇函数	$F(\omega)$ 纯虚奇函数
帕斯瓦尔定理	$\displaystyle\int_{-\infty}^{\infty} |f(t)|^2 \mathrm{d}t = \dfrac{1}{2\pi}\int_{-\infty}^{\infty} |F(\omega)|^2 \mathrm{d}\omega$	

再将变量 ω 换成 $-\omega$，得到如下变换对(注意积分变量和积分上下限的变换)：

$$F(t) = \frac{1}{2\pi}\int_{-\infty}^{\infty} 2\pi f(-\omega)\mathrm{e}^{\mathrm{j}\omega t}\mathrm{d}\omega$$

$$2\pi f(-\omega) = \int_{-\infty}^{\infty} F(t)\mathrm{e}^{-\mathrm{j}\omega t}\mathrm{d}t$$

得证。

这个性质典型的例子是直流信号和冲激信号的傅里叶变换：

$$\delta(t) \leftrightarrow 1$$

根据对称性可得

$$1 \leftrightarrow 2\pi\delta(-\omega) = 2\pi\delta(\omega)$$

另一个例子是门信号和抽样信号的傅里叶变换：

$$g_\tau(t) \leftrightarrow \tau\,\mathrm{Sa}\left(\frac{\omega\tau}{2}\right)$$

根据对称性可得

$$\tau\,\mathrm{Sa}\left(\frac{t\tau}{2}\right) \leftrightarrow 2\pi g_\tau(-\omega) = 2\pi g_\tau(\omega)$$

即时域是矩形脉冲，频域是抽样信号，见图 5.3-7，反之，时域是抽样信号，频域是矩形脉冲，见图 5.3-8($\tau=2$ 时)。

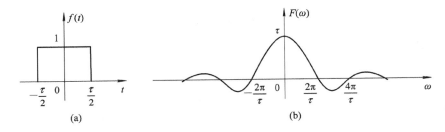

图 5.3-7　脉宽为 τ 的矩形脉冲的时域和频域波形

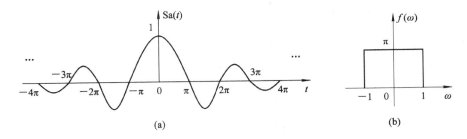

图 5.3-8　抽样信号的时域和频域波形

2. 尺度变换

$$f(at) \leftrightarrow \frac{1}{|a|}F\left(\frac{\omega}{a}\right)$$

当 $a > 1$ 时，$f(at)$ 的图形由 $f(t)$ 压缩为原来的 $1/a$ 得到，而 $F\left(\dfrac{\omega}{a}\right)$ 则是 $F(\omega)$ 的拉伸。该性质说明时域与频域运算是相反的。对于这一点，从周期等于频率的倒数可以得到证明。例如，$f(t) = \sin(2\pi ft)$ 的周期 $T = 1/f$，时域压缩为原来的 $1/2$，得到 $f_1(t) = \sin(4\pi ft)$，$f_1(t)$ 的周期是 $f(t)$ 的 $1/2$ 倍，而频率是 $f(t)$ 的 2 倍。对矩形脉冲，利用此定理的波形见图 5.3-9。

在通信系统中，为了提高传输速度，采用对时域信号进行压缩的方式，这一措施会导致信号频带拓宽，相应地系统的频带也需拓宽，所以通信速度和占用频带宽度是一对矛盾。

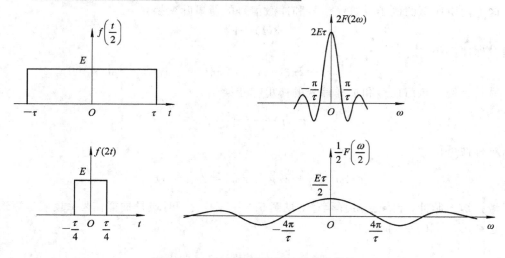

图 5.3 - 9　时域与频域的尺度变换特性

3. 时域卷积

时域卷积：

$$f_1(t) * f_2(t) \leftrightarrow F_1(\omega) \cdot F_2(\omega)$$

证明

$$f_1(t) * f_2(t) = \int_{-\infty}^{\infty} f_1(\tau) f_2(t-\tau) \mathrm{d}\tau$$

$$\mathscr{F}[f_1(t) * f_2(t)] = \int_{-\infty}^{\infty} \left\{ \int_{-\infty}^{\infty} f_1(\tau) f_2(t-\tau) \mathrm{d}\tau \right\} \mathrm{e}^{-\mathrm{j}\omega t} \mathrm{d}t$$

交换积分次序：

$$\mathscr{F}[f_1(t) * f_2(t)] = \int_{-\infty}^{\infty} f_1(\tau) \left\{ \int_{-\infty}^{\infty} f_2(t-\tau) \mathrm{e}^{-\mathrm{j}\omega t} \mathrm{d}t \right\} \mathrm{d}\tau$$

$$= \int_{-\infty}^{\infty} f_1(\tau) \mathrm{e}^{-\mathrm{j}\omega\tau} F_2(\omega) \mathrm{d}\tau = F_1(\omega) \cdot F_2(\omega)$$

上式利用了傅里叶变换的时移性质。

第 4 章已经学习了系统的零状态响应是输入信号和系统的单位冲激响应的卷积，根据时域卷积定理，零状态响应的傅里叶变换是输入的傅里叶变换和系统单位冲激响应的傅里叶变换的乘积，即

$$y_{zs}(t) = x(t) * h(t)$$

$$Y_{zs}(\omega) = X(\omega) \cdot H(\omega)$$

基于傅里叶变换及其性质求系统响应的过程中，由卷积运算转换成乘法运算，简化了求解过程。

下面利用傅里叶变换的性质，在已知 $\delta(t) \leftrightarrow 1$ 情况下求傅里叶变换。

【例 5.3 - 1】 已知

$$\delta(t) \leftrightarrow 1$$

$$u(t) = \int_{-\infty}^{t} \delta(\tau) \mathrm{d}\tau$$

利用时域积分性质求阶跃信号的傅里叶变换。

解　时域积分性质：

$$\int_{-\infty}^{t} f(\tau)\mathrm{d}\tau \leftrightarrow \frac{1}{\mathrm{j}\omega}F(\omega) + \pi F(0)\delta(\omega)$$

将 $f(\tau)$ 用 $\delta(\tau)$ 代入，$F(\omega)=1$，即可得到阶跃信号的傅里叶变换：

$$u(t) \leftrightarrow \frac{1}{\mathrm{j}\omega} + \pi\delta(\omega)$$

【例 5.3 - 2】　利用 $u(t) \leftrightarrow \dfrac{1}{\mathrm{j}\omega} + \pi\delta(\omega)$ 和傅里叶变换的线性性质求符号函数的傅里叶变换。

解　符号函数的表达式

$$\mathrm{sgn}(t) = \begin{cases} 1 & (t > 0) \\ -1 & (t < 0) \end{cases}$$

$$= 2u(t) - 1$$

$$u(t) \leftrightarrow \pi\delta(\omega) + \frac{1}{\mathrm{j}\omega}$$

$$1 \leftrightarrow 2\pi\delta(\omega)$$

所以

$$\mathrm{sgn}(t) \leftrightarrow \frac{2}{\mathrm{j}\omega}$$

$$|F(\omega)| = \frac{2}{|\omega|}$$

$$\varphi(\omega) = \begin{cases} -\dfrac{\pi}{2} & (\omega > 0) \\[2mm] \dfrac{\pi}{2} & (\omega < 0) \end{cases}$$

符号函数及其频谱如图 5.3 - 10 所示。

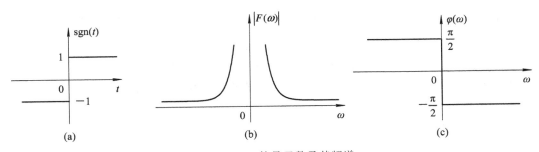

图 5.3 - 10　符号函数及其频谱

【例 5.3 - 3】　利用傅里叶变换的性质求矩形脉冲的傅里叶变换，并求三矩形脉冲信号的傅里叶变换。

解　对矩形脉冲信号微分：

$$\frac{\mathrm{d}}{\mathrm{d}t}g_{\tau}(t) = \delta\left(t + \frac{\tau}{2}\right) - \delta\left(t - \frac{\tau}{2}\right)$$

应用傅里叶变换的时移性质：

$$\delta\left(t + \frac{\tau}{2}\right) \leftrightarrow e^{j\omega\frac{\tau}{2}}$$

$$\delta\left(t - \frac{\tau}{2}\right) \leftrightarrow e^{-j\omega\frac{\tau}{2}}$$

再利用线性和积分性质：

$$Eg_\tau(t) \leftrightarrow \frac{E}{j\omega}\left[e^{j\omega\frac{\tau}{2}} - e^{-j\omega\frac{\tau}{2}}\right] = \frac{2E\sin\left(\frac{\omega\tau}{2}\right)}{\omega} = E\tau \mathrm{Sa}\left(\frac{\omega\tau}{2}\right)$$

三矩形脉冲信号的傅里叶变换：

$$g_\tau(t) \leftrightarrow \tau \mathrm{Sa}\left(\frac{\omega\tau}{2}\right)$$

$$g_\tau(t - T) \leftrightarrow \tau \mathrm{Sa}\left(\frac{\omega\tau}{2}\right)e^{-j\omega T}$$

$$g_\tau(t + T) \leftrightarrow \tau \mathrm{Sa}\left(\frac{\omega\tau}{2}\right)e^{j\omega T}$$

利用线性特性：

$$Eg_\tau(t) + Eg_\tau(t - T) + Eg_\tau(t + T) \leftrightarrow E\tau \mathrm{Sa}\left(\frac{\omega\tau}{2}\right)\{1 + e^{-j\omega T} + e^{j\omega T}\}$$

$$= E\tau \mathrm{Sa}\left(\frac{\omega\tau}{2}\right)\{1 + 2\cos(\omega T)\}$$

三矩形脉冲信号及其频谱如图 5.3 - 11 所示。

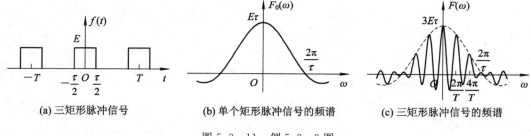

(a) 三矩形脉冲信号   (b) 单个矩形脉冲信号的频谱   (c) 三矩形脉冲信号的频谱

图 5.3 - 11   例 5.3 - 3 图

【例 5.3 - 4】 求冲激函数的微分和两次微分的傅里叶变换。

解   例 5.3 - 1 是由冲激的傅里叶变换求阶跃的傅里叶变换，反之，可利用微分性质，根据阶跃的傅里叶变换求冲激的傅里叶变换。

时域微分特性：

$$\frac{\mathrm{d}}{\mathrm{d}t}f(t) \leftrightarrow j\omega F(\omega)$$

已知

$$u(t) \leftrightarrow \pi\delta(\omega) + \frac{1}{j\omega}$$

$$\frac{\mathrm{d}}{\mathrm{d}t}u(t) = \delta(t)$$

所以可得

$$\delta(t) \leftrightarrow j\omega \left[\pi\delta(\omega) + \frac{1}{j\omega} \right] = 1$$

同理，利用微分性质可得

$$\delta'(t) \leftrightarrow j\omega$$

$$\delta''(t) \leftrightarrow (j\omega)^2 = -\omega^2$$

【例 5.3 - 5】 利用傅里叶变换的性质求三角脉冲的傅里叶变换。

解 方法一

对三角脉冲(见图 5.3 - 12(a))求两次微分，得到三个冲激信号，见图 5.3 - 12(c)，三角脉冲两次微分信号的傅里叶变换为

$$f''(t) \leftrightarrow \frac{2}{\tau} \left[e^{j\omega\frac{\tau}{2}} - 2 + e^{-j\omega\frac{\tau}{2}} \right] = \frac{2}{\tau} \left[2\cos\left(\frac{\omega\tau}{2}\right) - 2 \right] = \frac{-8}{\tau}\sin^2\left(\frac{\omega\tau}{4}\right)$$

根据积分性质得到

$$f'(t) \leftrightarrow \frac{-8}{j\omega\tau}\sin^2\left(\frac{\omega\tau}{4}\right)$$

$$f(t) \leftrightarrow \frac{-8}{(j\omega)^2\tau}\sin^2\left(\frac{\omega\tau}{4}\right) = \frac{\tau}{2}\text{Sa}^2\left(\frac{\omega\tau}{4}\right)$$

注：利用积分性质时，本例题中一次微分和两次微的傅里叶变换在 $\omega = 0$ 的取值都为 0。

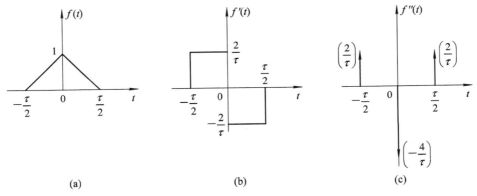

(a)   (b)   (c)

图 5.3 - 12 三角脉冲及其微分

方法二 两个脉宽为 $\frac{\tau}{2}$、高为 $\sqrt{\frac{2}{\tau}}$ 的矩形脉冲 $f(t)$ 的卷积为宽度为 τ 的三角脉冲，见图 5.3 - 13。

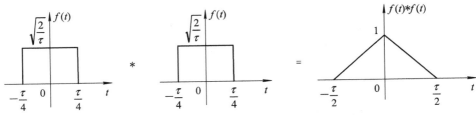

图 5.3 - 13 两个矩形脉冲卷积得到三角脉冲的过程

因为

$$f(t) \leftrightarrow \sqrt{\frac{2}{\tau}} \frac{\tau}{2} \text{Sa}\left(\frac{\omega\tau}{4}\right)$$

利用时域卷积的傅里叶变换性质，得到

$$f(t) * f(t) \leftrightarrow \left[\sqrt{\frac{2}{\tau}} \frac{\tau}{2} \text{Sa}\left(\frac{\omega\tau}{4}\right)\right]^2 = \frac{\tau}{2} \text{Sa}^2\left(\frac{\omega\tau}{4}\right)$$

【例 5.3 - 6】 利用傅里叶变换的性质求 $g_\tau(t)\cos(\omega_0 t)$ 的傅里叶变换。

解　方法一 $g_\tau(t)\cos(\omega_0 t)$ 是矩形脉冲信号与正弦信号的乘积，而矩形脉冲只在 $\left(-\frac{\tau}{2}, \frac{\tau}{2}\right)$ 区间内其函数值为 1，其他区间都是零。此信号称为矩形调幅信号，波形如图 5.3 - 14(a)所示。

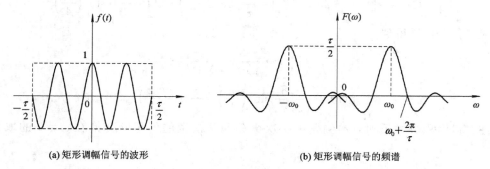

(a) 矩形调幅信号的波形　　　　(b) 矩形调幅信号的频谱

图 5.3 - 14　矩形调幅信号的波形及频谱

已知

$$g_\tau(t) \leftrightarrow G_\tau(\omega) = \tau \text{Sa}\left(\frac{\omega\tau}{2}\right)$$

利用欧拉公式

$$\cos(\omega_0 t) = \frac{1}{2}\left[e^{j\omega_0 t} + e^{-j\omega_0 t}\right]$$

和傅里叶变换的频移特性

$$g_\tau(t)e^{j\omega_0 t} \leftrightarrow G_\tau(\omega - \omega_0)$$

可得

$$g_\tau(t)\cos(\omega_0 t) \leftrightarrow \frac{1}{2}\left[G_\tau(\omega - \omega_0) + G_\tau(\omega + \omega_0)\right]$$

因此

$$g_\tau(t)\cos(\omega_0 t) \leftrightarrow \frac{\tau}{2}\left\{\text{Sa}\left[\frac{(\omega - \omega_0)\tau}{2}\right] + \text{Sa}\left[\frac{(\omega + \omega_0)\tau}{2}\right]\right\}$$

方法二　$g_\tau(t)\cos(\omega_0 t)$ 是两个信号相乘，利用时域相乘得到频域卷积的性质：

$$f_1(t) \cdot f_2(t) \leftrightarrow \frac{1}{2\pi} F_1(\omega) * F_2(\omega)$$

而

$$g_\tau(t) \leftrightarrow G_\tau(\omega) = \tau \text{Sa}\left(\frac{\omega\tau}{2}\right)$$

$$\cos(\omega_0 t) \leftrightarrow \pi\left[\delta(\omega - \omega_0) + \delta(\omega + \omega_0)\right]$$

所以

$$g_\tau(t)\cos(\omega_0 t) \leftrightarrow \frac{1}{2\pi}G_\tau(\omega) * \pi[\delta(\omega-\omega_0)+\delta(\omega+\omega_0)]$$

$$= \frac{1}{2}[G_\tau(\omega-\omega_0)+G_\tau(\omega+\omega_0)]$$

此频谱如图 5.3 – 14(b)所示。从此例可见，虽然正弦信号是单一频率的信号，但实际测试不可能无限长时间，所以频谱分析仪测得的正弦信号的频谱不只出现在单一频率上，而呈现 Sa 函数的形式。

【例 5.3 – 7】　利用傅里叶变换求 $\int_{-\infty}^{\infty}\mathrm{Sa}(t)\mathrm{d}t$。

解　根据傅里叶变换的定义有

$$F(\omega)=\int_{-\infty}^{\infty}f(t)\mathrm{e}^{-\mathrm{j}\omega t}\mathrm{d}t$$

当 $\omega=0$ 时，$F(0)=\int_{-\infty}^{\infty}f(t)\mathrm{d}t$，即频率为零时的频谱密度值等于时域信号的积分。

而 $\mathrm{Sa}(t)\leftrightarrow \pi g_2(\omega)$，可知 $\omega=0$ 时的频谱密度为 π，所以有

$$\int_{-\infty}^{\infty}\mathrm{Sa}(t)\mathrm{d}t=\pi$$

同理，利用傅里叶反变换，可得

$$2\pi f(0)=\int_{-\infty}^{\infty}F(\omega)\mathrm{d}\omega$$

5.3.3　周期信号的傅里叶变换

5.2 节介绍了周期信号展开成傅里叶级数，即对于任意一个满足狄里赫利条件的周期信号，都可以用三角函数或复指数函数线性表示，从而得到离散的频谱。本节介绍了非周期信号的傅里叶变换，进而得到连续的频谱密度。为了将周期信号和非周期信号的分析方法统一起来，下面讨论对周期信号求傅里叶变换的情况。

周期信号不满足绝对可积条件，不能直接用定义求积分，而周期信号按傅里叶级数展开的基本单元是正弦信号和复指数信号，若能求得这两类信号的傅里叶变换，那么利用傅里叶变换的线性特性即可得到其他任意周期信号的傅里叶变换。

由傅里叶变换的频移特性：

$$f(t)\mathrm{e}^{\mathrm{j}\omega_0 t} \leftrightarrow F(\omega-\omega_0)$$

以及当 $f(t)=1$ 时，$1\leftrightarrow 2\pi\delta(\omega)$ 得到

$$\mathrm{e}^{\mathrm{j}\omega_0 t} \leftrightarrow 2\pi\delta(\omega-\omega_0) \tag{5.3-6}$$

而

$$\cos(\omega_0 t)=\frac{1}{2}[\mathrm{e}^{\mathrm{j}\omega_0 t}+\mathrm{e}^{-\mathrm{j}\omega_0 t}]\leftrightarrow \pi[\delta(\omega-\omega_0)+\delta(\omega+\omega_0)] \tag{5.3-7}$$

对周期信号的傅里叶级数展开式两边求傅里叶变换：

$$f(t)=\sum_{n=-\infty}^{\infty}F_n\mathrm{e}^{\mathrm{j}n\omega_1 t}$$

$$\mathscr{F}[f(t)]=\mathscr{F}\left\{\sum_{n=-\infty}^{\infty}F_n\mathrm{e}^{\mathrm{j}n\omega_1 t}\right\}=\sum_{n=-\infty}^{\infty}F_n\mathscr{F}(\mathrm{e}^{\mathrm{j}n\omega_1 t})=2\pi\sum_{n=-\infty}^{\infty}F_n\delta(\omega-n\omega_1) \tag{5.3-8}$$

傅里叶级数的三角形式：

$$f(t) = c_0 + \sum_{n=1}^{\infty} c_n \cos(n\omega_1 t + \varphi_n)$$

$$\cos(n\omega_1 t + \varphi_n) = \frac{1}{2}\left[e^{jn\omega_1 t} e^{j\varphi_n} + e^{-jn\omega_1 t} e^{-j\varphi_n} \right]$$

$$\leftrightarrow \pi\left[\delta(\omega - n\omega_1) e^{j\varphi_n} + \delta(\omega + n\omega_1) e^{-j\varphi_n} \right]$$

$$\mathscr{F}\left[f(t)\right] = \mathscr{F}\left\{ c_0 + \sum_{n=1}^{\infty} c_n \cos(n\omega_1 t + \varphi_n) \right\}$$

$$\leftrightarrow 2\pi c_0 \delta(\omega) + \pi \sum_{n=1}^{\infty} c_n\left[\delta(\omega - n\omega_1) e^{j\varphi_n} + \delta(\omega + n\omega_1) e^{-j\varphi_n} \right]$$

周期信号的傅里叶变换采用傅里叶级数的复指数形式比较方便，因此后续对周期信号进行傅里叶变换时都用式(5.3-8)。可见，周期信号的傅里叶变换由一系列频域的冲激组成，这些冲激位于原周期信号的谐波频率处，每个冲激的强度等于对应频率傅里叶级数系数的 2π 倍。

下面讨论周期信号傅里叶级数的系数与周期信号单一周期傅里叶变换之间的关系。

首先看一个具体的信号，周期矩形信号的傅里叶级数展开系数为

$$F_n = \frac{E\tau}{T_1} \mathrm{Sa}\left(\frac{n\omega_1 \tau}{2} \right)$$

波形如图 5.3-15(a)所示。

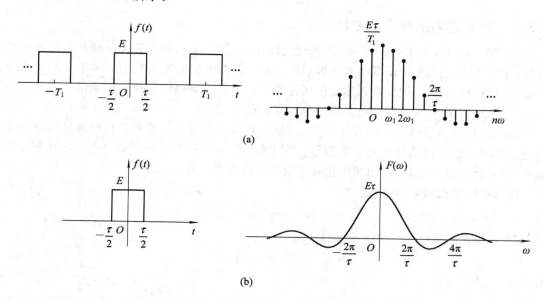

(a)

(b)

图 5.3-15　周期信号傅里叶级数的系数与周期信号单一周期傅里叶变换之间的关系

矩形脉冲的傅里叶变换为

$$F(\omega) = E\tau \mathrm{Sa}\left(\frac{\omega\tau}{2} \right)$$

波形如图 5.3-15(b)所示。

从数学公式上看，有

$$F_n = \frac{1}{T_1} F(\omega) \bigg|_{\omega = n\omega_1}$$

这一结论能否推广到任意信号呢？周期信号傅里叶级数展开的系数其计算公式为

$$F_n = \frac{1}{T_1} \int_{-\frac{T_1}{2}}^{\frac{T_1}{2}} f(t) e^{-jn\omega_1 t} \, dt \qquad (5.3-9)$$

$f_1(t)$ 是从 $f(t)$ 中截取 $\left(-\dfrac{T_1}{2}, \dfrac{T_1}{2}\right)$ 区间的一个周期得到的非周期信号，其傅里叶变换为

$$F_1(\omega) = \int_{-\infty}^{\infty} f_1(t) e^{-j\omega t} \, dt = \int_{-\frac{T_1}{2}}^{\frac{T_1}{2}} f(t) e^{-j\omega t} \, dt \qquad (5.3-10)$$

比较式(5.3-9)和式(5.3-10)可见，周期信号傅里叶级数展开的系数和从周期信号中截取一个周期的傅里叶变换满足：

$$F_n = \frac{1}{T_1} F_1(\omega) \bigg|_{\omega = n\omega_1}$$

【例 5.3-8】 已知冲激信号和它的傅里叶变换如图 5.3-16(a)、(b)所示，求单位冲激串的频谱。

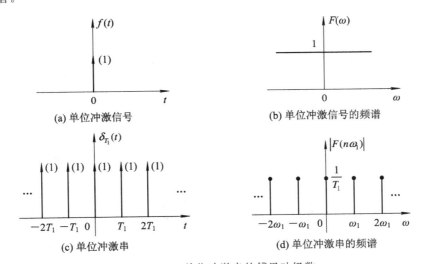

(a) 单位冲激信号　　　　　　(b) 单位冲激信号的频谱

(c) 单位冲激串　　　　　　(d) 单位冲激串的频谱

图 5.3-16　单位冲激串的傅里叶级数

解　图 5.3-16(c)是单位冲激串，函数表达式为

$$\delta_{T_1}(t) = \sum_{n=-\infty}^{\infty} \delta(t - nT_1)$$

单位冲激信号是单位冲激串的一个周期的信号，而

$$\delta(t) \leftrightarrow 1$$

所以冲激串的傅里叶级数的系数

$$F_n = \frac{1}{T_1} F(\omega) \bigg|_{\omega = n\omega_1} = \frac{1}{T_1}$$

单位冲激串的频谱如图 5.3-16(d)所示。

常用信号的傅里叶变换如表 5.3-2所示。

表 5.3 – 2　常用信号的傅里叶变换

时　域	频　域
$\delta(t)$	1
1	$2\pi\delta(\omega)$
$\mathrm{e}^{-at}u(t)$	$\dfrac{1}{\alpha+\mathrm{j}\omega}$
$t\,\mathrm{e}^{-at}u(t)$	$\dfrac{1}{(\alpha+\mathrm{j}\omega)^2}$
$u(t)$	$\dfrac{1}{\mathrm{j}\omega}+\pi\delta(\omega)$
$g_\tau(t)=u\left(t+\dfrac{\tau}{2}\right)-u\left(t-\dfrac{\tau}{2}\right)$	$\tau\mathrm{Sa}\left(\dfrac{\omega\tau}{2}\right)$
$\mathrm{Sa}(\omega_0 t)=\dfrac{\sin\omega_0 t}{\omega_0 t}$	$\dfrac{\pi}{\omega_0}g_{2\omega_0}(\omega)$
$\mathrm{e}^{\mathrm{j}\omega_0 t}$	$2\pi\delta(\omega-\omega_0)$
$\cos\omega_0 t$	$\pi[\delta(\omega+\omega_0)+\delta(\omega-\omega_0)]$
$\sin\omega_0 t$	$\mathrm{j}\pi[\delta(\omega+\omega_0)-\delta(\omega-\omega_0)]$
$\displaystyle\sum_{n=-\infty}^{\infty}F_n\mathrm{e}^{\mathrm{j}n\omega_0 t}$	$\displaystyle 2\pi\sum_{n=-\infty}^{\infty}F_n\delta(\omega-n\omega_0)$
$\displaystyle\sum_{n=-\infty}^{\infty}\delta(t-nT)$	$\displaystyle\dfrac{2\pi}{T}\sum_{k=-\infty}^{\infty}\delta\left(\omega-\dfrac{2\pi k}{T}\right)$

注：$\alpha>0$。

5.4　抽样和抽样定理

　　抽样的例子在现实生活中比比皆是，比如，要了解玉米种子的发芽情况，应采用抽样调查；要了解刚生产的一批灯泡的使用寿命，也应采用抽样调查。

　　信号的抽样指从连续时间信号中抽取一定样点的过程。图 5.4 – 1 是连续时间信号离散处理的框图。该过程的第一步就是抽样，目的是将连续信号转换成离散信号，然后利用量化编码将离散信号转换成数字信号，再进行相应的数字信号处理过程。

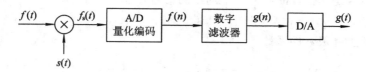

图 5.4 – 1　连续时间信号离散处理的框图

　　本书仅介绍抽样，也称为取样或采样，其他功能模块在后续数字信号处理和通信原理课程中会学习到。

例如，某工厂生产 1 万只灯泡，使用寿命的抽样中，不能只取一只灯泡做寿命测试，因为取的样本太少，不能代表全部，而如果取的样本太多，比如取 2000 只样本，则使用寿命的测试是破坏性的，虽然所测数据能代表 1 万只灯泡，但对工厂来说是个巨大的浪费，那么取多少才合适就是个问题。

　　在信号抽样方面同样存在这样的问题，若抽样点太少，则不能恢复原信号，若抽样点太多，则后期数据处理工作量太大，成本太高。下面研究这样两个问题：

　　(1) 抽样得到的离散信号与被抽样的连续原信号的关系是怎样的？

　　(2) 对连续变化的信号，该以多长的间隔进行抽样才能保留原连续时间信号的特性？换言之，通过怎样的采样，得到的离散信号能恢复原先的连续时间信号？

5.4.1　抽样和抽样信号频谱

　　抽样器可完成信号的等间隔抽样，抽样器本质上是乘法器，如图 5.4-2 所示。输入是连续时间信号 $f(t)$，经周期抽样脉冲 $s(t)$ 抽样，输出抽样信号 $f_s(t)$，有

$$f_s(t) = f(t) \times s(t) \tag{5.4-1}$$

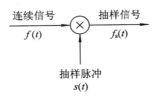

图 5.4-2　抽样器模型

　　根据抽样脉冲的不同，可以将抽样分为理想抽样（冲激串抽样）和实际抽样（脉冲串抽样）两种。

　　设抽样脉冲 $s(t)$ 的周期为 T_s，频率为 f_s，角频率为 ω_s。

　　理想抽样的抽样脉冲是冲激串，函数表达式：

$$s(t) = \sum_{n=-\infty}^{\infty} \delta(t - nT_s) \tag{5.4-2}$$

　　理想抽样的数学推导相对简单，而得出的结论具有普遍性。下面利用理想抽样完成抽样的分析过程，而后得出实际抽样的一般性结论。

　　设抽样中各信号的傅里叶变换对如下：

$$f(t) \leftrightarrow F(\omega)$$

$$s(t) \leftrightarrow S(\omega)$$

$$f_s(t) \leftrightarrow F_s(\omega)$$

　　对式 (5.4-1) 两边进行傅里叶变换，利用傅里叶变换的时域相乘性质得到

$$F_s(\omega) = \frac{1}{2\pi} F(\omega) * S(\omega) \tag{5.4-3}$$

　　$s(t)$ 是周期信号，设傅里叶级数系数为 S_n，则傅里叶变换为

$$S(\omega) = 2\pi \sum_{n=-\infty}^{\infty} S_n \delta(\omega - n\omega_s) \tag{5.4-4}$$

将式(5.4-4)代入式(5.4-3)，得

$$F_s(\omega) = \frac{1}{2\pi}F(\omega) * \left[2\pi \sum_{n=-\infty}^{\infty} S_n \delta(\omega - n\omega_s) \right] = \sum_{n=-\infty}^{\infty} S_n F(\omega) * \delta(\omega - n\omega_s)$$

利用冲激函数与普通函数卷积的性质，得到

$$F_s(\omega) = \sum_{n=-\infty}^{\infty} S_n F(\omega - n\omega_s) \tag{5.4-5}$$

可见，抽样信号的频谱 $F_s(\omega)$ 是被抽样信号的频谱 $F(\omega)$ 以 ω_s 为周期的平移（称为周期延拓）。当 $s(t)$ 为冲激串时，该周期信号的傅里叶级数展开的系数为

$$S_n = \frac{1}{T_s}$$

因此有

$$F_s(\omega) = \frac{1}{T_s} \sum_{n=-\infty}^{\infty} F(\omega - n\omega_s) \tag{5.4-6}$$

图 5.4-3 是理想抽样过程的时域和频域波形，图中左侧波形是时域，右侧波形是频域。

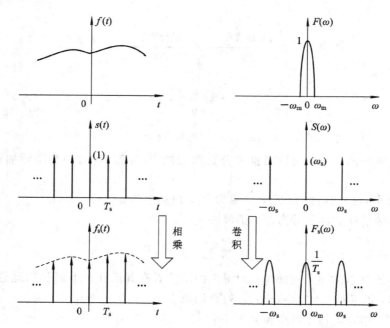

图 5.4-3 理想抽样过程的时域和频域波形

至此，可回答本节提出的第一个问题：理想抽样信号的频谱是原连续信号的频谱乘以 $1/T_s$ 并移位相加构成的。

当 $s(t)$ 是脉冲串时，有

$$S_n = \frac{E\tau}{T_s} \mathrm{Sa}\left(\frac{n\omega_s \tau}{2} \right)$$

$$F_s(\omega) = \frac{E\tau}{T_s} \sum_{n=-\infty}^{\infty} \mathrm{Sa}\left(\frac{n\omega_s \tau}{2} \right) F(\omega - n\omega_s) \tag{5.4-7}$$

实际抽样过程的时域和频域波形见图 5.4-4。由图可见，实际抽样信号的频谱仍然是原频谱的平移，只是波形大小发生变化，横向没有展缩。

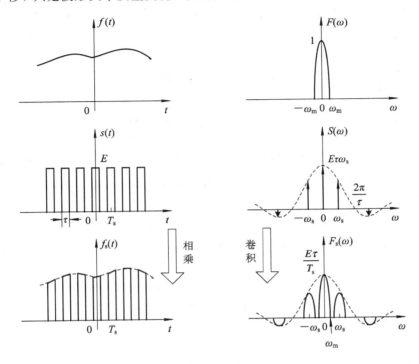

图 5.4-4　实际抽样过程的时域和频域波形

脉冲抽样与冲激抽样的相同之处是：抽样信号的频谱都是由原信号频谱的左右平移构成的。

脉冲抽样与冲激抽样的不同之处是：冲激抽样左右平移的谱大小一样，而脉冲抽样的谱大小不一。

上面的分析同时也回答了本节开头提出的第二个问题：对连续变化的信号该以多长的间隔进行抽样才能保留原连续时间信号的特性。

抽样信号的频谱是原连续时间信号频谱的平移，平移的距离是 ω_s，虽然冲激抽样和脉冲抽样得到的频谱大小有所不同，但在横轴方向没有任何压缩和拉伸的变化。因此要想从抽样信号的频谱中恢复连续时间信号，只需恢复原信号的频谱。为恢复原信号的频谱，必须保证抽样信号频谱中有不混叠的原信号频谱，即当 $\omega_s \geqslant 2\omega_m$ 时，才有这个可能。因此有

$$\frac{2\pi}{T_s} \geqslant 2\omega_m$$

$$T_s < \frac{\pi}{\omega_m} = \frac{1}{2f_m}$$

5.4.2　时域抽样定理

时域抽样定理　一个连续时间信号 $f(t)$，如果其频谱 $F(\omega)$ 只在 $-\omega_m \sim \omega_m$ 范围内有

不等于 0 的值，即频谱受限在 $-\omega_m \sim \omega_m$ 范围内，则当抽样频率 $\omega_s \geqslant 2\omega_m$ 成立时，可用等间隔抽样得到的样点值来唯一地表示 $f(t)$。

抽样定理只对频谱受限的信号有效，若频谱无限宽，则抽样信号频谱必然会混叠。

时域抽样

抽样频率 $\omega_s \geqslant 2\omega_m$，即 $f_s \geqslant 2f_m$，通常将最低允许的抽样率 $f_s = 2f_m$ 称为奈奎斯特（Nquist）频率，最大允许的抽样间隔 $T_s = 1/(2f_m)$ 称为奈奎斯特间隔。

抽样定理指出，由样值序列无失真恢复原信号的条件是 $f_s \geqslant 2f_m$。为了满足抽样定理，在实际应用中应注意在抽样前对模拟信号进行滤波，把高于 1/2 抽样频率的频率成分滤掉。这是抽样中必不可少的步骤，即在抽样之前，先设置一个前置低通滤波器，将模拟信号的带宽限制在 f_m 以下。若前置低通滤波器特性不良或者抽样频率过低，则会产生折叠噪声。

例如，话音信号的最高频率限制在 3400 Hz，这时满足抽样定理的最低的抽样频率 $f_s = 6800$ Hz。为了留有一定的防卫带，CCITT（国际电报电话咨询委员会）规定话音信号的抽样率 $f_s = 8000$ Hz，这样就留出了 $8000 - 6800 = 1200$ Hz 作为滤波器的防卫带。应当指出，抽样频率 f_s 不是越高越好，抽样频率过高，将会降低信道的利用率（因为随着 f_s 升高，数据传输速率也增大，则数字信号的带宽会变宽，导致信道利用率降低）。所以只要能满足 $f_s \geqslant 2f_m$，并有一定频带的防卫带即可。

【例 5.4 - 1】 有一信号：
$$x(t) = \sin(120\pi t) + \sin(50\pi t) + \sin(60\pi t)$$
分析抽样频率为 $f_{s1} = 80$ Hz、$f_{s2} = 120$ Hz、$f_{s3} = 150$ Hz 三种情况下，对 $x(t)$ 进行抽样的频谱。若要恢复原信号 $x(t)$，三个采样频率中应选哪一个？

解 $x(t)$ 信号中包含 60 Hz、25 Hz、30 Hz 三个频率成分，$x(t)$ 信号中的最大频率 $f_m = 60$ Hz。

$f_{s1} = 80$ Hz $< 2f_m$，抽样信号频谱会发生混叠，不能采用；

$f_{s2} = 120$ Hz $= 2f_m$，虽然满足抽样定理，但没有留出防卫带，也不宜采用；

$f_{s3} = 150$ Hz $> 2f_m$，满足抽样定理，又有防卫带，可以采用该频率抽样。

MATLAB 程序如下：

```
f1=80;
f2=120;
f3=150;
n=1:4096;
ln=length(n);
x1=sin(2 * pi * 60/f1 * n)+sin(2 * pi * 25/f1 * n)+sin(2 * pi * 30/f1 * n);
x2=sin(2 * pi * 60/f2 * n)+sin(2 * pi * 25/f2 * n)+sin(2 * pi * 30/f2 * n);
x3=sin(2 * pi * 60/f3 * n)+sin(2 * pi * 25/f3 * n)+sin(2 * pi * 30/f3 * n);
X1=abs((fft(x1)));
X2=abs((fft(x2)));
X3=abs((fft(x3)));
```

```
X1((ln/2+1):ln)=0;
X2((ln/2+1):ln)=0;
X3((ln/2+1):ln)=0;
figure(1), plot(n/ln * f1, X1); legend('fs=80Hz');
xlabel('Hz');
figure(2), plot(n/ln * f2, X2); legend('fs=120Hz');
xlabel('Hz'); axis([0 80 0 2500]);
figure(3), plot(n/ln * f3, X3); legend('fs=150Hz');
xlabel('Hz'); axis([0 80 0 2500]);
```

运行结果如图 5.4 - 5 所示。

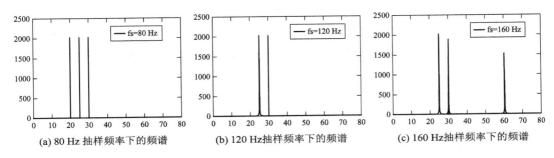

(a) 80 Hz 抽样频率下的频谱　　(b) 120 Hz 抽样频率下的频谱　　(c) 160 Hz 抽样频率下的频谱

图 5.4 - 5　不同抽样频率下信号的频谱

从图 5.4 - 5(a)中可看到有三个频率，分别为 20 Hz、25 Hz、30 Hz，而被抽样信号中没有 20 Hz 的频率，这是由于抽样频率不够高导致的混叠。读者观察快速转动的电扇叶片和飞驰的汽车轮胎也能看到这种出现低频旋转的现象。图 5.4 - 5(b)中看不到 60 Hz 的频谱，是因为抽样频率为 120 Hz，正好抽样值都是 0。图 5.4 - 5(c)符合采样定理，三个频率分量完整呈现。

以上讨论的抽样定理是对低通信号的情况而言的，即应满足 $f_s \geqslant 2f_m$ 的条件。当被抽样信号是带通型信号时，如果仍然按照低通信号的方式进行抽样，则虽然能满足样值频谱不产生重叠的要求，但是无疑 f_s 太高了(因为带通信号的 f_m 高)，将降低信道频宽的利用率，这是不可取的。

5.5　连续时间系统的频域分析

前面几节讨论了傅里叶级数和傅里叶变换的定义及性质，本节将研究系统的激励与响应在频域中的关系，得到一种区别于系统时域分析的方法，为今后的系统设计奠定基础。

1. 频域系统函数

第 3 章介绍了系统的描述方法，包括方程、传输算子、方框图和信号流图，它们都是在时域范围内讨论的，下面分析在频域描述系统的函数。

任何连续时间信号都可分解为脉冲信号。当脉冲宽度趋于无限窄时,脉冲趋于冲激信号,即

$$x(t) = x(t) * \delta(t) \qquad (5.5-1)$$

由前面内容已知,连续时间系统的零状态响应是系统输入和单位冲激响应的卷积,即

$$y_{zs}(t) = x(t) * h(t) \qquad (5.5-2)$$

设

$$y_{zs}(t) \leftrightarrow Y_{zs}(\omega)$$
$$x(t) \leftrightarrow X(\omega)$$
$$h(t) \leftrightarrow H(\omega)$$

根据傅里叶变换的时域卷积定理,对式(5.5-2)进行傅里叶变换,得

$$Y_{zs}(\omega) = X(\omega) \times H(\omega) \qquad (5.5-3)$$

单位冲激响应是在冲激信号作用下的零状态响应,与系统的输入信号无关,因此,可以用单位冲激响应来描述系统的时域特性。$H(\omega)$是单位冲激响应的傅里叶变换,同样,与输入无关,可描述系统的频域特性。

定义频域系统函数:

$$H(\omega) = \frac{Y_{zs}(\omega)}{X(\omega)} = \mathscr{F}[h(t)] \qquad (5.5-4)$$

频域系统函数的求解方法如下:

(1) 通过零状态响应的傅里叶变换与输入的傅里叶变换的比值求得。

(2) 单位冲激响应求傅里叶变换得到(是第一种情况的特例)。

(3) 对描述系统的微分方程两边求傅里叶变换得到。

(4) 根据电路图中的输入和输出关系求得。

下面举例说明各种求解方法。

【例 5.5-1】 已知激励信号 $x(t) = e^{-3t}u(t)$,系统在该激励作用下的零状态响应 $y_{zs}(t) = [e^{-2t} - e^{-3t}]u(t)$,求该系统的频域系统函数 $H(\omega)$。

解

$$x(t) = e^{-3t}u(t) \leftrightarrow X(\omega) = \frac{1}{j\omega + 3}$$

$$y_{zs}(t) = [e^{-2t} - e^{-3t}]u(t) \leftrightarrow Y_{zs}(\omega) = \frac{1}{j\omega + 2} - \frac{1}{j\omega + 3}$$

$$H(\omega) = \frac{Y_{zs}(\omega)}{X(\omega)} = \frac{\dfrac{1}{j\omega + 2} - \dfrac{1}{j\omega + 3}}{\dfrac{1}{j\omega + 3}} = \frac{1}{j\omega + 2}$$

$H(\omega)$是复函数,写成模和辐角的形式:

$$H(\omega) = |H(\omega)| e^{j\varphi(\omega)}$$

$$H(\omega) = \frac{1}{j\omega + 2} = \frac{1}{\sqrt{\omega^2 + 2^2}} e^{-j\arctan\left(\frac{\omega}{2}\right)}$$

该系统的幅频特性和相频特性如图 5.5-1 所示。

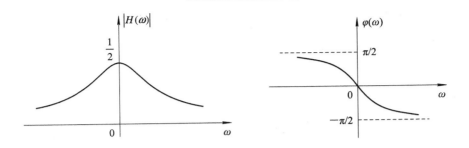

图 5.5 - 1　系统的幅频特性和相频特性

【**例 5.5 - 2**】　已知描述连续时间系统的微分方程为

$$\frac{\mathrm{d}^2 y(t)}{\mathrm{d}t^2} + 3\frac{\mathrm{d}y(t)}{\mathrm{d}t} + 2y(t) = 2\frac{\mathrm{d}x(t)}{\mathrm{d}t} + x(t)$$

求该系统的频域系统函数。

解　对微分方程两边求傅里叶变换，利用傅里叶变换的时域微分特性：

$$(\mathrm{j}\omega)^2 Y(\omega) + 3\mathrm{j}\omega Y(\omega) + 2Y(\omega) = 2\mathrm{j}\omega X(\omega) + X(\omega)$$

$$\left[(\mathrm{j}\omega)^2 + 3\mathrm{j}\omega + 2\right] Y(\omega) = \left[2\mathrm{j}\omega + 1\right] X(\omega)$$

$$H(\omega) = \frac{Y(\omega)}{X(\omega)} = \frac{2\mathrm{j}\omega + 1}{(\mathrm{j}\omega)^2 + 3\mathrm{j}\omega + 2}$$

该频率响应的幅频特性：

$$|H(\omega)| = \sqrt{\frac{(2\omega)^2 + 1}{(2 - \omega^2)^2 + (3\omega)^2}} = \sqrt{\frac{4\omega^2 + 1}{\omega^4 + 5\omega^2 + 4}}$$

$$\varphi(\omega) = \arctan(2\omega) - \arctan\left(\frac{3\omega}{2 - \omega^2}\right)$$

【**例 5.5 - 3**】　图 5.5 - 2 所示电路图的激励信号为电压源 $u(t)$，系统的响应为流过电阻 R_1 的电流 $i_R(t)$，求该系统的频率函数。

解　电感和电容的伏安特性

$$u_L(t) = L\frac{\mathrm{d}i_L(t)}{\mathrm{d}t}$$

$$i_C(t) = C\frac{\mathrm{d}u_C(t)}{\mathrm{d}t}$$

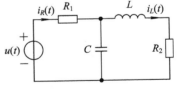

图 5.5 - 2　例 5.5 - 3 电路

第 3 章利用微分和积分算子表示电感和电容的伏安特性，其算子电路如图 5.5 - 3(a)所示，有

$$i_C(t) = Cpu_C(t)$$

$$u_L(t) = Lpi_L(t)$$

$$u(t) = i_R(t)\left(R_1 + (pL + R_2) \mathbin{/\mkern-5mu/} \frac{1}{pC}\right)$$

利用傅里叶变换的时域微分性质，对电容和电感的时域伏安特性求傅里叶变换：

$$I_C(\omega) = \mathrm{j}\omega C U_C(\omega)$$

$$U_L(\omega) = \mathrm{j}\omega L I_L(\omega)$$

频域的电感和电容可以表示为 $j\omega L$、$\dfrac{1}{j\omega C}$，相当于将时域的微分算子用 $j\omega$ 替换，时域电流电压变换成频域电流电压，见图 5.5-3(b)，有

$$U(\omega) = I_R(\omega)\left(R_1 + (j\omega L + R_2) \mathbin{/\!/} \frac{1}{j\omega C}\right)$$

频域系统函数：

$$H(\omega) = \frac{I_R(\omega)}{U(\omega)} = \frac{1}{R_1 + (j\omega L + R_2) \mathbin{/\!/} \dfrac{1}{j\omega C}}$$

$$= \frac{1 - \omega^2 LC + j\omega CR_2}{R_1 + R_2 - \omega^2 LCR_1 + j\omega(L + CR_1R_2)}$$

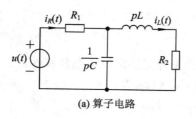 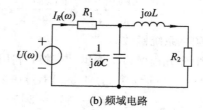

(a) 算子电路　　　　　　　　(b) 频域电路

图 5.5-3　算子电路和频域电路

2. 利用频域系统函数求响应

1) 系统的输入是周期信号

根据周期信号傅里叶级数展开理论，任何一个周期信号都可以分解为复指数函数的线性表示形式。本课程讨论的是线性时不变系统，系统的输出满足叠加原理，下面首先讨论周期信号的基本组成单元——复指数信号作用到线性时不变系统的响应。

设系统的单位冲激响应为 $h(t)$，频域系统函数为

$$H(\omega) = \int_{-\infty}^{\infty} h(t) e^{-j\omega t} dt$$

当输入 $x(t) = K e^{j\omega_1 t}$ 时，零状态响应为

$$y_{zs}(t) = x(t) * h(t) = \int_{-\infty}^{\infty} h(\tau) K e^{j\omega_1(t-\tau)} d\tau = K e^{j\omega_1 t} \int_{-\infty}^{\infty} h(\tau) e^{-j\omega_1 \tau} d\tau$$

$$= K e^{j\omega_1 t} H(\omega_1) = K e^{j\omega_1 t} |H(\omega_1)| e^{j\varphi(\omega_1)} = K |H(\omega_1)| e^{j[\omega_1 t + \varphi(\omega_1)]} \quad (5.5-5)$$

若输入信号的频率 $\omega_1 = 0$，即输入直流 $x(t) = K$，则

$$y_{zs}(t) = KH(0) \quad (5.5-6)$$

结论：复指数信号作用于线性时不变系统的响应，其输出信号的频率与输入信号的频率相同，输出信号的模等于输入信号的模乘以频域系统函数在输入频率处的模，输出信号的相位等于输入信号的相位加上相频特性在输入频率处的值。

【例 5.5-4】　设系统的幅频特性和相频特性如图 5.5-1 所示，输入 $x(t) = 1 + 3e^{j2t}$，求系统的响应。

解　输入信号包含直流和频率 $\omega = 2$ 的复指数信号，系统的幅频特性和相频特性在这两个频率上的值如表 5.5-1 所示，图 5.5-4 上也有体现。

表 5.5 - 1　幅频特性取值和相频
特性取值

频率 ω_1	幅频特性取值	相频特性取值
$\omega_1 = 0$	0.5	0
$\omega_1 = 2$	0.3536	$-\dfrac{\pi}{4}$

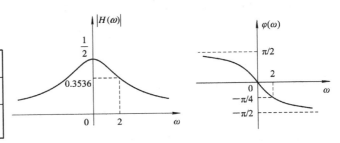

图 5.5 - 4　幅频特性和相频特性

根据上面得出的结论，系统的响应：

$$y(t) = 1 \times H(0) + 3 \times |H(2)| e^{j[2t + \varphi(2)]} = 0.5 + 3 \times 0.3536 e^{j\left(2t - \frac{\pi}{4}\right)}$$

若输入 $x(t) = K\cos(\omega_1 t)$，利用欧拉公式：

$$x(t) = K\cos(\omega_1 t) = \frac{K}{2}\left[e^{j\omega_1 t} + e^{-j\omega_1 t}\right]$$

所以系统响应：

$$y(t) = \frac{K}{2}|H(\omega_1)| e^{j[\omega_1 t + \varphi(\omega_1)]} + \frac{K}{2}|H(-\omega_1)| e^{j[-\omega_1 t + \varphi(-\omega_1)]}$$

傅里叶变换的幅频特性是 ω 的偶函数，相频特性是 ω 的奇函数，因此

$$y(t) = \frac{K}{2}|H(\omega_1)| \{ e^{j[\omega_1 t + \varphi(\omega_1)]} + e^{-j[\omega_1 t + \varphi(\omega_1)]} \}$$

$$= K|H(\omega_1)| \cos[\omega_1 t + \varphi(\omega_1)] \qquad (5.5 - 7)$$

如果输入 $x(t) = K\sin(\omega_1 t)$，有同样的结论：

$$y(t) = \frac{K}{2j}|H(\omega_1)| \{ e^{j[\omega_1 t + \varphi(\omega_1)]} - e^{-j[\omega_1 t + \varphi(\omega_1)]} \}$$

$$= K|H(\omega_1)| \sin[\omega_1 t + \varphi(\omega_1)] \qquad (5.5 - 8)$$

【例 5.5 - 5】　设系统的幅频特性和相频特性如图 5.5 - 1 所示，输入信号为 $x(t)$，求响应。

$$x(t) = 2\cos(2t) + 1.5\sin\left(3t + \frac{\pi}{3}\right)$$

解　系统频率特性在 $\omega = 2$ 时的值，由例 5.5 - 4 已求得。系统幅频特性在 $\omega = 3$ 时的取值为 0.277，相频特性在 $\omega = 3$ 时取值 $-\arctan(1.5)$，所以可直接写出输出响应

$$y(t) = 2 \times 0.3536\cos\left(2t - \frac{\pi}{4}\right) + 1.5 \times 0.277\sin\left[3t + \frac{\pi}{3} - \arctan(1.5)\right]$$

如果输入信号是非正弦的周期信号，则必须先将周期信号作傅里叶级数展开，计算出每一频率的响应，再进行叠加。

2) 系统的输入是非周期信号

根据频域系统函数的定义，系统输入、输出的傅里叶变换和频域系统函数这三者之中已知任意两项，可求得第三项。对于系统分析，系统是确定的，即 $H(\omega)$ 确定，有已知输入求输出、已知输出求输入两种情况；而对于系统综合（即系统设计），是根据用户需要明确输入和输出信号求频域系统函数的过程。本课程主要讨论系统分析。

【例 5.5 – 6】 描述某 LTI 系统的微分方程：

$$\frac{\mathrm{d}y(t)}{\mathrm{d}t} + 2y(t) = x(t)$$

求输入 $x(t) = \mathrm{e}^{-t}u(t)$ 时系统的零状态响应。

解 根据微分方程求出频域系统函数：

$$H(\omega) = \frac{1}{\mathrm{j}\omega + 2}, \quad x(t) = \mathrm{e}^{-t}u(t) \leftrightarrow \frac{1}{\mathrm{j}\omega + 1}$$

系统零状态响应的傅里叶变换：

$$Y_{zs}(\omega) = H(\omega)X(\omega) = \frac{1}{\mathrm{j}\omega + 2} \times \frac{1}{\mathrm{j}\omega + 1} = \frac{1}{\mathrm{j}\omega + 1} - \frac{1}{\mathrm{j}\omega + 2}$$

对上式取傅里叶反变换：

$$y_{zs}(t) = \mathscr{F}^{-1}\left[Y_{zs}(\omega)\right] = \mathscr{F}^{-1}\left[\frac{1}{\mathrm{j}\omega + 1} - \frac{1}{\mathrm{j}\omega + 2}\right] = (\mathrm{e}^{-t} - \mathrm{e}^{-2t})u(t)$$

利用频域求响应，要求熟练掌握常用信号的傅里叶正反变换，省去了繁琐的解方程或求卷积过程。

前面介绍过，周期信号和非周期信号可统一到傅里叶变换，所以，周期信号也可用傅里叶变换的方法求解。例 5.5 – 5 用傅里叶变换方法求解，运算较麻烦，不建议使用。

例 5.5 – 5 中，$x(t) = 2\cos(2t) + 1.5\sin\left(3t + \dfrac{\pi}{3}\right)$

$$2\cos(2t) \leftrightarrow 2\pi\left[\delta(\omega - 2) + \delta(\omega + 2)\right]$$

$$1.5\sin\left(3t + \frac{\pi}{3}\right) \leftrightarrow 1.5\mathrm{j}\pi\left[\delta(\omega + 3)\mathrm{e}^{-\mathrm{j}\frac{\pi}{3}} - \delta(\omega - 3)\mathrm{e}^{\mathrm{j}\frac{\pi}{3}}\right]$$

$$H(\omega) = \frac{1}{\mathrm{j}\omega + 2}$$

$$Y_{zs}(\omega) = \frac{1}{\mathrm{j}\omega + 2}\left\{2\pi\left[\delta(\omega - 2) + \delta(\omega + 2) + 1.5\mathrm{j}\pi\left[\delta(\omega + 3)\mathrm{e}^{-\mathrm{j}\frac{\pi}{3}} - \delta(\omega - 3)\mathrm{e}^{\mathrm{j}\frac{\pi}{3}}\right]\right]\right\}$$

$$= 2\pi\left[\frac{1}{\mathrm{j}2 + 2}\delta(\omega - 2) + \frac{1}{-2\mathrm{j} + 2}\delta(\omega + 2)\right]$$

$$\quad + 1.5\mathrm{j}\pi\left[\frac{1}{-3\mathrm{j} + 2}\delta(\omega + 3)\mathrm{e}^{-\mathrm{j}\frac{\pi}{3}} - \frac{1}{\mathrm{j}3 + 2}\delta(\omega - 3)\mathrm{e}^{\mathrm{j}\frac{\pi}{3}}\right]$$

$$= 2\pi\frac{1}{2\sqrt{2}}\left[\mathrm{e}^{-\mathrm{j}\frac{\pi}{4}}\delta(\omega - 2) + \mathrm{e}^{\mathrm{j}\frac{\pi}{4}}\delta(\omega + 2)\right]$$

$$\quad + 1.5\mathrm{j}\pi\frac{1}{\sqrt{13}}\left[\mathrm{e}^{\mathrm{jarctan}(1.5)}\delta(\omega + 3)\mathrm{e}^{-\mathrm{j}\frac{\pi}{3}} - \mathrm{e}^{-\mathrm{jarctan}(1.5)}\delta(\omega - 3)\mathrm{e}^{\mathrm{j}\frac{\pi}{3}}\right]$$

$$y_{zs}(t) = \mathscr{F}^{-1}\left[Y_{zs}(\omega)\right] = \frac{1}{2\sqrt{2}}\cos\left(2t - \frac{\pi}{4}\right) + \frac{1.5}{\sqrt{13}}\sin\left[3t + \frac{\pi}{3} - \arctan(1.5)\right]$$

5.6 傅里叶变换的应用

基于傅里叶分析法，本节讨论下面三个问题：

(1) 怎样的系统频域函数 $H(\omega)$ 能使接收到的信号与发送端的信号不变形？

（2）怎样滤除频谱上不需要的成分，保留有用的频率？

（3）如何做到同一时间一个信号通道（信道）里传输多个信号而不发生混叠？

以上三个问题的解决方案分别是无失真传输、理想滤波器和调制解调，它们是傅里叶变换的典型应用，下面分别讨论。

5.6.1　系统无失真传输

图 5.6-1 所示的通信系统中，总是希望接收到的信号与发送的信号完全相等，即

$$y(t) = x(t)$$

显然，实际工程中这几乎是不可能完成的任务，信号传输需要时间，延时是必然的；同时也有可能对整个信号进行相应的放大或缩小。因此，定义输出信号与输入信号只有幅度的大小与出现的时间先后不同，波形上没有变化的系统为无失真传输系统，见图 5.6-2。无失真传输用函数表达式(5.6-1)描述：

$$y(t) = Kx(t - t_0) \tag{5.6-1}$$

其中，K 是比例常数，t_0 是输出相对于输入的延时。如果系统对任意的输入信号都能得到满足式(5.6-1)的输出，则称该系统为无失真传输的系统。当输入为单位冲激信号时，输出的单位冲激响应也应满足：

$$h(t) = K\delta(t - t_0) \tag{5.6-2}$$

这是无失真传输时域的判断条件。

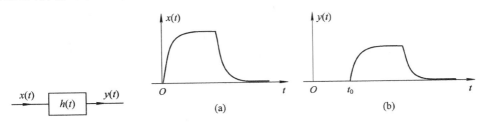

图 5.6-1　通信系统　　　　图 5.6-2　无失真传输的输入和输出信号

对式(5.6-2)求傅里叶变换：

$$H(\omega) = K e^{-j\omega t_0} \tag{5.6-3}$$

$$|H(\omega)| = K, \quad \varphi(\omega) = -\omega t_0 \tag{5.6-4}$$

即无失真传输系统的幅频特性为常数，相频特性为斜率为 $-t_0$ 的直线，见图 5.6-3。

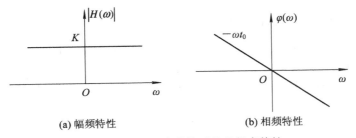

(a) 幅频特性　　　　　　　(b) 相频特性

图 5.6-3　无失真传输系统的频率特性

信号经系统传输，要受到系统函数的加权，输出波形发生变化，与输入波形不同，则产生失真。

- 非线性系统产生非线性失真——产生新的频率成分。
- 线性系统的失真——不产生新的频率成分。

线性系统的失真有如下两类：

- 幅度失真：输出信号中各频率分量的幅度产生不同程度的衰减。
- 相位失真：各频率分量产生的相移不与频率成正比，各频率分量的响应在时间轴上的相对位置产生变化。

【例 5.6-1】 图 5.6-4 是某线性系统的输入、输出波形，输入信号如图 5.6-4(a)所示，它由两个频率组成，即 $x(t) = \sin t + \sin(2t)$，输出波形见图 5.6-4(b)，判断该系统是否无失真传输。

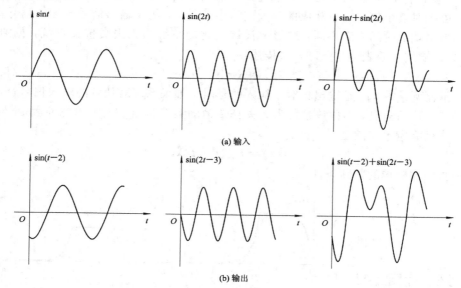

图 5.6-4　例 5.6-1 图

解　本题讨论的是线性系统，因此输出不会产生新的频率。输入信号中含有 $\omega=1$ 和 $\omega=2$ 的正弦信号，输出中同样含有这两个频率。若系统无失真传输，由 $\sin t$ 输入得到 $\sin(t-2)$ 的输出可见，无失真传输系统频率函数 $H(\omega) = Ke^{-j\omega t_0}$ 中的参数 $K=1$，$t_0=2$，则对于 $\sin 2t$ 的输入，其输出应该为 $K\sin 2(t-t_0) = \sin(2t-4)$，而实际输出是 $\sin(2t-3)$，所以系统不符合无失真传输。具体来说，对两个频率，幅频特性都是常数 $K=1$，不存在失真，而相位与频率不成线性，所以是相位失真。

综上所述，时域单位冲激响应满足 $h(t) = K\delta(t-t_0)$ 的系统是无失真传输的系统；频域系统函数满足 $H(\omega) = Ke^{-j\omega t_0}$ 的系统是无失真传输的系统。这两个式子分别称为无失真传输的时域和频域判据。

【例 5.6-2】 分析图 5.6-5(a)所示的 RC 电路，输入为电压源 $u(t)$，输出是电容两端电压 $u_C(t)$，简述该系统能否实现无失真传输。

解　方法一　直接分析法。

要证明系统无失真传输，需要判断所有可能的输入对应的输出是否满足无失真条件，而否定系统无失真传输只需举一个反例。

输入直流电压，$u(t) = E$，则输出 $u_C(t) = E$。

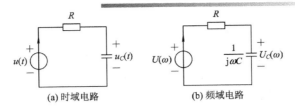

图 5.6 - 5　RC 电路

输入 $u(t) = E\cos(\omega t)$，当 ω 很大时，输出 $u_C(t) = 0$。

因此，该系统不满足无失真传输系统的判据。

方法二　公式分析法。

该系统的频域电路如图 5.6 - 5(b)所示。

$$H(\omega) = \frac{U_C(\omega)}{U(\omega)} = \frac{\dfrac{1}{j\omega C}}{R + \dfrac{1}{j\omega C}} = \frac{1}{1 + j\omega CR}$$

$$|H(\omega)| = \frac{1}{\sqrt{1 + (\omega CR)^2}}$$

即系统的幅频特性与输入信号的频率有关，而非常数，因此可得到该系统不能实现无失真传输的结论。

5.6.2　理想滤波器

理想低通滤波

滤波器是一种选频装置，可以使信号中特定的频率成分通过，极大地衰减其他频率成分；而理想滤波器则是无失真地通过某些频率，消除另一些频率的系统。在测试装置中，利用滤波器的这种选频作用可以滤除干扰噪声。例如，录制的音频信号中，若噪声的频率与音频信号的频谱不重叠，则可以利用选择性滤波器滤除噪声。

理想滤波器根据选频作用可分为理想低通滤波器、理想高通滤波器、理想带通滤波器和理想带阻滤波器，其分析方法及原理相同。下面以理想低通滤波器为例进行介绍。

理想低通滤波器在通带内无失真传输，其系统的幅频特性和相频特性如图 5.6 - 6 所示，其中 ω_c 为低通滤波器的截止频率。

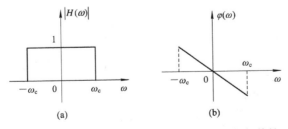

图 5.6 - 6　理想低通滤波器的幅频特性和相频特性

5.5 节讨论了连续时间系统的频域分析，得出结论：

对于频域系统函数为 $H(\omega)$ 的系统，输入 $x(t) = K e^{j\omega_1 t}$ 时，输出

$$y(t) = K |H(\omega_1)| e^{j[\omega_1 t + \varphi(\omega_1)]}$$

输入 $x(t) = K\cos(\omega_1 t)$ 时，输出

$$y(t) = K |H(\omega_1)| \cos[\omega_1 t + \varphi(\omega_1)]$$

总之，输入信号的频率 ω_1 在通带 $(-\omega_c, \omega_c)$ 内，有 $|H(\omega_1)| = 1$，$\varphi(\omega_1) = -\omega_1 t_0$，输出信号的幅度与输入信号相同；反之，输入信号的频率 ω_1 在通带 $(-\omega_c, \omega_c)$ 之外，则

$$|H(\omega_1)| = 0, \quad y(t) = 0$$

意味着将 ω_1 的频率成分滤除了。

【例 5.6 – 3】 将信号 $x(t) = 2\cos\left(2t + \dfrac{\pi}{3}\right) + 3\sin\left(5t + \dfrac{\pi}{4}\right)$ 输入至截止频率 $\omega_c = 3$，$t_0 = 1.5$ 的理想低通滤波器，求输出信号。

解 $x(t)$ 信号包含 2、5 两个频率，频率 2 在通带内，按无失真传输输出，频率 5 在通带外，被滤除。所以，系统的输出

$$y(t) = 2 \times 1 \times \cos\left(2t + \frac{\pi}{3} - 2 \times 1.5\right)$$

【例 5.6 – 4】 一个线性时不变系统的冲激响应 $h(t) = \dfrac{\sin(2\pi t)}{\pi t}$。

（1）求频域系统函数 $H(\omega)$。

（2）输入信号 $x_1(t) = 3\cos(4\pi t) \times \sin(5\pi t)$，求输出 $y_1(t)$。

（3）输入信号

$$x_2(t) = \sum_{k=-\infty}^{\infty} \delta\left(t - \frac{10}{3}k\right)$$

求输出 $y_2(t)$。

解 （1）冲激响应的傅里叶变换等于频域系统函数：

$$H(\omega) = \mathscr{F}[h(t)] = g_{4\pi}(\omega) = u(\omega + 2\pi) - u(\omega - 2\pi)$$

（2） $$x_1(t) = 3\cos(4\pi t) \times \sin(5\pi t) = \frac{3}{2}[\sin(\pi t) + \sin(9\pi t)]$$

频率 π 在通带内，9π 在通带外，所以输出

$$y_1(t) = \frac{3}{2}\sin(\pi t)$$

（3） $x_2(t)$ 是周期信号，按傅里叶级数展开：

$$x_2(t) = \sum_{k=-\infty}^{\infty} \delta\left(t - \frac{10}{3}k\right) = \frac{3}{10}\sum_{k=-\infty}^{\infty} e^{jk\omega_1 t} = \frac{3}{10}\sum_{k=-\infty}^{\infty} e^{jk\frac{3\pi}{5}t}$$

上面傅里叶级数的展开式中，只有 $k = 0$，1，2，3，-1，-2，-3 的频率 0、$\pm 3\pi/5$、$\pm 6\pi/5$、$\pm 9\pi/5$ 在通带内允许输出，其他滤除，所以

$$y_2(t) = \frac{3}{10}\sum_{k=-3}^{3} e^{jk\frac{3\pi}{5}t} = \frac{3}{10} + \frac{3}{5}\left[\cos\left(\frac{3\pi}{5}t\right) + \cos\left(\frac{6\pi}{5}t\right) + \cos\left(\frac{9\pi}{5}t\right)\right]$$

上面讨论的理想滤波器是个模型，对于输入信号中的频率分量要么完全输出，要么完全阻止输出。所有物理可实现的系统都是因果的，即所有系统的输出只能出现在输入之后，单位冲激响应是系统单位冲激信号的响应。如果冲激响应是非因果的，即 $t < 0$ 时冲激响应不等于 0，那么该系统是非因果的，在物理上无法实现。

将图 5.6 – 6 所示的理想滤波器的频率特性用函数表示为

$$H(\omega) = \begin{cases} e^{-j\omega t_0} & (|\omega| < \omega_c) \\ 0 & (其他) \end{cases}$$

对频域特性函数进行傅里叶反变换得到单位冲激响应:

$$h(t) = \mathscr{F}^{-1}[H(\omega)] = \frac{\omega_c}{\pi}\mathrm{Sa}[\omega_c(t - t_0)]$$

理想低通滤波器的冲激响应在冲激信号未到来之前就有输出了,这显然违背因果规律,见图 5.6 - 7。

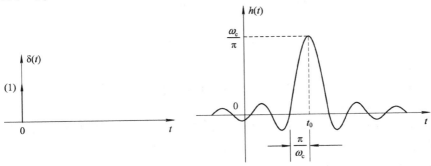

图 5.6 - 7　理想低通滤波器的单位冲激响应

虽然理想滤波器无法实现,但作为一个滤波器的模型,研究它仍然具有实际意义,应取合适的电路参数以尽量逼近理想模型。

【例 5.6 - 5】　指出图 5.6 - 5(a)所示的 RC 电路属于哪一类选频滤波器。

解

$$H(\omega) = \frac{U_c(\omega)}{U(\omega)} = \frac{\dfrac{1}{\mathrm{j}\omega C}}{R + \dfrac{1}{\mathrm{j}\omega C}} = \frac{1}{1 + \mathrm{j}\omega CR}$$

$$|H(\omega)| = \frac{1}{\sqrt{1 + (\omega CR)^2}}$$

当输入信号是直流时,$\omega = 0$,$|H(\omega)| = 1$,输入信号完全输出。

当输入信号的频率很高趋于无穷时,$\omega = \infty$,$|H(\omega)| = 0$,输入信号完全滤除。

ω 从 0 逐渐变大,$|H(\omega)|$ 越来越小,直到趋于零。

综上分析得出:频率越低的信号越容易输出,图 5.6 - 5(a)所示电路属于低通滤波器。

5.6.3　调制解调

有 $f_1(t)$、$f_2(t)$ 两个音频信号,欲在同一信道内同时传输,若简单地将两个信号相加传输,则在接收端无法分离。信号的时域和频域一一对应,可在频域将两信号分离(即时域分离),但由于 $f_1(t)$、$f_2(t)$ 是话音信号,因此其频谱在 300~3400 kHz 频段内也无法直接分离。如果将其中一个信号的频谱搬离至非话音信号的频段,就能解决此问题。傅里叶变换的频移性质就能实现频谱的搬移:

$$f(t)\mathrm{e}^{\mathrm{j}\omega_0 t} \leftrightarrow F(\omega - \omega_0)$$

所以,理论上只需对两个话音信号乘以不同频率的复指数信号,就能做到频谱分离,即

$$f_1(t)\mathrm{e}^{\mathrm{j}\omega_1 t} \leftrightarrow F_1(\omega - \omega_1),\ f_2(t)\mathrm{e}^{\mathrm{j}\omega_2 t} \leftrightarrow F_2(\omega - \omega_2)$$

实际工程中直接产生复指数信号困难,而余弦信号利用欧拉公式展开是两个复指数信号:

$$\cos(\omega_0 t) = \frac{1}{2}(e^{j\omega_0 t} + e^{-j\omega_0 t})$$

在时域对两个期望在同一信道中传输的信号乘以不同频率的余弦信号，即可实现信号在频域的分离：

$$f_1(t)\cos(\omega_1 t) \leftrightarrow \frac{1}{2}\left[F_1(\omega + \omega_1) + F_1(\omega - \omega_1)\right]$$

$$f_2(t)\cos(\omega_2 t) \leftrightarrow \frac{1}{2}\left[F_2(\omega + \omega_2) + F_2(\omega - \omega_2)\right]$$

这种将某一含有信息的信号 $f(t)$ 加载到另一个信号 $\cos(\omega_0 t)$ 的过程，称为调制。余弦信号 $\cos(\omega_0 t)$ 只是搭载传输信号的信号，称为载波信号。$f(t)$ 称为调制信号，$f(t)\cos\omega_0 t$ 称为已调信号。

余弦信号有振幅、频率、相位三个要素。若调制信号改变的是载波信号的振幅，则称为调幅；若改变的是载波信号的频率或相位，则称为调频或调相。

下面介绍正弦载波的幅度调制，图 5.6-8 是其示意图。

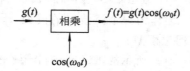

图 5.6-8 正弦载波的幅度调制

调制信号、载波信号与已调信号的时域和频域函数：

$$g(t) \leftrightarrow G(\omega)$$

$$\cos(\omega_0 t) \leftrightarrow \pi\left[\delta(\omega + \omega_0) + \delta(\omega - \omega_0)\right]$$

$$g(t)\cos(\omega_0 t) \leftrightarrow \frac{1}{2}\left[G(\omega + \omega_0) + G(\omega - \omega_0)\right]$$

这些信号的时域和频域波形示意图见图 5.6-9。

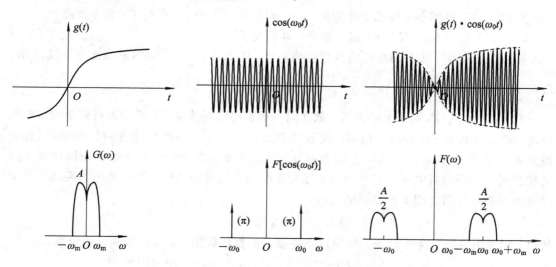

图 5.6-9 幅度调制信号的时域和频域波形

在通信系统的接收端，从已调信号中将调制信号恢复出来的过程称为解调。常用的解调方法有：同步解调和非同步解调。

1. 同步解调

如图 5.6 - 10 所示，对已调信号乘以调制时的载波信号，再经过一个理想低通滤波器就可恢复原信号。

$$g(t)\cos^2(\omega_0 t) \leftrightarrow \frac{1}{4}\left[G(\omega + 2\omega_0) + 2G(\omega) + G(\omega - 2\omega_0)\right]$$

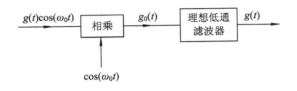

图 5.6 - 10　同步解调

低通滤波器将 $G(\omega)$ 保留，另两个频谱滤除，见图 5.6 - 11。

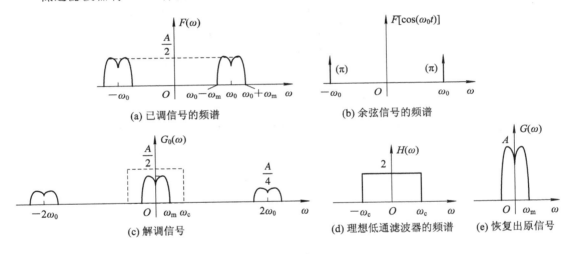

图 5.6 - 11　同步解调频谱图

同步解调的缺点是：接收端必须有与发射端同频同相的余弦信号，否则不能得到原始信号。这使得接收机结构复杂化。为了克服这个缺点，在一对多的系统中经常使用非同步解调。

2. 非同步解调

非同步解调避免了在调制器和解调器间需要同步的困难。若调制信号的函数值有正有负，则已调信号中存在载波反相点，见图 5.6 - 12。若调制信号的函数值始终是正的，则已调信号的包络线就是调制信号的变化规律。因此，要利用非同步解调，必须保证调制信号的函数值都是正值，如果不能保证正值，就在调制信号上加一直流使它为正，见图 5.6 - 12。

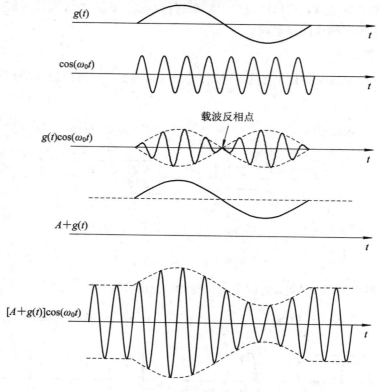

图 5.6-12 非同步解调的频谱图

在接收端将已调信号作为图 5.6-13 所示的包络线检波器的输入，在输出端即可得到调制信号。

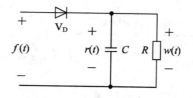

图 5.6-13 非同步解调包络线检波器

5.7 实 例 分 析

本节主要介绍傅里叶分析在实际工程中的应用。

实例一：手机之所以能够打电话，是因为它背后有一个庞大的系统在支持着它。

首先简述其通话过程。

手机 A 拨打手机 B：手机 A 通过信号塔呼叫 B 的号码时，塔台对呼叫信号进行分析，判断出 B 号码归属地，通知 B 号码归属地系统查找 B 号码的数据库。在数据库对应的表中找到相关的信息，通过查询看现在用户的位置信息属于哪个小区下面，并且是否空闲，如果空闲，则临时分配一个能体现出当前位置信息的号码，手机 B 所在地将该号码发给主叫号码所在网，由主叫分析当前手机 B 所有的号码信息，直接选择一条线路向手机 B 发出呼叫（在此之前是听不到任何回铃音或者彩铃的），此时主叫就能听到彩铃或者回铃音了，被叫的手机开始振铃。

下面选取与傅里叶分析相关的部分进行分析。

手机最初的功能是传输话音信号，话音信号又称语音信号。我们能够听见的音频信号的频率范围是 20 Hz～20 kHz，要将它变成脉冲信号加载到载波上传送，首先要将这一低频话音信号进行抽样。抽样是模/数转换中常用的技术，假设模拟信号是一个连续的正弦波或余弦波，要用一系列脉冲信号对它进行基本不失真的再现，那么抽样的频率就要足够高，这样才能使信号得到还原。依据抽样定律，抽样频率应大于等于抽样信号频率的两倍，才能不失真。在目前的数字手机中，电话信号的频率范围为 300～3400 Hz，抽样频率都采用 8 kHz，这个抽样率是足可以保证信号的可信度的。数字脉冲信号只有 0 和 1 两种，经过抽样后的脉冲波，其振幅有大有小，要对一个脉冲波进行准确的描述，就要对它的"高度"也有一个定义，这就是量化的过程。

无线电通信主要靠电磁波来传送信息，如果传送距离遥远，则需要靠卫星中转。除此以外，信息高速公路由光纤铺就而成，具有传输速度快、传输容量大的特点。

在移动通信中常见的有基带调制和射频调制。

1. 基带调制

基带信号是指在信号被调制之前，利用抽样对原始话音信号进行离散化，并进行信道编码。基带信号是发生在数字域上的调制。

基带调制的目的是把需要传输的原始信息在时域、频域上进行处理，以实现用尽量小的带宽传输尽量多的信息。

GMSK、QPSK、8PSK、16QAM、64QAM 表示不同的调制方法，就是把原始的信息"简化编码"，以实现用最少的符号（symbol）来代表数据位（bit）。例如，GMSK 表示 symbol＝1 bit，QPSK 表示 symbol＝2 bit，64QAM 表示 symbol＝6 bit。

完成这些信号映射，基带调制最终输出：

$$I_b = A_b(t)\sin(\omega_b t)$$
$$Q_b = A_b(t)\cos(\omega_b t)$$

其中：$A_b(t)$ 为基带信号（原始信号）的幅度，$\omega_b t$ 为基带信号（原始信号）的相位。

2. 射频调制

从射频角度来说，射频调制也称为频谱搬移，其目的是把基带调制的信号搬移到射频频谱上，这样信号才能以无线的方式发射出去。

原信号的频率低，不适合无线发射。为了在一个信道上多发射信息，需要进行调制。设载波信号的频率为 ω_c，射频调制可以用纯粹的三角函数来表示：

$$Q_b\cos(\omega_c t) - I_b\sin(\omega_c t) = A_b(t)[\cos(\omega_b t)\cos(\omega_c t) - \sin(\omega_b t)\sin(\omega_c t)]$$
$$= A_b(t)[\cos(\omega_b + \omega_c)t]$$

至此，原信号的频谱从 ω_b 搬到了 $\omega_b + \omega_c$ 上。改变 ω_c，即可发射另一路信号而不发生混频。

实例二：本实例为作者所在团队已应用到大洋科学考察的探测设备。

图 5.7-1 是深海中深孔岩芯钻机框图。该设备的功能是在深海底钻取岩芯样品。该系统分为水上和水下两部分，如图 5.7-2 所示。

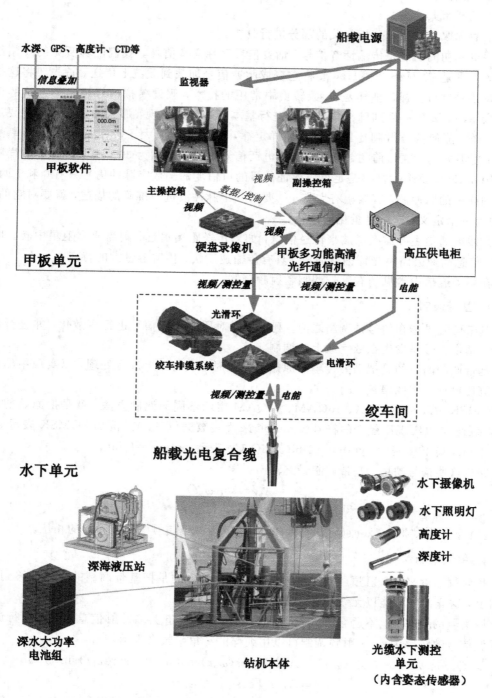

图 5.7-1 深海中深孔岩心钻机框图

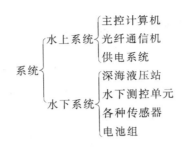

图 5.7-2　深海中深孔岩芯钻机系统组成

水上系统和水下系统用光电复合电缆连接，电能通过电缆传输，控制命令和视频信号通过光缆传输。该系统的整体工作流程为：甲板主控计算机接收操作人员指令后，通过光纤通信机发送至水下测控单元，水下测控单元接收到指令并解析后发送至深海液压站，深海液压站接收到测控指令后，借助深海液压系统驱动钻机本体机械机构完成所有设计动作，从而完成海底取样。

在寻址过程中，测控单元中的高清视频监控系统采集安装于本体上的水下高清摄像机的视频，低照度摄像机配合可移动装置（待选）实现精确寻址；在取样过程中，测控单元中的视频监控系统采集安装于本体上的 4 路摄像机的视频；数据采集系统采集高度计、深度计等传感器的数据，并实时传输至甲板单元，使得操作人员可借助监控画面完成取样，从而大幅提高取样作业的效率。

该设备中的传输缆是一根光纤，主控计算机通过这根光缆将指令发送到水下，控制水下执行机构动作；水下视频信号和各种传感器的数据通过这根光缆传输至甲板系统。可见，在这根光纤上既有下行的命令，又有上行的图像和数据，要使它们同时传输而不产生互相干扰，从时域的角度很难分析，基本思路是将各种信号搬移到不同的频段传输，同时还要分析光缆的频率特性，尽量选择在光缆衰减较小的区域，实现无失真传输。

该设备的重点是：结合了高清视频光纤传输、视频实时处理与显示、远程供电等关键技术，在万米铠装光电复合缆上同时实现了水下装备的甲板供电，以及多路高清监控视频和测控数据的实时交互传输，并且大幅度提升了监控视频与测控数据传输的可靠性。

实例三：深海长距离大功率能源与图像信息混合传输技术。

该技术是国家 863 计划的资助项目，通过对视频编解码、数字宽带传输、水下嵌入式测控、大功率直流逆变、高压直流数据耦合等关键技术的实施，在万米铠装单芯同轴缆上实现了水下彩色监控视频/测控数据的同缆混合传输，大幅提升了深海探测取样的准确度、成功率以及连续作业时间。由于传输距离长，无法实现中继，因此此技术的重中之重是信号的调制和解调技术。

图 5.7-3 所示为该技术的实现原理图。

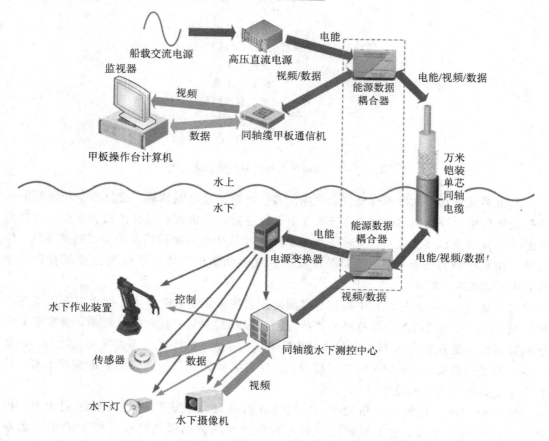

图 5.7-3　深海长距离大功率能源与图像信息混合传输

习　题　5

5-1　证明：$\cos t$，$\cos(2t)$，…，$\cos(nt)$（n 为正整数）是在区间 $(0，2\pi)$ 的正交函数集。它是否为完备的正交函数集？

5-2　实周期信号 $f(t)$ 在一个周期 $\left(-\dfrac{T}{2}，\dfrac{T}{2}\right)$ 内的能量定义为

$$E=\int_{-\frac{T}{2}}^{\frac{T}{2}}f^2(t)\mathrm{d}t$$

假设有和信号 $f(t)=f_1(t)+f_2(t)$。

（1）若 $f_1(t)$ 和 $f_2(t)$ 在区间 $\left(-\dfrac{T}{2}，\dfrac{T}{2}\right)$ 内相互正交，证明和信号的总能量等于各信号的能量之和。

（2）若 $f_1(t)$ 和 $f_2(t)$ 相互不正交，求和信号的总能量。

5-3　求题 5-3 图所示周期信号的三角形式和指数形式的傅里叶级数，并画出频谱图。

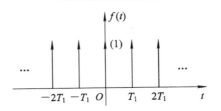

题 5-3 图

5-4 若周期矩形信号 $f(t)$ 的波形如题 5-4 图所示，求傅里叶级数的三角函数形式和指数函数形式。参数为下列各种情况时，分别求谱线间隔和带宽。

(1) $\tau = 0.5\ \mu s,\ T_1 = 5\ \mu s,\ E = 1\ V$；

(2) $\tau = 0.5\ \mu s,\ T_1 = 15\ \mu s,\ E = 1\ V$；

(3) $\tau = 1.5\ \mu s,\ T_1 = 15\ \mu s,\ E = 1\ V$。

根据以上计算结果，分析谱线间隔和带宽分别随什么变化而变化。

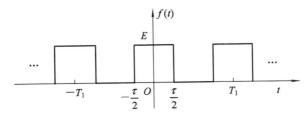

题 5-4 图

5-5 画出周期信号 $f(t) = 1 + 2\cos(\pi t) + \sin(3\pi t)$ 的双边频谱图。

5-6 周期信号 $f(t)$ 的幅度谱和相位谱分别如题 5-6 图(a)、(b)所示，试写出 $f(t)$ 的三角形式傅里叶级数表达式。

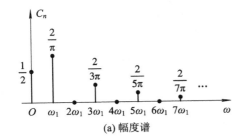

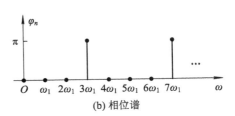

题 5-6 图

5-7 已知周期函数 $f(t)$ 半个周期的波形如题 5-7 图所示，根据下列条件画出 $f(t)$ 在一个周期 $(0 \leqslant t < T_1)$ 的波形，并分析傅里叶级数展开的特点。

(1) $f(t)$ 是偶函数。

(2) $f(t)$ 是奇函数。

(3) $f(t)$ 是奇谐函数。

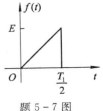

题 5-7 图

5-8 一个周期为 T_1 的周期信号 $f(t)$，已知其指数形式的傅里叶系数为 F_n，求下列周期信号的傅里叶系数。

(1) $f_1(t) = f(t - t_0)$；

(2) $f_2(t) = f(-t)$；

(3) $f_3(t) = \dfrac{\mathrm{d}f(t)}{\mathrm{d}t}$；

(4) $f_4(t) = f(at)\,(a > 0)$。

5-9 求题5-9图所示信号的傅里叶变换。

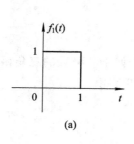
(a)

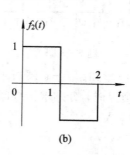
(b)

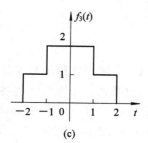
(c)

题5-9图

5-10 计算下列信号的傅里叶变换。

(1) $\mathrm{e}^{-2(t-3)} u(t-3)$；

(2) $t\,\mathrm{e}^{-4t} u(t)$；

(3) $u(t+4) - u(t-4)$；

(4) $\cos(4\pi t) u(t)$；

(5) $\mathrm{e}^{-3t} \sin(2t) u(t)$；

(6) $\dfrac{\sin[2\pi(t-3)]}{5\pi(t-3)}$；

(7) $\sin\left(2\pi t - \dfrac{\pi}{3}\right)$；

(8) $\dfrac{6}{3^2 + t^2}$。

5-11 已知题5-11图(a)所示的信号 $f_1(t)$ 的傅里叶变换 $F_1(\omega)$，求题5-11图(b)所示的信号 $f_2(t)$ 的傅里叶变换 $F_2(\omega)$。

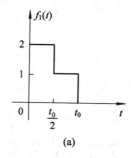
(a)

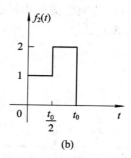
(b)

题5-11图

5-12 试求下列频谱函数的傅里叶反变换。

(1) $\dfrac{\mathrm{e}^{\mathrm{j}3\omega}}{2 + \mathrm{j}\omega}$；　(2) $u(\omega + 3) - u(\omega - 3)$；　(3) $\cos(2\omega)$；　(4) $4\mathrm{Sa}(\omega)\cos(3\omega)$；

(5) $\dfrac{3}{-2 + \mathrm{j}\omega}$；　(6) $\delta(\omega - 4) + 3$；　(7) $\dfrac{1}{\mathrm{j}\omega}(1 - \mathrm{e}^{\mathrm{j}2\omega})$；　(8) $\dfrac{2}{(3 + \mathrm{j}\omega)^2}$。

5-13 某系统的频率系统函数的幅频特性和相频特性如题5-13图所示，求该系统的单位冲激响应。

5-14 有一因果LTI系统，其频率响应为

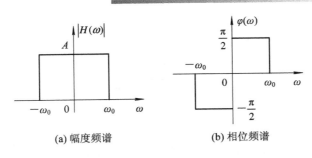

(a) 幅度频谱　　　　(b) 相位频谱

题 5 - 13 图

$$H(\omega) = \frac{1}{\mathrm{j}\omega + 3}$$

对于某一特定的输入 $x(t)$，观察到系统的输出

$$y(t) = (\mathrm{e}^{-3t} + \mathrm{e}^{-4t})u(t)$$

求 $x(t)$。

5 - 15　低通滤波器的频率特性如题 5 - 15 图所示，输入信号：

(1) $x(t) = 1 + 2\cos(4t) + \cos(8t)$；

(2) $x(t) = 2\sin^2(\pi t) + 2\cos^2(5\pi t)$，

求低通滤波器的输出 $y(t)$，并画出输入信号 $x(t)$ 及输出信号 $y(t)$ 的频谱图。

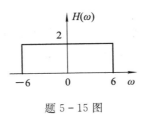

题 5 - 15 图

5 - 16　题 5 - 16 图(a)为 AM 调制解调系统，低通滤波器的频率特性如题 5 - 16 图(b)所示，输入 $x(t) = \mathrm{Sa}(\pi t)$，$s_1(t) = s_2(t) = \cos(20t)$。求输出 $y(t)$ 并画出各信号的频谱。

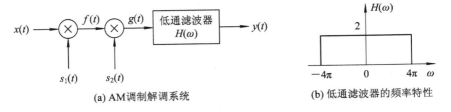

(a) AM调制解调系统　　　　　　(b) 低通滤波器的频率特性

题 5 - 16 图

5 - 17　理想带通滤波器的频率特性如题 5 - 17 图所示，输入信号 $x(t) = 1 + 2\cos(4t) + \cos(8t)$，求带通滤波器的输出 $y(t)$，并画出输入信号 $x(t)$ 及输出信号 $y(t)$ 的频谱图。

5 - 18　题 5 - 18 图(a)是一个输入信号为 $x(t)$、输出信号为 $y(t)$ 的调制解调系统。题 5 - 18 图(b)、(c)、(d)分别是输入信号的傅里叶变换 $X(\omega)$、$H_1(\omega)$、$H_2(\omega)$，试概略画出 A、B、C 各点信号的频谱及 $y(t)$ 的频谱。

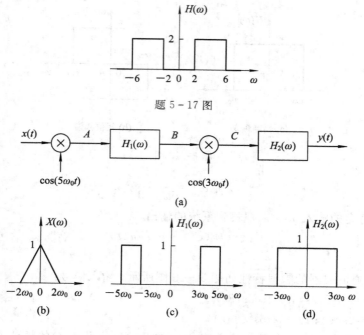

题 5 - 17 图

(a)

(b)　　　　　(c)　　　　　(d)

题 5 - 18 图

5 - 19　设模拟带限信号的最高频率 $f_m = 3\ \text{kHz}$。

（1）试确定对模拟信号的取样频率，以使其取样信号能重建原信号。

（2）试确定用此取样信号重建原信号时的理想低通滤波器的最小截止频率。

（3）若所采用的实际低通滤波器的截止频率为 $f_c = 6\ \text{kHz}$，则模拟信号取样频率最小为多少才能保证重建原信号？

5 - 20　利用傅里叶变换性质证明：

$$\int_{-\infty}^{\infty} \text{Sa}^2(t)\mathrm{d}t = \pi$$

5 - 21　已知系统的输入为 $x(t)$，系统输出为 $y(t)$，求下列系统的频率响应 $H(\omega)$。

（1）$y(t) = \dfrac{\mathrm{d}}{\mathrm{d}t}x(t)$；　（2）$y(t) = x(t - t_0)$；　（3）$y(t) = \displaystyle\int_{-\infty}^{t} x(\tau)\mathrm{d}\tau$；

（4）$\dfrac{\mathrm{d}^2}{\mathrm{d}t^2}y(t) + 3\dfrac{\mathrm{d}}{\mathrm{d}t}y(t) + 2y(t) = \dfrac{\mathrm{d}}{\mathrm{d}t}x(t) + 4x(t)$。

5 - 22　已知信号 $f(t)$ 如题 5 - 22 图所示，其傅里叶变换 $F(\omega) = |F(\omega)|\mathrm{e}^{\mathrm{j}\varphi(\omega)}$。

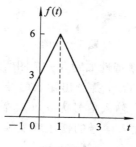

题 5 - 22 图

（1）求 $F(0)$ 的值。

（2）求积分 $\displaystyle\int_{-\infty}^{\infty} F(\omega)\mathrm{d}\omega$。

（3）求信号 $f(t)$ 的能量。

5-23　题 5-23 图(a)所示的周期性方波电压作用于 RL 电路（见题 5-23 图(b)），试求电流 $i(t)$ 的前五次谐波。

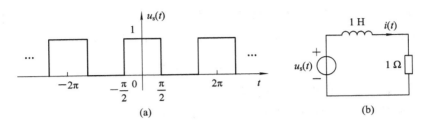

题 5-23 图

第6章 连续时间系统的 s 域分析

以傅里叶变换为基础的频域分析法的优点在于：它给出的结果有着清楚的物理意义。但也有不足之处，傅里叶变换只能处理符合绝对可积条件的信号，即

$$\int_{-\infty}^{\infty} |f(t)| \, dt < \infty$$

而有些信号是不满足绝对可积条件的，因而其信号的分析受到限制。

另外，在求时域响应时运用傅里叶反变换对频率进行无穷积分：

$$f(t) = \frac{1}{2\pi}\int_{-\infty}^{\infty} F(\omega) e^{j\omega t} \, d\omega = \mathscr{F}^{-1}[F(\omega)]$$

上式的求解是困难的。

在本章将把频域中的傅里叶变换推广到复频域，引入复频率 $s = \sigma + j\omega$，以复指数函数 e^{st} 为基本信号。由于用于系统分析的独立变量是复频率 s，故称为 s 域分析。

6.1 拉普拉斯变换

6.1.1 从傅里叶变换到拉普拉斯变换

有些函数不满足绝对可积条件，求解傅里叶变换困难，为此，可用一衰减因子 $e^{-\sigma t}$（σ 为实常数）乘信号 $f(t)$，适当选取 σ 的值，使乘积信号 $f(t)e^{-\sigma t}$ 满足绝对可积条件，从而使 $f(t)e^{-\sigma t}$ 的傅里叶变换存在，即

$$\mathscr{F}[f(t)e^{-\sigma t}] = \int_{-\infty}^{\infty} f(t)e^{-\sigma t} e^{-j\omega t} \, dt = \int_{-\infty}^{\infty} f(t)e^{-(\sigma+j\omega)t} \, dt = F(\sigma+j\omega) \quad (6.1-1)$$

相应的傅里叶反变换为

$$f(t)e^{-\sigma t} = \frac{1}{2\pi}\int_{-\infty}^{\infty} F(\sigma+j\omega)e^{j\omega t} \, d\omega \quad (6.1-2)$$

式（6.1-2）两边同乘 $e^{\sigma t}$，得

$$f(t) = \frac{1}{2\pi}\int_{-\infty}^{\infty} F(\sigma+j\omega)e^{(\sigma+j\omega)t} \, d\omega \quad (6.1-3)$$

令 $s = \sigma + j\omega$，则 $d\omega = ds/j$，代入式（6.1-1）、式（6.1-3）可得

$$F(s) = \int_{-\infty}^{\infty} f(t)e^{-st} \, dt \quad (6.1-4)$$

$$f(t) = \frac{1}{2\pi j}\int_{\sigma-j\infty}^{\sigma+j\infty} F(s)e^{st} \, ds \quad (6.1-5)$$

$f(t)$ 称为 $F(s)$ 的拉普拉斯反变换（或原函数），$F(s)$ 称为 $f(t)$ 的拉普拉斯变换（或象函数）。为了简便，拉普拉斯变换与反变换通常记为

$$\begin{cases} F(s)=\mathscr{L}[f(t)] \\ f(t)=\mathscr{L}^{-1}[F(s)] \end{cases} \qquad (6.1-6)$$

也常简记为变换对:

$$f(t)\leftrightarrow F(s) \qquad (6.1-7)$$

只有选择适当的 σ 值才能使积分式(6.1-4)收敛,从而使信号 $f(t)$ 的拉普拉斯变换存在。定义使 $F(s)$ 存在的 σ 的区域为拉普拉斯变换的收敛域,记为 ROC(Region Of Convergence)。

【例 6.1-1】 求下列 $f(t)$ 的拉普拉斯变换及收敛域。

(1) $f_1(t)=\mathrm{e}^{-t}u(t)$;

(2) $f_2(t)=-\mathrm{e}^{-t}u(-t)$;

(3) $f_3(t)=\mathrm{e}^{-t}u(t)+\mathrm{e}^{2t}u(-t)$。

解　(1)　$\displaystyle F_1(s)=\int_{-\infty}^{\infty}\mathrm{e}^{-t}u(t)\mathrm{e}^{-st}\mathrm{d}t=\int_0^{\infty}\mathrm{e}^{-t}\mathrm{e}^{-st}\mathrm{d}t$

$$=\frac{\mathrm{e}^{-(s+1)t}}{-(s+1)}\bigg|_0^{\infty}=-\frac{1}{(s+1)}\Big[\lim_{t\to\infty}\mathrm{e}^{-(\sigma+1)t}\,\mathrm{e}^{-j\omega t}-1\Big]$$

$$=\begin{cases} \dfrac{1}{s+1} & (\sigma>-1) \\ \text{不定} & (\sigma=-1) \\ \text{无界} & (\sigma<-1) \end{cases}$$

可见,仅当 $\sigma>-1$ 时,$f_1(t)$ 的拉普拉斯变换存在,此时

$$F_1(s)=\frac{1}{s+1}$$

收敛域如图 6.1-1(a)所示。

(2)　$\displaystyle F_2(s)=\int_{-\infty}^{\infty}-\mathrm{e}^{-t}u(-t)\mathrm{e}^{-st}\mathrm{d}t=-\int_{-\infty}^{0}\mathrm{e}^{-t}\mathrm{e}^{-st}\mathrm{d}t$

$$=\frac{\mathrm{e}^{-(s+1)t}}{s+1}\bigg|_{-\infty}^{0}=\frac{1}{s+1}\Big[1-\lim_{t\to-\infty}\mathrm{e}^{-(\sigma+1)t}\,\mathrm{e}^{-j\omega t}\Big]$$

$$=\begin{cases} \dfrac{1}{s+1} & (\sigma<-1) \\ \text{不定} & (\sigma=-1) \\ \text{无界} & (\sigma>-1) \end{cases}$$

可见,仅当 $\sigma<-1$ 时,$f_2(t)$ 的拉普拉斯变换存在,此时

$$F_2(s)=\frac{1}{s+1}$$

收敛域如图 6.1-1(b)所示。

(3)　$\displaystyle F_3(s)=\int_{-\infty}^{\infty}[\mathrm{e}^{-t}u(t)+\mathrm{e}^{2t}u(-t)]\mathrm{e}^{-st}\mathrm{d}t=\int_0^{\infty}\mathrm{e}^{-t}\mathrm{e}^{-st}\mathrm{d}t+\int_{-\infty}^{0}\mathrm{e}^{2t}\mathrm{e}^{-st}\mathrm{d}t$

其中:

$$\int_0^{\infty}\mathrm{e}^{-t}\mathrm{e}^{-st}\mathrm{d}t=\frac{\mathrm{e}^{-(s+1)t}}{-(s+1)}\bigg|_0^{\infty}=-\frac{1}{(s+1)}\Big[\lim_{t\to\infty}\mathrm{e}^{-(\sigma+1)t}\,\mathrm{e}^{-j\omega t}-1\Big]=\frac{1}{s+1} \quad (\sigma>-1)$$

$$\int_{-\infty}^{0} e^{2t} e^{-st} dt = \frac{e^{(2-s)t}}{2-s}\Bigg|_{-\infty}^{0} = \frac{1}{2-s}\left[1 - \lim_{t \to -\infty} e^{(2-\sigma)t} e^{-j\omega t}\right] = \frac{1}{2-s} \quad (\sigma < 2)$$

可见，仅当 $-1 < \sigma < 2$ 时，$f_3(t)$ 的拉普拉斯变换存在，此时

$$F_3(s) = \frac{1}{2-s} + \frac{1}{s+1} = \frac{3}{-s^2+s+2}$$

收敛域如图 6.1-1(c)所示。

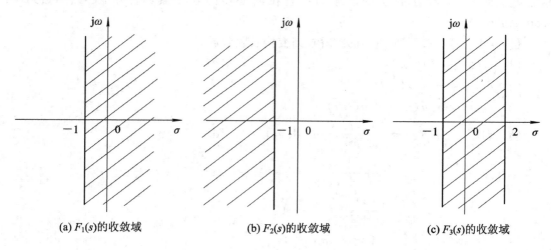

(a) $F_1(s)$ 的收敛域   (b) $F_2(s)$ 的收敛域   (c) $F_3(s)$ 的收敛域

图 6.1-1 拉普拉斯变换的收敛域

例 6.1-1 中，$f_1(t)$ 和 $f_2(t)$ 不同，虽然 $F_1(s)$ 和 $F_2(s)$ 的函数公式相同，但是 $F_1(s)$ 和 $F_2(s)$ 的收敛域不同。因此，函数公式和收敛域一起才能完全表示拉普拉斯变换结果。另外，由例 6.1-1 的分析可知，拉普拉斯变换的收敛域是由实部 σ 的取值范围决定的，因此收敛域是由平行于 $j\omega$ 轴的竖线划分的。

式(6.1-4)中求积分是从 $-\infty$ 到 ∞，故称为信号 $f(t)$ 的双边拉普拉斯变换。由第 4 章可知，分析实际系统的时候是从 0_- 时刻开始分析的，因此若将式(6.1-4)的积分限取为 $0_- \sim \infty$，则得

$$F(s) = \int_{0_-}^{\infty} f(t) e^{-st} dt \qquad (6.1-8)$$

式(6.1-8)称为 $f(t)$ 的单边拉普拉斯变换。考虑到实际连续信号都是因果信号，故单边拉普拉斯变换更有实际意义(本书重点研究单边拉普拉斯变换，因此如无特殊说明，本书采用的拉普拉斯变换均为单边拉普拉斯变换)。

对于单边拉普拉斯变换来说，若式(6.1-8)积分收敛，则 $F(s)$ 存在。积分式(6.1-8)可以展开为

$$F(s) = \int_{0_-}^{\infty} f(t) e^{-\sigma t} e^{-j\omega t} dt \qquad (6.1-9)$$

因此只要 σ 大于某一个值 σ_0，使得 $\lim\limits_{t \to \infty} f(t) e^{-\sigma t} = 0$，则积分式(6.1-9)收敛，信号 $f(t)$ 的单边拉普拉斯变换 $F(s)$ 存在。因此，单边拉普拉斯变换的收敛域如图 6.1-2 所示。

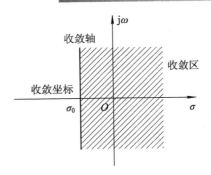

图 6.1-2　单边拉普拉斯变换的收敛域

【例 6.1 - 2】　$f(t) = \mathrm{e}^{-t}u(t) + \mathrm{e}^{t}u(t)$，求其拉普拉斯变换及收敛域。

解
$$F(s) = \int_{0_-}^{\infty} \mathrm{e}^{-t}u(t)\mathrm{e}^{-st}\,\mathrm{d}t + \int_{0_-}^{\infty} \mathrm{e}^{t}u(t)\mathrm{e}^{-st}\,\mathrm{d}t$$
$$= \int_{0}^{\infty} \mathrm{e}^{-t}\mathrm{e}^{-st}\,\mathrm{d}t + \int_{0}^{\infty} \mathrm{e}^{t}\mathrm{e}^{-st}\,\mathrm{d}t$$

其中：

$$\int_{0}^{\infty} \mathrm{e}^{-t}\mathrm{e}^{-st}\,\mathrm{d}t = \frac{\mathrm{e}^{-(s+1)t}}{-(s+1)}\bigg|_{0}^{\infty} = -\frac{1}{(s+1)}\Big[\lim_{t\to\infty}\mathrm{e}^{-(\sigma+1)t}\mathrm{e}^{-\mathrm{j}\omega t} - 1\Big] = \frac{1}{s+1}\ (\sigma > -1)$$

$$\int_{0}^{\infty} \mathrm{e}^{t}\mathrm{e}^{-st}\,\mathrm{d}t = \frac{\mathrm{e}^{-(s-1)t}}{-(s-1)}\bigg|_{0}^{\infty} = -\frac{1}{(s-1)}\Big[\lim_{t\to\infty}\mathrm{e}^{-(\sigma-1)t}\mathrm{e}^{-\mathrm{j}\omega t} - 1\Big] = \frac{1}{s-1}\ (\sigma > 1)$$

可见，仅当 $\sigma > 1$ 时，$f(t)$ 的拉普拉斯变换存在，此时

$$F(s) = \frac{1}{s+1} + \frac{1}{s-1} = \frac{2s}{s^2 - 1}$$

收敛域如图 6.1-3 所示。

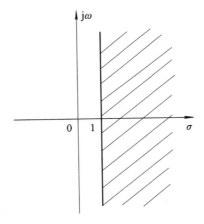

图 6.1-3　拉普拉斯变换的收敛域

利用 MATLAB 求单边拉普拉斯变换：

```
F=laplace(f);              %计算拉普拉斯变换
f=ilaplace(F);             %计算拉普拉斯反变换
```

例程：

```
syms s t;
f= exp(−t) * heaviside(t);        % f(t) = e⁻ᵗu(t)
F=laplace(f);
```

程序运行结果：

```
F=1/(1+s)
```

6.1.2 常用信号的拉普拉斯变换

1. 冲激信号

$$\mathscr{L}[\delta(t)]=\int_{0_-}^{\infty}\delta(t)\cdot e^{-st}dt=1 \qquad (6.1-10)$$

2. 阶跃信号

$$\mathscr{L}[u(t)]=\int_{0_-}^{\infty}1\cdot e^{-st}dt=\frac{1}{-s}e^{-st}\Big|_{0_-}^{\infty}=\frac{1}{s}\quad(\sigma>0) \qquad (6.1-11)$$

3. 单边指数信号

$$\mathscr{L}[e^{-at}u(t)]=\int_{0_-}^{\infty}e^{-at}e^{-st}dt=\frac{e^{-(a+s)t}}{-(\alpha+s)}\Big|_{0_-}^{\infty}=\frac{1}{\alpha+s}\quad(\sigma>-\alpha) \qquad (6.1-12)$$

将上述结果及其他常用信号的拉普拉斯变换列于表 6.1-1 中。

表 6.1-1 常用信号的拉普拉斯变换

原函数 $f(t)$	象函数 $F(s)$	原函数 $f(t)$	象函数 $F(s)$
$\delta(t)$	1	$te^{-at}u(t)$	$\dfrac{1}{(s+\alpha)^2}\quad(\sigma>-\alpha)$
$\delta'(t)$	s	$t^n e^{-at}u(t)$ （n 为正整数）	$\dfrac{n!}{(s+\alpha)^{n+1}}\quad(\sigma>-\alpha)$
$u(t)$	$\dfrac{1}{s}\quad(\sigma>0)$	$\sin(\omega t)u(t)$	$\dfrac{\omega}{s^2+\omega^2}\quad(\sigma>0)$
$tu(t)$	$\dfrac{1}{s^2}\quad(\sigma>0)$	$\cos(\omega t)u(t)$	$\dfrac{s}{s^2+\omega^2}\quad(\sigma>0)$
$t^n u(t)$	$\dfrac{n!}{s^{n+1}}\quad(\sigma>0)$	$e^{-at}\sin(\omega t)u(t)$	$\dfrac{\omega}{(s+\alpha)^2+\omega^2}\quad(\sigma>-\alpha)$
$e^{-at}u(t)$	$\dfrac{1}{s+\alpha}\quad(\sigma>-\alpha)$	$e^{-at}\cos(\omega t)u(t)$	$\dfrac{s+\alpha}{(s+\alpha)^2+\omega^2}\quad(\sigma>-\alpha)$

6.1.3 拉普拉斯变换的性质

表 6.1-2 所示为拉普拉斯变换的性质。表中，$F(s)=\mathscr{L}[f(t)]$，$F_1(s)=\mathscr{L}[f_1(t)]$，$F_2(s)=\mathscr{L}[f_2(t)]$。

表 6.1 - 2　拉普拉斯变换的性质

名　称	时域($t \geqslant 0$)	s 域
线性	$a_1 f_1(t) + a_2 f_2(t)$	$a_1 F_1(s) + a_2 F_2(s)$
时域微分	$f'(t)$ $f^{(n)}(t)$	$sF(s) - f(0_-)$ $s^n F(s) - \sum\limits_{r=0}^{n-1} s^{n-r-1} f^{(r)}(0_-)$
时域积分	$\int_{-\infty}^{t} f(\tau)\mathrm{d}\tau$	$\dfrac{F(s)}{s} + \dfrac{f^{(-1)}(0_-)}{s}$
时域延时	$f(t - t_0)\quad(t_0 > 0)$	$\mathrm{e}^{-st_0} F(s)$
s 域平移	$f(t)\mathrm{e}^{-at}$	$F(s + a)$
尺度变换	$f(at)\quad(a > 0)$	$\dfrac{1}{a} F\left(\dfrac{s}{a}\right)$
卷积	$f_1(t) * f_2(t)$	$F_1(s) \cdot F_2(s)$
s 域微分	$-tf(t)$	$\dfrac{\mathrm{d}F(s)}{\mathrm{d}s}$
s 域积分	$\dfrac{f(t)}{t}$	$\int_{s}^{\infty} F(\lambda)\mathrm{d}\lambda$
初值定理	$\lim\limits_{t \to 0_+} f(t) = \lim\limits_{s \to \infty} sF(s)$	
终值定理	$\lim\limits_{t \to \infty} f(t) = \lim\limits_{s \to 0} sF(s)$	

注意:

(1) 由时域积分特性可以知道，如果不考虑起始状态，那么时域积分对应到拉普拉斯变换就是乘以 $1/s$，因此在连续系统的模拟框图中通常将积分器表示为如图 6.1 - 4 所示。

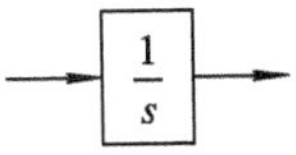

图 6.1 - 4　在连续系统的模拟框图中积分器的表示

(2) 初值定理应用的前提是 $F(s)$ 为真分式。若为假分式，则将 $F(s)$ 变为一个整式 $F_1(s)$ 和真分式 $F_2(s)$ 相加，由于整式对应的是冲激函数及其导数，$F_1(s)$ 对应的时域函数在 $t = 0_+$ 时的值为 0，故 $f(t)$ 在 $t = 0_+$ 时的值就由 $F_2(s)$ 确定($\lim\limits_{t \to 0_+} f(t) = \lim\limits_{s \to \infty} sF_2(s)$)。

(3) 终值定理应用的前提是 $f(\infty)$ 必须存在，判断的依据是 $F(s)$ 所有极点均在 s 的左半平面，或者在虚轴上只允许有 $s = 0$ 的一个单极点(在 6.5.3 节有说明)。

(4) 微分特性是分析 LTI 连续系统的关键。这里对微分特性证明如下:

证明:
$$F(s) = \mathscr{L}[f(t)] = \int_{0_-}^{\infty} f(t)\mathrm{e}^{-st}\mathrm{d}t$$

$$\mathscr{L}[f'(t)] = \int_{0_-}^{\infty} f'(t)\mathrm{e}^{-st}\mathrm{d}t$$

$$= \mathrm{e}^{-st} f(t)\Big|_{0_-}^{\infty} + s\int_{0_-}^{\infty} f(t)\mathrm{e}^{-st}\mathrm{d}t \qquad (6.1 - 13)$$

因为 $f(t)$ 的拉普拉斯变换存在，所以:
$$\lim\limits_{t \to \infty} f(t)\mathrm{e}^{-st} = 0$$

则

$$e^{-st} f(t) \Big|_{0_-}^{\infty} = -f(0_-)$$

由式(6.1-13)可以得到:

$$\mathscr{L}[f'(t)] = e^{-st} f(t) \Big|_{0_-}^{\infty} + s \int_{0_-}^{\infty} f(t) e^{-st} dt = -f(0_-) + sF(s)$$

同理可证:

$$\mathscr{L}[f^{(n)}(t)] = s^n F(s) - \sum_{r=0}^{n-1} s^{n-r-1} f^{(r)}(0_-)$$

【例 6.1-3】 已知某信号 $f(t)$ 的拉普拉斯变换为 $F(s) = \dfrac{s}{s^2+1}$,求信号 $e^{-t} f(3t-2)$ 的拉普拉斯变换。

解 由时域延时特性得

$$f(t-2) \leftrightarrow F(s) e^{-2s} = \frac{s}{s^2+1} e^{-2s}$$

由尺度特性得

$$f(3t-2) \leftrightarrow \frac{1}{3} \cdot \frac{\dfrac{s}{3}}{\left(\dfrac{s}{3}\right)^2 + 1} e^{-\frac{2}{3}s} = \frac{s}{s^2+9} e^{-\frac{2}{3}s}$$

由 s 域平移特性得

$$e^{-t} f(3t-2) \leftrightarrow \frac{s+1}{(s+1)^2 + 9} e^{-\frac{2}{3}(s+1)}$$

【例 6.1-4】 已知信号 $f(t)$ 的拉普拉斯变换如下,求初值 $f(0_+)$ 及终值 $f(\infty)$ 。

(1) $F(s) = \dfrac{s+2}{s^2+3s+2}$;   (2) $F(s) = \dfrac{s^3+s^2+2s+1}{s^2+2s+1}$ 。

解 (1) 因为 $\dfrac{s+2}{s^2+3s+2}$ 为真分式,所以

$$f(0_+) = \lim_{s \to \infty} sF(s) = \lim_{s \to \infty} \frac{s^2+2s}{s^2+3s+2} = 1$$

因为 $\dfrac{s+2}{s^2+3s+2}$ 的极点 -1 、-2 均在左半平面,所以终值存在:

$$f(\infty) = \lim_{s \to 0} s \frac{s+2}{s^2+3s+2} = \lim_{s \to 0} \frac{s^2+2s}{s^2+3s+2} = 0$$

(2) 因为 $\dfrac{s^3+s^2+2s+1}{s^2+2s+1}$ 为假分式,所以将其化为整式和真分式之和:

$$F(s) = \frac{s^3+s^2+2s+1}{s^2+2s+1} = s - 1 + \frac{3s+2}{s^2+2s+1}$$

$$f(0_+) = \lim_{s \to \infty} s \cdot \frac{3s+2}{s^2+2s+1} = \lim_{s \to \infty} \frac{3s^2+2s}{s^2+2s+1} = 3$$

因为 $\dfrac{s^3+s^2+2s+1}{s^2+2s+1}$ 的极点为 -1(二重极点),均在左半平面,所以终值存在:

$$f(\infty) = \lim_{s \to 0} s \cdot \frac{3s+2}{s^2+2s+1} = \lim_{s \to 0} \frac{3s^2+2s}{s^2+2s+1} = 0$$

【**例 6.1 – 5**】 求如图 6.1 – 5 所示的三角脉冲函数 $f(t)$ 的拉普拉斯变换 $F(s)$：

$$f(t) = \begin{cases} t & (0 \leqslant t < 1) \\ 2 - t & (1 \leqslant t < 2) \\ 0 & （其他） \end{cases}$$

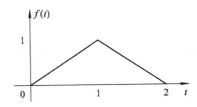

图 6.1 – 5　三角脉冲函数 $f(t)$

解　将 $f(t)$ 微分两次，所得波形如图 6.1 – 6 所示。

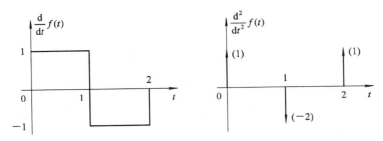

图 6.1 – 6　微分波形

由时域延时特性得

$$\mathscr{L}\left[\frac{\mathrm{d}^2 f(t)}{\mathrm{d}t^2}\right] = \mathscr{L}[\delta(t) - 2\delta(t-1) + \delta(t-2)] = (1 - 2\mathrm{e}^{-s} + \mathrm{e}^{-2s})$$

由微分特性可得

$$\mathscr{L}\left[\frac{\mathrm{d}^2 f(t)}{\mathrm{d}t^2}\right] = s^2 F(s) - f'(0_-) - s f(0_-)$$

由图 6.1 – 6 可知：

$$f(0_-) = 0, \ f'(0_-) = 0$$

所以

$$s^2 F(s) = 1 - 2\mathrm{e}^{-s} + \mathrm{e}^{-2s}$$

故

$$F(s) = \frac{1 - 2\mathrm{e}^{-s} + \mathrm{e}^{-2s}}{s^2}$$

6.2　拉普拉斯反变换

应用拉普拉斯变换分析系统时，不仅要根据已知的激励信号求其拉普拉斯变换 $F(s)$，还必须把 $F(s)$ 反变换为时域函数 $f(t)$，这就是拉普拉斯反变换。接下来介绍对 $F(s)$ 进行反变换的实用方法——部分分式展开法。

通常 $F(s)$ 具有如下有理分式形式，通过部分分式展开作拉普拉斯反变换：

$$F(s) = \frac{B(s)}{A(s)} = \frac{b_m s^m + b_{m-1} s^{m-1} + \cdots + b_1 s + b_0}{a_n s^n + a_{n-1} s^{n-1} + \cdots + a_1 s + a_0} \tag{6.2-1}$$

其中，a_i、b_i 为实数，m、n 为正整数。当 $m < n$ 时，$F(s)$ 为有理真分式。对此形式的象函数，可以用部分分式展开法将其表示为简单分式之和的形式，而这些简单分式的反变换很容易得到。

对 $F(s)$ 进行分解：

$$F(s) = \frac{B(s)}{A(s)} = \frac{b_m(s - z_1)(s - z_2)\cdots(s - z_m)}{a_n(s - p_1)(s - p_2)\cdots(s - p_n)} \tag{6.2-2}$$

其中，$z_1, z_2, \cdots, z_m$ 是 $B(s) = 0$ 的根，称为 $F(s)$ 的零点；$p_1, p_2, \cdots, p_n$ 是 $A(s) = 0$ 的根，称为 $F(s)$ 的极点。

根据极点不同，可以分为以下三种情况进行部分分式展开。

1. 单阶实数极点

已知

$$F(s) = \frac{B(s)}{(s - p_1)(s - p_2)\cdots(s - p_n)} \tag{6.2-3}$$

其中，$p_1, p_2, \cdots, p_n$ 是不同的实数根，$F(s)$ 可以展开为如下形式：

$$F(s) = \frac{K_1}{s - p_1} + \frac{K_2}{s - p_2} + \cdots + \frac{K_n}{s - p_n} \tag{6.2-4}$$

其中，$K_1, K_2, \cdots, K_n$ 为待定系数。以求解 K_1 为例，将式（6.2-4）两边同乘 $(s - p_1)$ 得

$$(s - p_1)F(s) = K_1 + (s - p_1)\left(\frac{K_2}{s - p_2} + \cdots + \frac{K_n}{s - p_n}\right) \tag{6.2-5}$$

令 $s = p_1$，则有

$$K_1 = [(s - p_1)F(s)]\big|_{s=p_1} \tag{6.2-6}$$

同理有

$$K_i = [(s - p_i)F(s)]\big|_{s=p_i} \tag{6.2-7}$$

【例 6.2-1】 已知某因果信号 $f(t)$ 的拉普拉斯变换如下，求 $f(t)$。

$$F(s) = \frac{3s + 1}{s^2 + 5s + 6}$$

解 展开为部分分式：

$$F(s) = \frac{3s + 1}{(s + 2)(s + 3)} = \frac{K_1}{s + 2} + \frac{K_2}{s + 3}$$

解得系数：

$$K_1 = (s + 2)F(s)\bigg|_{s=-2} = \frac{3s + 1}{s + 3}\bigg|_{s=-2} = -5$$

$$K_2 = (s + 3)F(s)\bigg|_{s=-3} = \frac{3s + 1}{s + 2}\bigg|_{s=-3} = 8$$

因此

$$F(s) = \frac{-5}{s + 2} + \frac{8}{s + 3}$$

所以得反变换为

$$f(t) = (-5\mathrm{e}^{-2t} + 8\mathrm{e}^{-3t})u(t)$$

【例 6.2 - 2】 已知某因果信号 $f(t)$ 的拉普拉斯变换如下，求 $f(t)$。

$$F(s) = \frac{2s^2 + 3s + 3}{(s+1)(s+2)(s+3)}$$

解　展开为部分分式：

$$F(s) = \frac{K_1}{s+1} + \frac{K_2}{s+2} + \frac{K_3}{s+3}$$

解得系数：

$$K_1 = (s+1)F(s)\Big|_{s=-1} = \frac{2s^2 + 3s + 3}{(s+2)(s+3)}\Big|_{s=-1} = 1$$

$$K_2 = (s+2)F(s)\Big|_{s=-2} = \frac{2s^2 + 3s + 3}{(s+1)(s+3)}\Big|_{s=-2} = -5$$

$$K_3 = (s+3)F(s)\Big|_{s=-3} = \frac{2s^2 + 3s + 3}{(s+1)(s+2)}\Big|_{s=-3} = 6$$

因此

$$F(s) = \frac{1}{s+1} + \frac{-5}{s+2} + \frac{6}{s+3}$$

所以得反变换为

$$f(t) = (\mathrm{e}^{-t} - 5\mathrm{e}^{-2t} + 6\mathrm{e}^{-3t})u(t)$$

2. 共轭复数极点

已知

$$F(s) = \frac{B(s)}{(s+\alpha-\mathrm{j}\beta)(s+\alpha+\mathrm{j}\beta)} \tag{6.2-8}$$

其中，$-\alpha\pm\mathrm{j}\beta$ 是共轭复数根。$F(s)$ 可以展开为如下形式：

$$F(s) = \frac{K_1}{s+\alpha-\mathrm{j}\beta} + \frac{K_2}{s+\alpha+\mathrm{j}\beta} \tag{6.2-9}$$

同理：

$$K_1 = (s+\alpha-\mathrm{j}\beta)F(s)\Big|_{s=-\alpha+\mathrm{j}\beta} = \frac{B(-\alpha+\mathrm{j}\beta)}{2\mathrm{j}\beta} \tag{6.2-10}$$

$$K_2 = (s+\alpha+\mathrm{j}\beta)F(s)\Big|_{s=-\alpha-\mathrm{j}\beta} = \frac{B(-\alpha-\mathrm{j}\beta)}{-2\mathrm{j}\beta} \tag{6.2-11}$$

【例 6.2 - 3】 设已知某因果信号 $f(t)$ 的拉普拉斯变换如下，求 $f(t)$。

$$F(s) = \frac{s+1}{(s+1)^2 + 4}$$

解　展开为部分分式：

$$F(s) = \frac{K_1}{s+1-2\mathrm{j}} + \frac{K_2}{s+1+2\mathrm{j}}$$

解得系数：

$$K_1 = (s+1-2\mathrm{j})F(s)\Big|_{s=-1+2\mathrm{j}} = \frac{s+1}{s+1+2\mathrm{j}}\Big|_{s=-1+2\mathrm{j}} = \frac{1}{2}$$

$$K_2 = (s+1+2\mathrm{j})F(s)\Big|_{s=-1-2\mathrm{j}} = \frac{s+1}{s+1-2\mathrm{j}}\Big|_{s=-1-2\mathrm{j}} = \frac{1}{2}$$

因此

$$F(s) = \frac{1/2}{s+1-2\mathrm{j}} + \frac{1/2}{s+1+2\mathrm{j}}$$

所以得反变换为

$$f(t) = \left(\frac{1}{2}\mathrm{e}^{(-1+2\mathrm{j})t} + \frac{1}{2}\mathrm{e}^{(-1-2\mathrm{j})t}\right)u(t)$$

由欧拉公式得

$$f(t) = \mathrm{e}^{-t}\cos(2t)u(t)$$

3. 极点为实数重根

以三重根为例：

$$F(s) = \frac{B(s)}{(s-p_1)^3} \tag{6.2-12}$$

其中，p_1 是三重实根。$F(s)$ 可以展开为如下形式：

$$F(s) = \frac{K_{11}}{(s-p_1)^3} + \frac{K_{12}}{(s-p_1)^2} + \frac{K_{13}}{(s-p_1)} \tag{6.2-13}$$

其中，K_{11}、K_{12}、K_{13} 为待定系数。将式(6.2-13)两边同乘 $(s-p_1)^3$ 得

$$(s-p_1)^3 F(s) = K_{11} + K_{12}(s-p_1) + K_{13}(s-p_1)^2 \tag{6.2-14}$$

令 $s=p_1$，代入式(6.2-14)，有

$$K_{11} = [(s-p_1)^3 F(s)]\big|_{s=p_1} \tag{6.2-15}$$

对式(6.2-14)两边求导，得

$$\frac{\mathrm{d}}{\mathrm{d}s}[(s-p_1)^3 F(s)] = K_{12} + 2K_{13}(s-p_1) \tag{6.2-16}$$

令 $s=p_1$，代入式(6.2-16)，有

$$K_{12} = \frac{\mathrm{d}}{\mathrm{d}s}[(s-p_1)^3 F(s)]\big|_{s=p_1} \tag{6.2-17}$$

用同样的方法可得

$$K_{13} = \frac{1}{2} \cdot \frac{\mathrm{d}^2}{\mathrm{d}s^2}[(s-p_1)^3 F(s)]\big|_{s=p_1} \tag{6.2-18}$$

由以上对三重根的讨论可以推出，m 阶重根的分解式为

$$F(s) = \frac{K_{11}}{(s-p_1)^m} + \frac{K_{12}}{(s-p_1)^{m-1}} + \cdots + \frac{K_{1m}}{(s-p_1)} \tag{6.2-19}$$

其中：

$$K_{1i} = \frac{1}{(i-1)!} \cdot \left[\frac{\mathrm{d}^{i-1}}{\mathrm{d}s^{i-1}}[(s-p_1)^m F(s)]\right]\Bigg|_{s=p_1} \tag{6.2-20}$$

式中，$i=1, 2, 3, \cdots, m$。

【例 6.2-4】 设已知某因果信号 $f(t)$ 的拉普拉斯变换如下，求 $f(t)$。

$$F(s) = \frac{s^2}{(s+1)^3}$$

解 展开为部分分式：

$$F(s) = \frac{K_{11}}{(s+1)^3} + \frac{K_{12}}{(s+1)^2} + \frac{K_{13}}{s+1}$$

解得系数：

$$K_{11} = (s+1)^3 F(s) \mid_{s=-1} = 1$$

$$K_{12} = \frac{\mathrm{d}}{\mathrm{d}s} \left[(s+1)^3 F(s) \right] \mid_{s=-1} = \frac{\mathrm{d}}{\mathrm{d}s} \left[s^2 \right] \mid_{s=-1} = -2$$

$$K_{13} = \frac{1}{2} \cdot \frac{\mathrm{d}^2}{\mathrm{d}s^2} \left[(s+1)^3 F(s) \right] \mid_{s=-1} = 1$$

因此

$$F(s) = \frac{1}{(s+1)^3} - \frac{2}{(s+1)^2} + \frac{1}{s+1}$$

所以得反变换为

$$f(t) = \left(\frac{1}{2} t^2 \mathrm{e}^{-t} - 2t \mathrm{e}^{-t} + \mathrm{e}^{-t} \right) u(t)$$

当 $m \geqslant n$ 时，$F(s)$ 非有理真分式，需首先化简为真分式＋多项式的形式，然后对真分式部分进行部分分式展开。

【例 6.2－5】 设已知因果信号 $f(t)$ 的拉普拉斯变换如下，求 $f(t)$。

$$F(s) = \frac{2s^2 + 6s + 6}{s^2 + 3s + 2}$$

解 由于 $F(s)$ 非有理真分式，因而需首先化简：

$$F(s) = 2 + \frac{2}{s^2 + 3s + 2} = 2 + F_1(s)$$

$F_1(s)$ 可展开为

$$F_1(s) = \frac{K_1}{s+1} + \frac{K_2}{s+2}$$

解得系数：

$$K_1 = 2, \ K_2 = -2$$

从而

$$F(s) = 2 + \frac{2}{s+1} + \frac{-2}{s+2}$$

所以得反变换为

$$f(t) = 2\delta(t) + (2\mathrm{e}^{-t} - 2\mathrm{e}^{-2t}) u(t)$$

利用 MATLAB 求拉普拉斯反变换：

```
f＝ilaplace(F)；％计算拉普拉斯反变换
```

例程：

```
syms s t;
F＝(2 * s＋5)/(s^2＋5 * s＋6);
f＝ilaplace(F);
```

程序运行结果：

```
f＝exp(－2t)＋exp(－3t)
```

6.3 拉普拉斯变换求解微分方程

拉普拉斯变换分析 LTI 常系数微分方程的步骤如下：

(1) 通过拉普拉斯变换将时域中的微分方程变换为 s 域中的代数方程，简化求解。

(2) 根据拉普拉斯变换的微分特性，系统的起始状态可以自动包含到拉普拉斯变换中，从而一举求得零输入和零状态响应。

通过拉普拉斯变换求解 LTI 常系数微分方程在 $t > 0$ 时的响应，描述 n 阶系统的微分方程的一般形式为

$$\sum_{i=0}^{n} a_i y^{(i)}(t) = \sum_{j=0}^{m} b_j x^{(j)}(t) \tag{6.3-1}$$

输入的起始状态为：$x(0_-)$，$x^{(1)}(0_-)$，$x^{(2)}(0_-)$，$\cdots$，$x^{(m-1)}(0_-)$。

输出的起始状态为：$y(0_-)$，$y^{(1)}(0_-)$，$y^{(2)}(0_-)$，$\cdots$，$y^{(n-1)}(0_-)$。

记输入 $x(t)$ 的拉普拉斯变换为 $X(s)$，则由拉普拉斯变换的微分特性可得

$$x^{(1)}(t) \leftrightarrow sX(s) - x(0_-)$$

$$x^{(2)}(t) \leftrightarrow s^2 X(s) - sx(0_-) - x^{(1)}(0_-)$$

以此类推，可得

$$x^{(j)}(t) \leftrightarrow s^j X(s) - \sum_{k=1}^{j} s^{j-k} x^{(k-1)}(0_-)$$

若输入 $x(t)$ 在 $t = 0$ 时接入系统，则输入的起始状态均为 0，可得如下简化关系：

$$x^{(j)}(t) \leftrightarrow s^j X(s)$$

记输出 $y(t)$ 的拉普拉斯变换为 $Y(s)$，由拉普拉斯变换的微分特性可得

$$y^{(1)}(t) \leftrightarrow sY(s) - y(0_-)$$

$$y^{(2)}(t) \leftrightarrow s^2 Y(s) - sy(0_-) - y^{(1)}(0_-)$$

以此类推，可得

$$y^{(i)}(t) \leftrightarrow s^i Y(s) - \sum_{k=1}^{i} s^{i-k} y^{(k-1)}(0_-)$$

对微分方程两端作拉普拉斯变换，可得 s 域方程如下：

$$\left[\sum_{i=0}^{n} a_i s^i \right] Y(s) - \sum_{i=0}^{n} a_i \left[\sum_{k=1}^{i} s^{i-k} y^{(k-1)}(0_-) \right] = \left[\sum_{j=0}^{m} b_j s^j \right] X(s) - \sum_{j=0}^{m} b_j \left[\sum_{k=1}^{j} s^{j-k} x^{(k-1)}(0_-) \right]$$

$$\tag{6.3-2}$$

可求得

$$Y(s) = \frac{\sum\limits_{j=0}^{m} b_j s^j}{\sum\limits_{i=0}^{n} a_i s^i} X(s) + \frac{\sum\limits_{i=0}^{n} a_i \left[\sum\limits_{k=1}^{i} s^{i-k} y^{(k-1)}(0_-) \right] - \sum\limits_{j=0}^{m} b_j \left[\sum\limits_{k=1}^{j} s^{j-k} x^{(k-1)}(0_-) \right]}{\sum\limits_{i=0}^{n} a_i s^i} \tag{6.3-3}$$

其中，$\dfrac{\sum\limits_{j=0}^{m} b_j s^j}{\sum\limits_{i=0}^{n} a_i s^i} X(s)$ 为零状态响应的拉普拉斯变换，记为 $Y_{zs}(s)$；

$$\frac{\displaystyle\sum_{i=0}^{n} a_i \left[\sum_{k=1}^{i} s^{i-k} y^{(k-1)}(0_-) \right] - \sum_{j=0}^{m} b_j \left[\sum_{k=1}^{j} s^{j-k} x^{(k-1)}(0_-) \right]}{\displaystyle\sum_{i=0}^{n} a_i s^i}$$ 为零输入响应的拉普拉斯变

换，记为 $Y_{zi}(s)$。

分别对 $Y_{zi}(s)$、$Y_{zs}(s)$ 作拉普拉斯反变换可求出系统的零输入响应 $y_{zi}(t)$ 和零状态响应 $y_{zs}(t)$。

【例 6.3 - 1】　描述某 LTI 系统的微分方程如下：
$$y''(t) + 5y'(t) + 6y(t) = 2x'(t) + 6x(t)$$

已知起始状态 $y(0_-) = 1$，$y'(0_-) = -1$。

(1) 激励 $x(t) = e^{-t} u(t)$，求系统的零输入、零状态和完全响应。

(2) 激励 $x(t) = 2u(-t) + 4u(t)$，求系统的零输入、零状态和完全响应。

解　(1) 对输入 $x(t)$ 作拉普拉斯变换得
$$X(s) = \frac{1}{s+1}$$

因输入 $x(t)$ 在 $t = 0$ 时接入系统，则输入的起始状态均为 0，可得
$$x'(t) \leftrightarrow sX(s) - x(0_-) = sX(s)$$

由拉普拉斯变换的微分特性及输出的起始状态可得
$$y'(t) \leftrightarrow sY(s) - y(0_-) = sY(s) - 1$$
$$y''(t) \leftrightarrow s^2 Y(s) - sy(0_-) - y'(0_-) = s^2 Y(s) - s + 1$$

方程两边作拉普拉斯变换化简得
$$(s^2 + 5s + 6)Y(s) = 2(s+3)X(s) + (s+4)$$

$$Y(s) = \frac{2(s+3)}{s^2 + 5s + 6} X(s) + \frac{s+4}{s^2 + 5s + 6}$$

其中，零状态响应的拉普拉斯变换为
$$Y_{zs}(s) = \frac{2(s+3)}{s^2 + 5s + 6} X(s) = \frac{2(s+3)}{(s^2 + 5s + 6)(s+1)} = \frac{2}{(s+2)(s+1)}$$

对 $Y_{zs}(s)$ 作部分分式展开：
$$Y_{zs}(s) = \frac{2}{(s+2)(s+1)} = \frac{-2}{s+2} + \frac{2}{s+1}$$

得 $y_{zs}(t) = -2e^{-2t} u(t) + 2e^{-t} u(t)$。

零输入响应的拉普拉斯变换为
$$Y_{zi}(s) = \frac{s+4}{s^2 + 5s + 6} = \frac{s+4}{(s+2)(s+3)}$$

对 $Y_{zi}(s)$ 作部分分式展开：
$$Y_{zi}(s) = \frac{s+4}{(s+2)(s+3)} = \frac{2}{s+2} + \frac{-1}{s+3}$$

得
$$y_{zi}(t) = 2e^{-2t} u(t) - e^{-3t} u(t)$$

故系统全响应为

$$y(t) = y_{zs}(t) + y_{zi}(t) = 2e^{-t}u(t) - e^{-3t}u(t)$$

（2）对输入 $x(t) = 2u(-t) + 4u(t)$ 作拉普拉斯变换得

$$X(s) = \frac{4}{s}$$

注意：已知系统的起始状态，分析 LTI 常系数微分方程时采用的是单边拉普拉斯变换，故输入 $t < 0$ 的部分不会影响拉普拉斯变换的结果。

因输入 $x(t) = 2u(-t) + 4u(t)$，故输入的起始状态为 $x(0_-) = 2$，进而

$$x'(t) \leftrightarrow sX(s) - x(0_-) = sX(s) - 2$$

故方程两边作拉普拉斯变换化简得

$$(s^2 + 5s + 6)Y(s) = 2(s+3)X(s) + s$$

进而

$$Y(s) = \frac{2(s+3)}{s^2 + 5s + 6}X(s) + \frac{s}{s^2 + 5s + 6}$$

其中，零状态响应的拉普拉斯变换为

$$Y_{zs}(s) = \frac{2(s+3)}{(s^2 + 5s + 6)}X(s) = \frac{8}{(s+2)s}$$

对 $Y_{zs}(s)$ 作部分分式展开：

$$Y_{zs}(s) = \frac{4}{s} + \frac{-4}{s+2}$$

得

$$y_{zs}(t) = 4u(t) - 4e^{-2t}u(t)$$

零输入响应的拉普拉斯变换为

$$Y_{zi}(s) = \frac{s}{(s+2)(s+3)}$$

对 $Y_{zi}(s)$ 作部分分式展开：

$$Y_{zi}(s) = \frac{-2}{s+2} + \frac{3}{s+3}$$

得

$$y_{zi}(t) = -2e^{-2t}u(t) + 3e^{-3t}u(t)$$

故系统完全响应为

$$y(t) = y_{zs}(t) + y_{zi}(t) = (4 - 6e^{-2t} + 3e^{-3t})u(t)$$

【例 6.3-2】 描述某 LTI 系统的微分方程如下：

$$y''(t) + 3y'(t) + 2y(t) = x(t)$$

（1）已知起始状态 $y(0_-) = 1$，$y'(0_-) = 2$，激励 $x(t) = e^{-3t}u(t)$，求系统响应 $y(t)$。

（2）求系统的单位冲激响应和单位阶跃响应。

解 （1）对输入 $x(t)$ 作拉普拉斯变换得

$$X(s) = \frac{1}{s+3}$$

由拉普拉斯变换微分特性及输出的起始状态可得

$$y'(t) \leftrightarrow sY(s) - y(0_-) = sY(s) - 1$$
$$y''(t) \leftrightarrow s^2 Y(s) - sy(0_-) - y'(0_-) = s^2 Y(s) - s - 2$$

方程两边作拉普拉斯变换化简得

$$(s^2 + 3s + 2)Y(s) = X(s) + (s + 5)$$

故

$$Y(s) = \frac{1}{(s^2 + 3s + 2)(s + 3)} + \frac{s + 5}{s^2 + 3s + 2} = \frac{s^2 + 8s + 16}{(s+1)(s+2)(s+3)}$$

对 $Y(s)$ 作部分分式展开：

$$Y(s) = \frac{K_1}{s+1} + \frac{K_2}{s+2} + \frac{K_3}{s+3}$$

解得各系数：$K_1 = 4.5$，$K_2 = -4$，$K_3 = 0.5$。因此有

$$Y(s) = \frac{4.5}{s+1} + \frac{-4}{s+2} + \frac{0.5}{s+3}$$

取反变换得

$$y(t) = (4.5e^{-t} - 4e^{-2t} + 0.5e^{-3t})u(t)$$

（2）单位冲激响应和单位阶跃响应均为零状态响应。在零状态下对方程两边取拉普拉斯变换得

$$(s^2 + 3s + 2)Y_{zs}(s) = X(s)$$

$$Y_{zs}(s) = \frac{1}{s^2 + 3s + 2} X(s)$$

输入为 $\delta(t)$ 时系统的零状态响应为单位冲激响应：

$$Y_{zs}(s) = \frac{1}{s^2 + 3s + 2} = \frac{1}{s+1} + \frac{-1}{s+2}$$

取反变换得单位冲激响应为

$$h(t) = (e^{-t} - e^{-2t})u(t)$$

输入为 $u(t)$ 时系统的零状态响应为单位阶跃响应

$$Y_{zs}(s) = \frac{1}{(s^2 + 3s + 2)s} = \frac{K_1}{s} + \frac{K_2}{s+1} + \frac{K_3}{s+2}$$

解得各系数：$K_1 = 0.5$，$K_2 = -1$，$K_3 = 0.5$。

取反变换得单位阶跃响应为

$$g(t) = (0.5 - e^{-t} + 0.5e^{-2t})u(t)$$

6.4 拉普拉斯变换分析电路

对于拉普拉斯变换分析电路，可以先列电路的时域微分方程，再根据 6.3 节的方法求解该微分方程，也可以直接根据电路元件的 s 域模型列写 s 域代数方程，直接求解 s 域代数方程。

6.4.1 电路元件的 s 域模型

1. 电阻元件的 s 域模型

电阻元件的时域模型如图 6.4-1 所示，计算式为

$$u(t) = Ri(t) \tag{6.4-1}$$

由拉普拉斯变换的线性特性得

$$U(s) = RI(s) \tag{6.4-2}$$

由式(6.4-2)可以得到电阻元件的 s 域模型如图 6.4-2 所示。

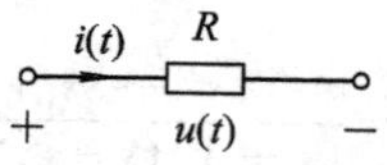

图 6.4-1　电阻的时域模型 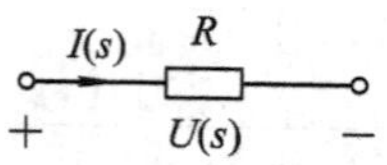　　　　图 6.4-2　电阻的 s 域模型

2. 电容元件的 s 域模型

电容的时域模型如图 6.4-3 所示，计算式为

$$i(t) = C\frac{\mathrm{d}u_C(t)}{\mathrm{d}t} \tag{6.4-3}$$

由拉普拉斯变换微分特性得

$$I(s) = sCU_C(s) - Cu_C(0_-) \tag{6.4-4}$$

其中，$u_C(0_-)$ 为电容两端的起始电压。我们可以得到电容元件的 s 域模型如图 6.4-4 所示。

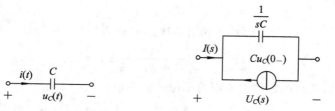

图 6.4-3　电容的时域模型　　　　图 6.4-4　电容的 s 域并联模型

式(6.4-4)也可改写为

$$U_C(s) = \frac{1}{sC}I(s) + \frac{1}{s}u_C(0_-) \tag{6.4-5}$$

我们可以得到电容元件的 s 域模型的另一种形式，如图 6.4-5 所示。

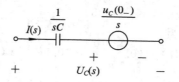

图 6.4-5　电容的 s 域串联模型

3. 电感元件的 s 域模型

电感的时域模型如图 6.4-6 所示，计算式为

$$u(t) = L\frac{\mathrm{d}i_L(t)}{\mathrm{d}t} \tag{6.4-6}$$

由拉普拉斯变换微分特性得

$$U(s) = sLI_L(s) - Li_L(0_-) \tag{6.4-7}$$

其中，$i_L(0_-)$ 为电感的起始电流。我们可以得到电感元件的 s 域模型如图 6.4-7 所示。

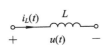

图 6.4 - 6　电感的时域模型

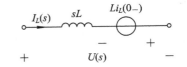

图 6.4 - 7　电感的 s 域串联模型

式(6.4 - 7)也可改写为

$$I_L(s) = \frac{1}{sL}U(s) + \frac{1}{s}i_L(0_-) \qquad (6.4 - 8)$$

我们可以得到电感元件的 s 域模型的另一种形式，如图 6.4 - 8 所示。

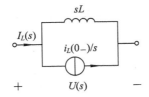

图 6.4 - 8　电感的 s 域并联模型

6.4.2　用 s 域模型分析电路

由电路 s 域模型分析电路响应的步骤如下：

(1) 求 0_- 时刻的起始状态。

(2) 画 s 域等效模型。

(3) 由电路 $\sum U(s) = 0$ 或 $\sum I(s) = 0$ 列 s 域方程(代数方程)。

(4) 解 s 域方程，求出响应的拉氏变换 $U(s)$ 或 $I(s)$。

(5) 利用拉氏反变换得到 $u(t)$ 或 $i(t)$。

【例 6.4 - 1】　电路如图 6.4 - 9 所示，起始状态为 0，$t = 0$ 时开关 S 闭合，电压源为直流电压 $u_0 = 1$ V，电感 $L = 1$ H，电容 $C = 0.5$ F，电阻 $R = 3$ Ω，求电流 $i(t)$。

解　由起始状态为 0 知：$u_C(0_-) = 0$，$i_L(0_-) = 0$。

由各元件的 s 域模型可得 $t > 0$ 时 s 域电路如图 6.4 - 10 所示。

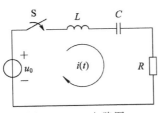

图 6.4 - 9　电路图

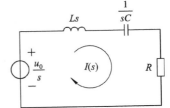

图 6.4 - 10　s 域模型

列方程：

$$LsI(s) + RI(s) + \frac{1}{Cs}I(s) = \frac{u_0}{s}$$

求解方程得

$$I(s) = \frac{u_0}{s\left(Ls + R + \dfrac{1}{sC}\right)} = \frac{1}{s^2 + 3s + 2}$$

由部分分式展开得

$$I(s) = \frac{1}{s^2 + 3s + 2} = \frac{1}{s+1} + \frac{-1}{s+2}$$

故

$$i(t) = e^{-t} - e^{-2t} \qquad (t > 0)$$

【例 6.4-2】 已知图 6.4-11 中，$e(t) = \begin{cases} -1 \text{ V} & (t<0) \\ 1 \text{ V} & (t>0) \end{cases}$，电容 $C = 1$ F，电阻 $R = 1$ Ω，利用 s 域模型求 $u_C(t)$。

解 由已知可得起始状态：$u_C(0_-) = -1$ V。

由各元件的 s 域模型可得 $t>0$ 时 s 域电路如图 6.4-12 所示。

图 6.4-11 电路图　　　　　图 6.4-12 s 域模型

列方程：

$$I_C(s)\left(R + \frac{1}{sC}\right) = \frac{1}{s} + \frac{1}{s}$$

求解方程得

$$I_C(s) = \frac{2}{s\left(R + \dfrac{1}{sC}\right)}$$

故

$$U_C(s) = I_C(s) \cdot \frac{1}{sC} + \frac{-1}{s}$$

将 $I_C(s)$ 代入可得

$$U_C(s) = \frac{2}{s(s+1)} - \frac{1}{s} = \frac{-s+1}{s(s+1)}$$

由部分分式展开得

$$U_C(s) = \frac{1}{s} - \frac{2}{s+1}$$

由拉普拉斯反变换得

$$u_C(t) = (1 - 2e^{-t})u(t)$$

6.5　系统函数及零极点分析

系统函数是描述系统本身特性的一个重要参数，通过系统函数可研究系统的零极点分布，进而研究系统的稳定性，分析系统的频率响应特性等。

系统极点与 $h(t)$

6.5.1　系统函数

系统函数 $H(s)$ 定义为系统零状态响应的拉普拉斯变换与输入信号的拉普拉斯变换之比：

$$H(s) = \frac{Y_{zs}(s)}{X(s)} \tag{6.5-1}$$

对于 LTI 系统而言，其输入信号 $x(t)$ 与输出信号 $y(t)$ 之间可由 n 阶常系数线性微分方程描述：

$$\sum_{i=0}^{n} a_i y^{(i)}(t) = \sum_{j=0}^{m} b_j x^{(j)}(t) \tag{6.5-2}$$

在零状态条件下，对两边作拉普拉斯变换得

$$(a_n s^n + a_{n-1} s^{n-1} + \cdots + a_1 s + a_0) Y_{zs}(s)$$
$$= (b_m s^m + b_{m-1} s^{m-1} + \cdots + b_1 s + b_0) X(s) \tag{6.5-3}$$

得

$$H(s) = \frac{Y_{zs}(s)}{X(s)} = \frac{b_m s^m + b_{m-1} s^{m-1} + \cdots + b_1 s + b_0}{a_n s^n + a_{n-1} s^{n-1} + \cdots + a_1 s + a_0} \tag{6.5-4}$$

故 $H(s)$ 只与系统的结构、元件参数有关，而与激励、起始状态无关。

若输入信号为单位冲激信号 $\delta(t)$，则对应零状态响应（即单位冲激响应 $h(t)$）的拉普拉斯变换为

$$Y_{zs}(s) = H(s) \cdot 1 = H(s)$$

故系统函数 $H(s)$ 即是系统单位冲激响应 $h(t)$ 的拉普拉斯变换：

$$\begin{cases} H(s) = \mathscr{L}[h(t)] \\ h(t) = \mathscr{L}^{-1}[H(s)] \end{cases} \tag{6.5-5}$$

若系统任意输入信号的象函数为 $X(s)$，则有零状态响应的象函数为

$$Y_{zs}(s) = X(s) \cdot H(s) \tag{6.5-6}$$

其实由第 4 章内容我们知道，系统输入 $x(t)$ 对应的零状态响应和单位冲激响应之间满足如下的卷积积分关系：

$$y_{zs}(t) = x(t) * h(t) \tag{6.5-7}$$

由拉普拉斯变换的卷积性质可知：

$$y_{zs}(t) = x(t) * h(t) \Longleftrightarrow Y_{zs}(s) = X(s) \cdot H(s)$$

也可用图 6.5-1 所示的时域和 s 域模型表示。

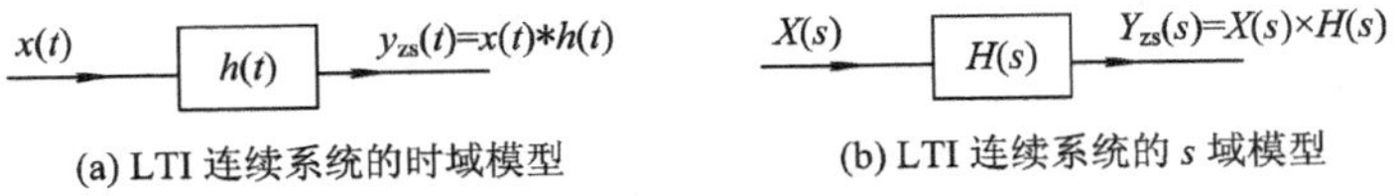

$x(t) \rightarrow \boxed{h(t)} \rightarrow y_{zs}(t)=x(t)*h(t)$	$X(s) \rightarrow \boxed{H(s)} \rightarrow Y_{zs}(s)=X(s)\times H(s)$
(a) LTI 连续系统的时域模型	**(b)** LTI 连续系统的 s 域模型

图 6.5-1　LTI 连续系统的输入、输出模型

【例 6.5-1】已知 LTI 系统的微分方程为 $\dfrac{d^2 y(t)}{dt^2} + 5\dfrac{dy(t)}{dt} + 6y(t) = 2\dfrac{d^2 x(t)}{dt^2}$

$+6\dfrac{dx(t)}{dt}$，输入信号为 $x(t) = (1 + e^{-t})u(t)$，求该系统的系统函数、单位冲激响应和零状

态响应。

解 在零状态下对微分方程两边作拉普拉斯变换：

$$s^2 Y_{zs}(s) + 5s Y_{zs}(s) + 6Y_{zs}(s) = 2s^2 X(s) + 6sX(s)$$

由系统函数的定义得

$$H(s) = \frac{Y_{zs}(s)}{X(s)} = \frac{2s^2 + 6s}{s^2 + 5s + 6}$$

因为系统单位冲激响应 $h(t)$ 就是系统函数 $H(s)$ 的拉普拉斯反变换，故对 $H(s)$ 作部分分式展开，由于 $H(s)$ 非真分式，首先将 $H(s)$ 化简为真分式加多项式的形式：

$$\frac{2s^2 + 6s}{s^2 + 5s + 6} = \frac{2s}{s+2} = 2 - \frac{4}{s+2}$$

所以

$$h(t) = 2\delta(t) - 4e^{-2t}u(t)$$

对应 $x(t) = (1 + e^{-t})u(t)$ 的系统零状态响应可以通过以下两种方式求得：

(1) 由 $y_{zs}(t) = x(t) * h(t)$ 卷积积分直接得到。

(2) 由 $Y_{zs}(s) = X(s) \cdot H(s)$ 得到零状态响应的象函数，之后进行拉普拉斯反变换。

我们采用第二种方法求解，因为

$$X(s) = \frac{1}{s} + \frac{1}{s+1} = \frac{2s+1}{s(s+1)}$$

$$Y_{zs}(s) = X(s) \cdot H(s) = \frac{2s+1}{s(s+1)} \cdot \frac{2s}{s+2} = \frac{2(2s+1)}{(s+2)(s+1)} = \frac{6}{s+2} - \frac{2}{s+1}$$

所以

$$y_{zs}(t) = 6e^{-2t}u(t) - 2e^{-t}u(t)$$

【例 6.5 - 2】 已知当输入为 $x(t) = e^{-t}u(t)$ 时，某 LTI 系统的零状态响应为 $y_{zs}(t) = (3e^{-t} - 4e^{-2t} + e^{-3t})u(t)$，求该系统的微分方程、单位冲激响应和单位阶跃响应。

解 由系统函数的定义知：

$$H(s) = \frac{Y_{zs}(s)}{X(s)} = \frac{\dfrac{3}{s+1} - \dfrac{4}{s+2} + \dfrac{1}{s+3}}{\dfrac{1}{s+1}} = \frac{2s+8}{s^2 + 5s + 6}$$

故可得微分方程的拉普拉斯域为

$$s^2 Y_{zs}(s) + 5s Y_{zs}(s) + 6Y_{zs}(s) = 2sX(s) + 8X(s)$$

零状态下取反变换得微分方程为

$$y''_{zs}(t) + 5y'_{zs}(t) + 6y_{zs}(t) = 2x'(t) + 8x(t)$$

故系统的微分方程为

$$y''(t) + 5y'(t) + 6y(t) = 2x'(t) + 8x(t)$$

因 $H(s) = \dfrac{2s+8}{s^2 + 5s + 6} = \dfrac{4}{s+2} + \dfrac{-2}{s+3}$，故

单位冲激响应：

$$h(t) = \mathscr{L}^{-1}[H(s)] = (4e^{-2t} - 2e^{-3t})u(t)$$

单位阶跃响应：

$$g(t)=\mathscr{L}^{-1}\left[H(s)\frac{1}{s}\right]=\left(\frac{4}{3}-2\mathrm{e}^{-2t}+\frac{2}{3}\mathrm{e}^{-3t}\right)u(t)$$

【例 6.5 - 3】 已知系统的框图如图 6.5 - 2 所示，请写出此系统的系统函数和描述此系统的微分方程。

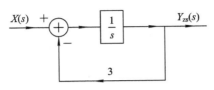

图 6.5 - 2 系统框图

解 由框图得

$$Y_{zs}(s)=\frac{X(s)-3Y_{zs}(s)}{s}$$

化简得

$$sY_{zs}(s)+3Y_{zs}(s)=X(s)$$

由系统函数的定义知

$$H(s)=\frac{Y_{zs}(s)}{X(s)}=\frac{1}{s+3}$$

注：也可利用梅森公式，根据框图直接求得系统函数。

对 $sY_{zs}(s)+3Y_{zs}(s)=X(s)$ 两边作拉普拉斯反变换得微分方程为

$$y'(t)+3y(t)=x(t)$$

6.5.2 系统函数的零极点

LTI 系统的系统函数 $H(s)$ 具有如下有理分式形式：

$$H(s)=\frac{B(s)}{A(s)}=\frac{b_m s^m+b_{m-1}s^{m-1}+\cdots+b_1 s+b_0}{a_n s^n+a_{n-1}s^{n-1}+\cdots+a_1 s+a_0}$$

其中，a_i、b_i 为实数，m、n 为正整数。

$z_1,z_2,\cdots,z_m$ 是使 $B(s)=0$ 的根，称为 $H(s)$ 的零点。$p_1,p_2,\cdots,p_n$ 是使 $A(s)=0$ 的根，称为 $H(s)$ 的极点。将零极点画在复平面上，可以得到系统的零极点分布图。

【例 6.5 - 4】 $H(s)=\dfrac{2(s+2)}{(s+1)^2(s^2+1)}$，求其零极点分布图。

解 -2 为零点，-1 为二重极点，$\pm\mathrm{j}$ 为共轭极点，得零极点分布图如图 6.5 - 3 所示。

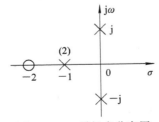

图 6.5 - 3 零极点分布图

【例 6.5 - 5】 已知系统的零极点分布图如图 6.5 - 4 所示，且 $h(0_+)=2$，求系统函数 $H(s)$ 的表达式。

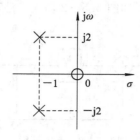

图 6.5 - 4 零极点分布图

解 由零极点分布图得系统函数有一个零点 0 和共轭极点 $-1\pm 2j$，得

$$H(s)=\frac{Ks}{(s+1)^2+4}=\frac{Ks}{s^2+2s+5}$$

因 $H(s)$ 为真分式，故由初值定理得

$$h(0_+)=\lim_{s\to\infty}sH(s)=\lim_{s\to\infty}\frac{Ks^2}{s^2+2s+5}=K$$

故 $K=2$，得

$$H(s)=\frac{2s}{s^2+2s+5}$$

利用 MATLAB 分析系统的零极点：

系统函数 $H(s)=\dfrac{B(s)}{A(s)}=\dfrac{b_m s^m+b_{m-1}s^{m-1}+\cdots+b_1 s+b_0}{a_n s^n+a_{n-1}s^{n-1}+\cdots+a_1 s+a_0}$，分子多项式在 MATLAB 中表示为 $b=[b_m,b_{m-1},\cdots,b_1,b_0]$，分母多项式表示为 $a=[a_n,a_{n-1},\cdots,a_1,a_0]$。

MATLAB 提供了求零极点及画零极点图的函数：

```
zs=roots(b);%计算零点
ps=roots(a);%计算极点
pzmap(b,a)%画零极点图
h=impulse(b,a,t)%求系统冲激响应
g=step(b,a,t)%求系统阶跃响应
H=freqs(b,a,w)%求频率系统函数
mag=abs(H)%求幅频特性
phase=angle(H)*180/pi%求相频特性(度)
```

例如：

```
b=[1,0];
a=[1,2,2];% H(s)=\frac{s}{s^2+2s+2}
figure(1);
pzmap(b,a);%画零极点分布图
title('零极点图');
```

```
w=0：0.01：15；%给出 w 的取值范围
H=freqs(b，a，w)；%求频域系统函数
mag=abs(H)；%求幅频特性
phase=angle(H) * 180/pi；%求相频特性
figure(2)；
plot(w，mag)；
title('幅频特性')；
figure(3)；
plot(w，phase)；
title('相频特性')；
```

运行结果如图 6.5－5 所示。

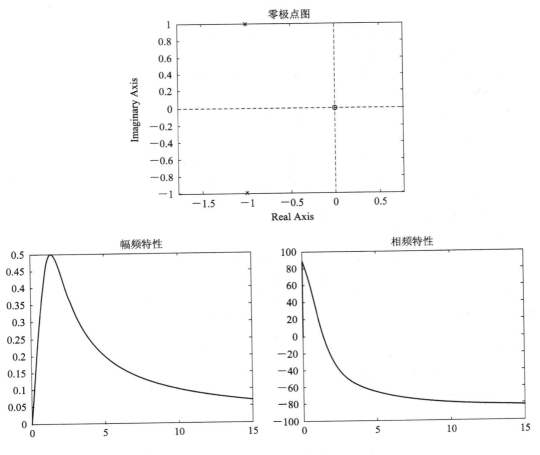

图 6.5－5　运行结果

下面讨论系统函数 $H(s)$ 的极点分布与单位冲激响应 $h(t)$ 的时域表达的关系(本章所讨论系统均为因果系统,对于因果系统来说,单位冲激响应均为因果信号,即满足 $h(t)\equiv0,t<0$)。$H(s)$ 按其极点在 s 平面上的位置可分为在左半开平面、在虚轴上和在右半开平面三类。

(1)左半开平面:

若 $H(s)$ 有负实数单极点 $p=-\alpha(\alpha>0)$,则 $H(s)$ 分母中有 $s+\alpha$ 因子,其所对应的响应函数形式为 $K\mathrm{e}^{-\alpha t}u(t)$。

若 $H(s)$ 有一对共轭复数极点 $p_{1,2}=-\alpha\pm\mathrm{j}\beta(\alpha>0)$,则 $H(s)$ 分母中有 $(s+\alpha)^2+\beta^2$ 因子,其所对应的响应函数形式为 $K\mathrm{e}^{-\alpha t}\cos(\beta t+\theta)u(t)$。

若 $H(s)$ 有二重实数极点 $p_{1,2}=-\alpha(\alpha>0)$,则 $H(s)$ 分母中有 $(s+\alpha)^2$ 因子,其所对应的响应函数形式为 $Kt\mathrm{e}^{-\alpha t}u(t)$。

以上 3 种情况,在 $t\to\infty$ 时,响应均趋于 0,为暂态响应。

(2)在右半开平面:

若 $H(s)$ 有正实数单极点 $p=\alpha(\alpha>0)$,则 $H(s)$ 分母中有 $s-\alpha$ 因子,其所对应的响应函数形式为 $K\mathrm{e}^{\alpha t}u(t)$。

若 $H(s)$ 有一对共轭复数极点 $p_{1,2}=\alpha\pm\mathrm{j}\beta(\alpha>0)$,则 $H(s)$ 分母中有 $(s-\alpha)^2+\beta^2$ 因子,其所对应的响应函数形式为 $K\mathrm{e}^{\alpha t}\cos(\beta t+\theta)u(t)$。

若 $H(s)$ 有二重实数极点 $p_{1,2}=\alpha(\alpha>0)$,则 $H(s)$ 分母中有 $(s-\alpha)^2$ 因子,其所对应的响应函数形式为 $Kt\mathrm{e}^{\alpha t}u(t)$。

以上 3 种情况,在 $t\to\infty$ 时,响应均趋于 ∞。

(3)在虚轴上:

若 $H(s)$ 有实数单极点 $p=0$,则 $H(s)$ 分母中有 s 因子,其所对应的响应函数形式为 $Ku(t)$。

若 $H(s)$ 有一对共轭极点 $p_{1,2}=\pm\mathrm{j}\beta$,则 $H(s)$ 分母中有 $s^2+\beta^2$ 因子,其所对应的响应函数形式为 $K\cos(\beta t+\theta)u(t)$。

若 $H(s)$ 有二重极点 $p_{1,2}=0$,则 $H(s)$ 分母中有 s^2 因子,其所对应的响应函数形式为 $Ktu(t)$。

表 6.5-1 所示为 $H(s)$ 的极点与 $h(t)$ 的对应关系(其中 $\alpha>0$)。

表 6.5-1 $H(s)$ 的极点与 $h(t)$ 的对应关系

$H(s)$ 的极点	$h(t)$
$H(s)=\dfrac{1}{s+\alpha}$	$h(t)=\mathrm{e}^{-\alpha t}$
$H(s)=\dfrac{\beta}{(s+\alpha)^2+\beta^2}$	$h(t)=\mathrm{e}^{-\alpha t}\sin(\beta t)$

续表

$H(s)$ 的极点	$h(t)$
(2) $H(s)=\dfrac{1}{(s+\alpha)^2}$ 极点在 $-\alpha$	$h(t)=te^{-\alpha t}$
$H(s)=\dfrac{1}{s}$ 极点在 0	$h(t)=u(t)$
$H(s)=\dfrac{\beta}{s^2+\beta^2}$ 极点在 $j\beta$, $-j\beta$	$h(t)=\sin(\beta t)$
$H(s)=\dfrac{1}{s-\alpha}$ 极点在 α	$h(t)=e^{\alpha t}$
$H(s)=\dfrac{\beta}{(s-\alpha)^2+\beta^2}$ 极点在 $\alpha+j\beta$, $\alpha-j\beta$	$h(t)=e^{\alpha t}\sin(\beta t)$

因为傅里叶变换是 $\sigma=0$ 时的拉普拉斯变换，所以如果拉普拉斯变换的收敛域包括虚轴，则系统存在频率响应，频率响应与系统函数的关系如下：

$$H(\omega)=H(s)\big|_{s=\mathrm{j}\omega} \tag{6.5-8}$$

6.5.3 系统的稳定性分析

对于一个 LTI 连续系统，若对任意的有界输入，其零状态响应也是有界的，则称该系统是有界输入有界输出（Bound Input Bound Output，BIBO）稳定的系统，简称为稳定系统。

可以证明，LTI 系统稳定的充要条件是单位冲激响应 $h(t)$ 绝对可积，即

$$\int_{-\infty}^{+\infty}|h(t)|\mathrm{d}t<\infty \tag{6.5-9}$$

对于 LTI 因果系统来说，系统稳定的充要条件是

$$\int_{0}^{+\infty}|h(t)|\mathrm{d}t<\infty \tag{6.5-10}$$

通过 6.5.2 节的分析，可以由 $H(s)$ 的极点分布判断系统的稳定性（本章所讨论系统均为因果系统）。

（1）若系统函数 $H(s)$ 的极点均在左半平面，则对应的单位冲激响应 $\lim\limits_{t\to\infty}h(t)=0$，满足绝对可积条件式（6.5-10），系统稳定。

（2）若系统函数 $H(s)$ 在虚轴上只有一个单极点或一对共轭单极点，且其余极点均在左半平面，则对应的单位冲激响应 $\lim\limits_{t\to\infty}h(t)=M$（$M$ 为非零有界值），虽然不满足绝对可积条件，但 $h(t)$ 不是无限增长的，系统为临界稳定。

（3）若系统函数 $H(s)$ 的极点位于右半平面，或者在虚轴上有二阶或者二阶以上的重极点，则对应的单位冲激响应 $\lim\limits_{t\to\infty}h(t)=\infty$，不满足绝对可积条件，系统不稳定。

【例 6.5-6】 某因果系统的系统函数如下，整数 k 满足什么条件该系统是稳定的？

$$H(s)=\frac{s+2}{s^{2}+s+(k-3)}$$

解 若因果系统稳定，则系统所有极点必须在左半平面。

$H(s)$ 的极点为

$$p_{1,2}=-\frac{1}{2}\pm\sqrt{\frac{13}{4}-k}$$

为使极点在左半平面，必须满足：

$$\left(\frac{13}{4}-k\right)<0 \quad\text{或者}\quad \begin{cases}\dfrac{13}{4}-k\geqslant 0 \\ -\dfrac{1}{2}+\sqrt{\dfrac{13}{4}-k}<0\end{cases}$$

可得，$k>3$ 时系统稳定。

6.6 实 例 分 析

在传统的汽车发动机点火系统中，通过 12 V 的蓄电池供电，利用由点火线圈初级绕

组、断电器及电容器等元件等构成的初级回路产生 200～300 V 的瞬时高电压，然后利用变压器在次级回路产生 15～20 kV 的互感瞬时电压，从而击穿火花塞并实现点火。下面我们将利用拉普拉斯分析方法来分析其初级回路瞬时高电压的产生过程。

点火系统中的初级回路可以用 RLC 二阶动态电路来描述，如图 6.6-1 所示。12 V 蓄电池用电压源模型 U_s 来实现，点火线圈初级绕组用电感模型 L 来实现，断电器用开关模型 S 来实现，输出取电感 L 两端的电压。

开关 S 在 $t=0$ 时打开，开关打开前，电路已达稳态，电压源 $U_s=12$ V，电感 $L=7$ mH，电阻 $R=4$ Ω，电容 $C=0.8$ μF。可见，电路的起始状态为 $i'_L(0_-) = \dfrac{u_L(0_-)}{L} = \dfrac{0}{7 \times 10^{-3}} = 0$ V/H，$i_L(0_-) = \dfrac{U_s}{R} = \dfrac{12}{4} = 3$ A，$u_C(0_-) = 0$ V。图 6.6-2 所示为电路 s 域模型。

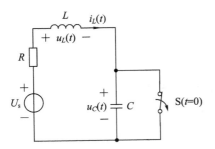

图 6.6-1　点火系统初级回路

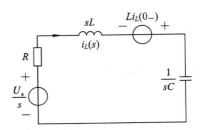

图 6.6-2　电路 s 域模型

由 s 域电路模型得

$$\left(sL + R + \frac{1}{sC}\right)I_L(s) - Li_L(0_-) = \frac{U_s}{s}$$

将各参数代入方程，可得

$$s^2 I_L(s) + \frac{4}{7} \times 10^3 s I_L(s) + \frac{1}{56} \times 10^{10} I_L(s) - s i_L(0_-) = \frac{12}{7} \times 10^3$$

化简得

$$I_L(s) = \frac{3s + \dfrac{12\ 000}{7}}{s^2 + \dfrac{4000}{7}s + \dfrac{10^{10}}{56}} \approx 3 \times \frac{s + 286}{(s+286)^2 + 13\ 360^2} + 0.06 \times \frac{13\ 360}{(s+286)^2 + 13\ 360^2}$$

查常用信号的拉普拉斯变换表 6.1-1 可以得到

$$i_L(t) \approx \mathrm{e}^{-286t}\left[3\cos(13\ 360t) + 0.06\sin(13\ 360t)\right]$$

$$\approx 3\mathrm{e}^{-286t}\cos(13\ 360t)\mathrm{A} \quad (t > 0)$$

而电感上的电压为

$$u_L(t) = L\frac{\mathrm{d}i_L(t)}{\mathrm{d}t} \approx \mathrm{e}^{-286t}\left[-6\cos(13\ 360t) - 281\sin(13\ 360t)\right]$$

$$\approx -281\mathrm{e}^{-286t}\sin(13\ 360t)\ \mathrm{V} \quad (t > 0)$$

因此，利用拉普拉斯变换可以很好地分析实际系统的响应。

习 题 6

6-1　求下列函数的拉普拉斯变换，并给出收敛域。

(1) $\delta(t) + e^{-3t}u(t)$；

(2) $\sin(t)u(t) + 2\cos(t)u(t)$；

(3) $(t^2 + 2t)u(t)$；

(4) $e^{-t}\sin(2t)u(t)$；

(5) $(1 + 2t)e^{-t}u(t)$；

(6) $te^{-2t}\sin(t)u(t)$。

6-2　已知 $f(t) = e^{-2t}u(t) \leftrightarrow F(s) = \dfrac{1}{s+2}$，利用拉普拉斯变换求下列原函数：

(1) $F_1(s) = F(s)e^{-s}$；　(2) $F_2(s) = sF'(s)$；　(3) $F_3(s) = sF\left(\dfrac{s}{2}\right)e^{-s}$。

6-3　已知因果信号 $f(t)$ 的拉普拉斯变换 $F(s)$ 如下，试用部分分式求 $f(t)$。

(1) $\dfrac{4}{2s+3}$；

(2) $\dfrac{4}{s(2s+3)}$；

(3) $\dfrac{3s}{(s+4)(s+2)}$；

(4) $\dfrac{4}{(s+3)(s+2)^2}$；

(5) $\dfrac{4s+5}{s^2+5s+6}$；

(6) $\dfrac{s+17}{s^2+9s+14}$。

6-4　用拉普拉斯变换性质求以下各题（$f(t)$ 为因果信号）：

(1) 求 $e^{-t}u(t) * e^{-2t}u(t)$；

(2) 求 $e^{-t}u(t) * \sin tu(t)$；

(3) 求 $e^{-t}u(t) * e^{-t}u(t-1)$；

(4) 已知 $f(t) * \dfrac{\mathrm{d}}{\mathrm{d}t}f(t) = (1-2t)e^{-2t}u(t)$，求 $f(t)$。

6-5　分别求下列函数反变换的初值和终值。

(1) $\dfrac{s+4}{(s+2)(s+5)}$；

(2) $\dfrac{s+5}{(s+1)^2(2s+3)}$；

(3) $\dfrac{3s}{s^2+s-2}$；

(4) $\dfrac{s^3+5s^2+1}{s^2+3s+2}$。

6-6　已知 LTI 系统的微分为 $\dfrac{\mathrm{d}^2y(t)}{\mathrm{d}t^2} + 4\dfrac{\mathrm{d}y(t)}{\mathrm{d}t} + 3y(t) = \dfrac{\mathrm{d}x(t)}{\mathrm{d}t} + 3x(t)$，起始状态 $y(0_-) = 0$，$y'(0_-) = 1$，输入信号为 $x(t) = e^{-t}u(t)$，求该系统的零输入响应、零状态响应和完全响应。

6-7　已知 LTI 系统的微分为 $\dfrac{\mathrm{d}^2y(t)}{\mathrm{d}t^2} + 3\dfrac{\mathrm{d}y(t)}{\mathrm{d}t} + 2y(t) = \dfrac{\mathrm{d}x(t)}{\mathrm{d}t}$，起始状态 $y(0_-) = 1$，$y'(0_-) = 2$，输入信号为 $x(t) = 2u(-t) + e^{-3t}u(t)$，求该系统的零输入响应、零状态响应和完全响应。

6-8　已知 LTI 系统的微分为 $\dfrac{\mathrm{d}^2y(t)}{\mathrm{d}t^2} + 5\dfrac{\mathrm{d}y(t)}{\mathrm{d}t} + 6y(t) = 3x(t)$，起始状态 $y(0_-) = 0$，$y'(0_-) = 1$，求该系统的单位冲激响应、单位阶跃响应。

6-9　已知某 LTI 系统的单位阶跃响应 $g(t)=(1-e^{-2t})u(t)$，为了使系统的零状态响应为 $y(t)=(1-e^{-2t}-te^{-2t})u(t)$，求输入信号 $x(t)$。

6-10　已知 LTI 系统的单位阶跃响应 $g(t)=(e^{-t}+2e^{-2t})u(t)$。

（1）求该系统的单位冲激响应和系统函数。

（2）输入为 $te^{-t}u(t)$ 时求该系统的零状态响应。

6-11　已知 LTI 系统，当输入为 $e^{-t}u(t)$ 时系统零状态响应为 $\left(\dfrac{1}{2}e^{-t}-e^{-2t}+2e^{3t}\right)u(t)$，求该系统的单位冲激响应和系统函数。

6-12　已知某 LTI 系统的系统函数 $H(s)=\dfrac{s}{s^2+3s+2}$，输入为 $x(t)=(1-e^{-t})u(t)$ 时系统的完全响应为 $y(t)=(te^{-t}+e^{-t}-e^{-2t})u(t)$，求该完全响应中的零输入响应、零状态响应以及系统的起始状态。

6-13　已知某 LTI 系统的系统函数 $H(s)=\dfrac{s+3}{s^2+3s+2}$，系统起始状态 $y(0_-)=0$，$y'(0_-)=-1$，求 $x(t)=tu(t)$ 时系统的自由响应和强迫响应。

6-14　已知某 LTI 系统的系统函数 $H(s)$ 的零极点分布如题 6-14 图所示，$H(\infty)=5$，求 $H(s)$ 的表达式。

6-15　已知某因果 LTI 系统的系统函数为 $H(s)=\dfrac{s+6}{s^2+4s+k}$，求其为稳定系统时 k 的取值范围。

6-16　反馈系统如题 6-16 图所示。

（1）描述该系统的系统函数 $H(s)$。

（2）k 满足什么条件时系统稳定？

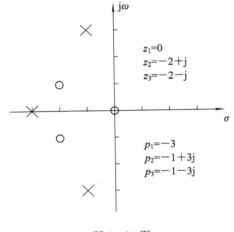

题 6-14 图

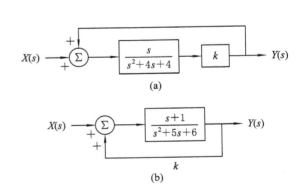

题 6-16 图

6-17　如题 6-17 图所示的系统中，输入电压为 $x(t)$，输出电压为 $y(t)$，起始状态为 0，$L=2$ H，$C=0.1$ F，$R=10$ Ω。

（1）求系统函数 $H(s)=\dfrac{Y(s)}{X(s)}$。

（2）画出 $H(s)$ 的零极点分布图。

（3）求系统的单位冲激响应。

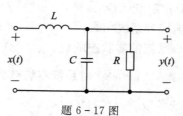

题 6-17 图

6-18　电路如题 6-18 图所示，$t=0$ 时刻加入输入电压为 $x(t)$，电感和电容的起始状态分别为 $i_L(0_-)$、$u_C(0_-)$，电路系统的输出为 $u_C(t)$。

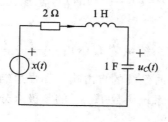

题 6-18 图

（1）求系统函数 $H(s)$。

（2）求系统的单位冲激响应。

（3）求描述该系统的微分方程，若系统的零输入响应等于系统的冲激响应，系统的起始状态 $i_L(0_-)$、$u_C(0_-)$ 分别是多少？

第 7 章　离散时间系统的 z 域分析

z 变换的思想是英国数学家 De Moivre 于 1730 年首次提出的。进入 20 世纪 60 年代以来，随着电子计算机的广泛应用和数字通信、数字控制系统的迅速发展，z 变换成为分析线性离散系统的重要数学工具。正如拉普拉斯变换可以将微分方程化为代数方程，z 变换可以将差分方程变为代数方程求解，从而使离散系统的分析更为简化。

7.1　z 变 换

7.1.1　z 变换的定义

为了便于理解，这里从拉普拉斯变换推演出 z 变换。

对连续信号 $f(t)$ 进行理想采样可以得到采样信号 $f_s(t)$：

$$f_s(t) = f(t)\delta_{T_s}(t) = f(t)\sum_{n=-\infty}^{\infty} \delta(t - nT_s) = \sum_{n=-\infty}^{\infty} f(nT_s)\delta(t - nT_s) \quad (7.1-1)$$

式中，T_s 为采样周期。

这样就得到了离散化形式的信号 $f_s(t)$，对 $f_s(t)$ 取双边拉普拉斯变换：

$$\begin{aligned}
F_s(s) &= \int_{-\infty}^{\infty} f_s(t)\mathrm{e}^{-st}\,\mathrm{d}t \\
&= \int_{-\infty}^{\infty} \left[\sum_{n=-\infty}^{\infty} f(nT_s)\delta(t - nT_s)\right]\mathrm{e}^{-st}\,\mathrm{d}t \\
&= \sum_{n=-\infty}^{\infty} f(nT_s)\mathrm{e}^{-nsT_s} \quad (7.1-2)
\end{aligned}$$

令变量 $z = \mathrm{e}^{sT_s}$，则上式可写为

$$F(z) = \sum_{n=-\infty}^{\infty} f(nT_s)z^{-n} \quad (7.1-3)$$

将 $f(nT_s)$ 表示为 $f(n)$，得 z 变换的定义如下：

$$F(z) = \sum_{n=-\infty}^{\infty} f(n)z^{-n} \quad (7.1-4)$$

可见，离散信号 $f(n)$ 的 z 变换 $F(z)$ 是采样信号 $f_s(t)$ 的拉普拉斯变换将 s 变量换为 z 变量的结果。

若 $F(z)$ 已知，根据复变函数理论，原函数 $f(n)$ 可由下式确定：

$$f(n) = \frac{1}{2\pi\mathrm{j}} \oint_C F(z)z^{n-1}\,\mathrm{d}z \quad (7.1-5)$$

式 (7.1-5) 称为 $F(z)$ 的反变换。为了简便，z 变换与反变换通常记为

$$\begin{cases} F(z) = \mathscr{Z}\left[f(n)\right] \\ f(n) = \mathscr{Z}^{-1}\left[F(z)\right] \end{cases} \tag{7.1-6}$$

也常简记为变换对：

$$f(n) \leftrightarrow F(z) \tag{7.1-7}$$

由式(7.1-4)可知，z 变换定义为无穷幂级数之和。根据级数理论，式(7.1-4)收敛（即 z 变换存在）的充分必要条件是

$$\sum_{n=-\infty}^{\infty} \left| f(n)z^{-n} \right| < \infty \tag{7.1-8}$$

对于序列 $f(n)$，满足 $\sum\limits_{n=-\infty}^{\infty} \left| f(n)z^{-n} \right| < \infty$ 的所有 z 值组成的集合称为 $F(z)$ 的收敛域。

【例 7.1-1】 求下列序列的 z 变换，并求其收敛域。

(1) $f_1(n) = 2^n u(n)$; (2) $f_2(n) = -2^n u(-n-1)$; (3) $f_3(n) = 2^n u(n) - 3^n u(-n-1)$。

解 (1) $\quad F_1(z) = \sum\limits_{n=-\infty}^{\infty} 2^n u(n) z^{-n} = \sum\limits_{n=0}^{\infty} 2^n z^{-n}$

当 $\left| 2z^{-1} \right| < 1$，即 $|z| > 2$ 时，上述等比级数求和收敛：

$$F_1(z) = \frac{1}{1-2z^{-1}} = \frac{z}{z-2} \quad (|z| > 2)$$

所以 $F_1(z)$ 的收敛域为 $|z| > 2$，如图 7.1-1(a)所示。

(2) $\quad F_2(z) = \sum\limits_{n=-\infty}^{\infty} \left[-2^n u(-n-1) z^{-n} \right] = \sum\limits_{n=-\infty}^{-1} \left(-2^n z^{-n} \right) = \sum\limits_{n=1}^{\infty} \left(-2^{-n} z^n \right)$

当 $\left| 2^{-1}z \right| < 1$，即 $|z| < 2$ 时，上述等比级数求和收敛：

$$F_2(z) = \frac{-2^{-1}z}{1-2^{-1}z} = \frac{z}{z-2} \quad (|z| < 2)$$

所以 $F_2(z)$ 的收敛域为 $|z| < 2$，如图 7.1-1(b)所示。

(3) $\quad F_3(z) = \sum\limits_{n=-\infty}^{\infty} \left[2^n u(n) - 3^n u(-n-1) \right] z^{-n} = \sum\limits_{n=0}^{\infty} 2^n z^{-n} + \sum\limits_{n=-\infty}^{-1} \left(-3^n z^{-n} \right)$

$$= \sum_{n=0}^{\infty} 2^n z^{-n} + \sum_{n=1}^{\infty} -3^{-n} z^n$$

当 $\left| 2z^{-1} \right| < 1$，即 $|z| > 2$ 时，等比级数求和 $\sum\limits_{n=0}^{\infty} 2^n z^{-n}$ 收敛：

$$\sum_{n=0}^{\infty} 2^n z^{-n} = \frac{1}{1-2z^{-1}} = \frac{z}{z-2} \quad (|z| > 2)$$

当 $\left| 3^{-1}z \right| < 1$，即 $|z| < 3$ 时，等比级数求和 $\sum\limits_{n=1}^{\infty} -3^{-n} z^n$ 收敛：

$$\sum_{n=1}^{\infty} \left(-3^{-n} z^n \right) = \frac{-3^{-1}z}{1-3^{-1}z} = \frac{z}{z-3} \quad (|z| < 3)$$

所以当 $2 < |z| < 3$，$F_3(z) = \dfrac{z}{z-2} + \dfrac{z}{z-3}$，即 $F_3(z)$ 的收敛域为 $2 < |z| < 3$，如图 7.1-1(c)所示。

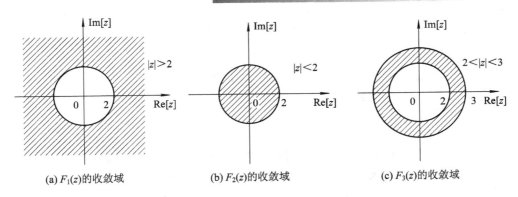

(a) $F_1(z)$的收敛域　　　　(b) $F_2(z)$的收敛域　　　　(c) $F_3(z)$的收敛域

图 7.1-1　z 变换的收敛域

例 7.1-1 中，$f_1(n)$ 和 $f_2(n)$ 不同，虽然 $F_1(z)$ 和 $F_2(z)$ 的函数公式相同，但是 $F_1(z)$ 和 $F_2(z)$ 的收敛域不同。因此，函数公式和收敛域一起才能完全表示 z 变换的结果。另外，由例 7.1-1 的分析我们知道，z 变换的收敛域是由 $|z|$ 的取值范围决定的，因此 z 变换的收敛域是由 z 平面上的圆划分的。下面具体讨论序列 $f(n)$ 的形式与其 z 变换收敛域的关系。

1. $f(n)$ 为右边序列

右边序列是指 $f(n)$ 只在 $n \geqslant n_1$ 时有不等于 0 的值，在 $n < n_1$ 时 $f(n) = 0$。

若 $n_1 < 0$，则右边序列 $f(n)$ 的 z 变换为

$$F(z) = \sum_{n=n_1}^{\infty} f(n)z^{-n} = \sum_{n=n_1}^{-1} f(n)z^{-n} + \sum_{n=0}^{\infty} f(n)z^{-n} \qquad (7.1-9)$$

显然，式(7.1-9)中右边第一项为 z 的正幂项，故右边第一项的收敛域为 $|z| \neq \infty$。另外，由级数收敛的阿贝尔(N. Abel)定理可知，式(7.1-9)右边第二项的收敛域是半径为 R_1 的圆外区域，即 $|z| > R_1$。所以对于 $n_1 < 0$ 的右边序列，其 z 变换的收敛域为：$R_1 < |z| < \infty$。

同样可以证明，对于 $n_1 \geqslant 0$ 的右边序列来说，其 z 变换就没有 z 的正幂项，对于 $n_1 \geqslant 0$ 的右边序列，其 z 变换的收敛域是半径为 R_1 的圆外区域：$|z| > R_1$。

因果序列是最重要的一种右边序列，即 $n_1 = 0$ 的右边序列，也就是说 $n < 0$ 时，$f(n)$ 均为 0。所以因果序列的 z 变换也没有 z 的正幂项，因果序列 z 变换的收敛域为半径为 R_1 的圆外区域：$|z| > R_1$。

2. $f(n)$ 为左边序列

左边序列是指 $f(n)$ 只在 $n \leqslant n_2$ 时有非零值，在 $n > n_2$ 时 $f(n) = 0$。

若 $n_2 > 0$，则左边序列 $f(n)$ 的 z 变换为

$$F(z) = \sum_{n=-\infty}^{n_2} f(n)z^{-n} = \sum_{n=-\infty}^{0} f(n)z^{-n} + \sum_{n=1}^{n_2} f(n)z^{-n} \qquad (7.1-10)$$

显然，式(7.1-10)中右边第二项为 z 的负幂项，故右边第二项的收敛域为 $z \neq 0$。由级数收敛的阿贝尔(N. Abel)定理可知，式(7.1-10)右边第一项的收敛域是半径为 R_2 的圆内区域，即 $|z| < R_2$。所以对于 $n_2 > 0$ 的左边序列来说，其 z 变换的收敛域为：$0 < |z| < R_2$。

同样可以证明，对于 $n_2 \leqslant 0$ 的左边序列来说，其 z 变换没有 z 的负幂项，所以对于 $n_2 \leqslant 0$ 的左边序列，其 z 变换的收敛域是半径为 R_2 的圆内区域：$|z| < R_2$。

3. $f(n)$ 为双边序列

双边序列可以看成是一个右边序列和一个左边序列的和。

双边序列 $f(n)$ 的 z 变换为

$$F(z) = \sum_{n=-\infty}^{\infty} f(n)z^{-n} = \sum_{n=0}^{\infty} f(n)z^{-n} + \sum_{n=-\infty}^{-1} f(n)z^{-n} \tag{7.1-11}$$

因而，双边序列的收敛域是右边序列和左边序列收敛域的重叠部分。等式右边第一项为右边序列的 z 变换，其收敛域是半径为 R_1 的圆外区域，即 $|z| > R_1$；等式右边第二项为左边序列的 z 变换，其收敛域是半径为 R_2 的圆内区域，即 $|z| < R_2$。

如果 $R_1 < R_2$，则存在公共收敛区域，该双边序列 $f(n)$ 的 z 变换收敛域是一个环状区域：$R_1 < |z| < R_2$。如果 $R_1 > R_2$，则不存在公共收敛区域，即不存在 z 变换。

4. $f(n)$ 为有限长序列

有限长序列 $f(n)$ 只在 $n_1 \leqslant n \leqslant n_2$ 内才具有非零值。

有限长序列 $f(n)$ 的 z 变换为

$$F(z) = \sum_{n=n_1}^{n_2} f(n)z^{-n} \tag{7.1-12}$$

若 $f(n)$ 为有界序列，则由于式(7.1-12)中 $F(z)$ 为有限项级数之和，因此除了 $z=0$ 和 $|z|=\infty$ 是否收敛与 n_1、n_2 的正负有关外，其他整个 z 平面一定是收敛的。如果 $n_1 < 0$，则收敛域不能包含 $|z|=\infty$；如果 $n_2 > 0$，则收敛域不能包含 $z=0$。

序列 $f(n)$ 的形式与其 z 变换收敛域的关系总结如下：

(1) 收敛域内不包含任何极点(收敛域是以极点为边界的)。

(2) 有限长序列 z 变换的收敛域是整个 z 平面(可能会除去 $z=0$ 和 $|z|=\infty$)。

(3) 右边序列 z 变换的收敛域是半径为 R_1 的圆外区域，即 $|z| > R_1$(可能会除去 $|z|=\infty$)。

(4) 左边序列 z 变换的收敛域是半径为 R_2 的圆内区域，即 $|z| < R_2$(可能会除去 $z=0$)。

(5) 双边序列 $f(n)$ 的 z 变换收敛域是一个环状区域：$R_1 < |z| < R_2$。

另外，式(7.1-4)中 z 变换求和是从 $-\infty$ 到 ∞，故称为离散信号 $f(n)$ 的双边 z 变换。若将式(7.1-4)的求和限取为 $0 \sim \infty$，则得

$$F(z) = \sum_{n=0}^{\infty} f(n)z^{-n} \tag{7.1-13}$$

式(7.1-13)称为 $f(n)$ 的单边 z 变换。对于因果序列来说，用两种 z 变换计算出来的结果是一样的。在拉普拉斯分析中着重讨论了单边拉普拉斯变换，这是由于在连续系统中，非因果信号的应用较少。然而对于离散系统，非因果序列也有一定的应用范围，考虑到单边 z 变换只有在少数几种情况下与双边 z 变换的分析有所区别，比如需要考虑序列的起始条件时，而其他很多特性都和双边 z 变换相同，因此本书如不另外说明，均用双边 z 变换对信号进行分析和变换。

MATLAB 提供了 z 正反变换的函数。

F=ztrans(f);	%求 z 变换
f=iztrans(F);	%求 z 反变换

例如：

```
syms a n z;
f= a^n; %f(n)=a^n
F=ztrans(f);
```

程序运行结果：

```
F=−z/(a−z)
```

7.1.2　典型序列的 z 变换

1. 冲激序列 $\delta(n)$

冲激序列 $\delta(n)$ 的 z 变换：

$$\mathscr{L}[\delta(n)]=\sum_{n=-\infty}^{\infty}\delta(n)z^{-n}=1 \tag{7.1-14}$$

式(7.1-14)表明，上述求和式均收敛，故其 z 变换的收敛域为整个 z 平面。

2. 阶跃序列 $u(n)$

阶跃序列 $u(n)$ 的 z 变换：

$$\mathscr{L}[u(n)]=\sum_{n=-\infty}^{\infty}u(n)z^{-n}=\sum_{n=0}^{\infty}z^{-n} \tag{7.1-15}$$

式(7.1-15)为等比级数求和问题，当 $|z^{-1}|<1$，即 $|z|>1$ 时，该求和式收敛，并且有

$$\mathscr{L}[u(t)]=\sum_{n=0}^{\infty}z^{-n}=\frac{1}{1-z^{-1}}=\frac{z}{z-1} \quad (|z|>1) \tag{7.1-16}$$

3. 指数序列

1) $a^n u(n)$

$a^n u(n)$ 的 z 变换：

$$\mathscr{L}[a^n u(n)]=\sum_{n=-\infty}^{\infty}a^n u(n)z^{-n}=\sum_{n=0}^{\infty}a^n z^{-n}=\sum_{n=0}^{\infty}(az^{-1})^n \tag{7.1-17}$$

式(7.1-17)为等比级数求和问题，当 $|az^{-1}|<1$，即 $|z|>|a|$ 时，该求和式收敛，并且有

$$\mathscr{L}[a^n u(n)]=\sum_{n=0}^{\infty}(az^{-1})^n=\frac{1}{1-az^{-1}}=\frac{z}{z-a} \quad (|z|>|a|) \tag{7.1-18}$$

2) $-a^n u(-n-1)$

$-a^n u(-n-1)$ 的 z 变换：

$$\begin{aligned}
\mathscr{L}[-a^n u(-n-1)]&=\sum_{n=-\infty}^{\infty}-a^n u(-n-1)z^{-n}\\
&=\sum_{n=-\infty}^{-1}-a^n z^{-n}\\
&=-\sum_{n=1}^{\infty}(a^{-1}z)^n
\end{aligned} \tag{7.1-19}$$

式(7.1-19)为等比级数求和问题，当 $|a^{-1}z|<1$，即 $|z|<|a|$ 时，该求和式收敛，并且有

$$\mathscr{Z}[-a^n u(-n-1)] = -\sum_{n=1}^{\infty}(a^{-1}z)^n = -\frac{a^{-1}z}{1-a^{-1}z} = \frac{z}{z-a} \quad (|z|<|a|)$$

$$(7.1-20)$$

4. 斜变序列 $nu(n)$

斜变序列 $nu(n)$ 的 z 变换为

$$\mathscr{Z}[nu(n)] = \sum_{n=-\infty}^{\infty} nu(n)z^{-n} = \sum_{n=0}^{\infty} nz^{-n} \qquad (7.1-21)$$

由式(7.1-16)知：

$$\sum_{n=0}^{\infty} z^{-n} = \frac{1}{1-z^{-1}}$$

对上式两边分别对 z^{-1} 求导，得到

$$\sum_{n=0}^{\infty} n(z^{-1})^{n-1} = \frac{1}{(1-z^{-1})^2} \qquad (7.1-22)$$

式(7.1-22)两边各乘 z^{-1}，得

$$\sum_{n=0}^{\infty} nz^{-n} = \frac{z^{-1}}{(1-z^{-1})^2} = \frac{z}{(z-1)^2} \quad (|z|>1) \qquad (7.1-23)$$

故

$$\mathscr{Z}[nu(n)] = \frac{z}{(z-1)^2} \quad (|z|>1) \qquad (7.1-24)$$

同理，式(7.1-23)两边再对 z^{-1} 求导，可得

$$\mathscr{Z}[n^2 u(n)] = \frac{z(z+1)}{(z-1)^3}$$

$$\mathscr{Z}[n^3 u(n)] = \frac{z(z^2+4z+1)}{(z-1)^4}$$

$$\vdots$$

通过上述例子分析也可以发现，由于等比级数求和的性质，因果序列 z 变换的收敛域总是在半径为 R 的圆外区域($|z|>R$)，见图7.1-2。

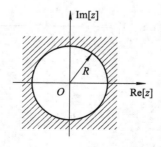

图 7.1-2　单边 z 变换收敛域

将上述结果及其他常用序列的 z 变换列于表7.1-1，供查阅。

表 7.1 − 1　常用序列的 z 变换

$f(n)$	$F(z)$	$f(n)$	$F(z)$
$\delta(n)$	1	$n^2 u(n)$	$\dfrac{z(z+1)}{(z-1)^3}$　$(\lvert z \rvert > 1)$
$u(n)$	$\dfrac{z}{z-1}$　$(\lvert z \rvert > 1)$	$na^n u(n)$	$\dfrac{az}{(z-a)^2}$　$(\lvert z \rvert > \lvert a \rvert)$
$a^n u(n)$	$\dfrac{z}{z-a}$　$(\lvert z \rvert > \lvert a \rvert)$	$-u(-n-1)$	$\dfrac{z}{z-1}$　$(\lvert z \rvert < 1)$
$nu(n)$	$\dfrac{z}{(z-1)^2}$　$(\lvert z \rvert > 1)$	$-a^n u(-n-1)$	$\dfrac{z}{z-a}$　$(\lvert z \rvert < \lvert a \rvert)$

7.1.3　z 变换的性质

表 7.1 − 2 所示为 z 变换的性质。

表 7.1 − 2　z 变换的重要性质

名　称	时　域	z 域
线性	$a_1 f_1(n) + a_2 f_2(n)$	$a_1 F_1(z) + a_2 F_2(z)$
移位特性 （单边 z 变换）	$f(n-m)$　$(m>0)$ $f(n+m)$　$(m>0)$	$z^{-m}\left[F(z) + \displaystyle\sum_{k=-m}^{-1} f(k) z^{-k} \right]$ $z^{m}\left[F(z) - \displaystyle\sum_{k=0}^{m-1} f(k) z^{-k} \right]$
移位特性 （双边 z 变换）	$f(n-m)$	$z^{-m} F(z)$
序列指数加权 （z 域尺度变换）	$a^n f(n)$	$F\left(\dfrac{z}{a}\right)$
序列线性加权 （z 域微分）	$nf(n)$	$-z \dfrac{\mathrm{d}F(z)}{\mathrm{d}z}$
卷积和	$f_1(n) * f_2(n)$	$F_1(z) \cdot F_2(z)$
因果序列 的初值定理	$f(0) = \lim\limits_{z \to \infty} F(z)$	
因果序列 的终值定理	$f(\infty) = \lim\limits_{z \to 1}(z-1) F(z)$	

表 7.1 − 2 中，$F(z) = \mathscr{Z}[f(n)]$，$F_1(z) = \mathscr{Z}[f_1(n)]$，$F_2(z) = \mathscr{Z}[f_2(n)]$。

注意： 由移位特性可以知道，如果不考虑起始状态，那么时域右移一位（延时一位）对应到 z 变换就是乘以 z^{-1}，因此在离散系统的模拟框图中通常将延时器表示为如图 7.1 − 3 所示。

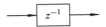

图 7.1 − 3　离散系统的模拟框图中的延时器

1. 移位特性(单边 z 变换)

移位特性又称为延时特性，是分析离散系统的重要性质。为了正确运用移位特性，这里重点分析和证明该特性：

(1)　　　$f(n) \leftrightarrow F(z) \Rightarrow f(n-m) \leftrightarrow z^{-m}\left[F(z) + \sum_{k=-m}^{-1} f(k) z^{-k}\right] \quad (m > 0)$

(2)　　　$f(n) \leftrightarrow F(z) \Rightarrow f(n+m) \leftrightarrow z^{m}\left[F(z) - \sum_{k=0}^{m-1} f(k) z^{-k}\right] \quad (m > 0)$

$$(7.1-25)$$

证明　(1)　$Z[f(n-m)] = \sum_{n=0}^{\infty} f(n-m) z^{-n} = z^{-m} \sum_{n=0}^{\infty} f(n-m) z^{-(n-m)}$

$$\overset{令 n-m=k}{=} z^{-m} \sum_{k=-m}^{\infty} f(k) z^{-k}$$

$$= z^{-m}\left[\sum_{k=-m}^{-1} f(k) z^{-k} + \sum_{k=0}^{\infty} f(k) z^{-k}\right]$$

$$= z^{-m}\left[\sum_{k=-m}^{-1} f(k) z^{-k} + F(z)\right] \qquad (7.1-26)$$

若 $f(n)$ 为因果序列，即 $f(k) \equiv 0$，$k < 0$，则式(7.1-26)中：

$$z^{-m} \sum_{k=-m}^{-1} f(k) z^{-k} = 0 \qquad (7.1-27)$$

即

$$\mathscr{L}[f(n-m)] = z^{-m} F(z) \qquad (7.1-28)$$

所以对于因果序列，其移位特性为

$$f(n-m) \leftrightarrow z^{-m} F(z) \quad (m > 0) \qquad (7.1-29)$$

(2)　$\mathscr{L}[f(n+m)] = \sum_{n=0}^{\infty} f(n+m) z^{-n}$

$$= z^{m} \sum_{n=0}^{\infty} f(n+m) z^{-(n+m)}$$

$$\overset{令 n+m=k}{=} z^{m} \sum_{k=m}^{\infty} f(k) z^{-k}$$

$$= z^{m}\left[\sum_{k=0}^{\infty} f(k) z^{-k} - \sum_{k=0}^{m-1} f(k) z^{-k}\right]$$

$$= z^{m}\left[F(z) - \sum_{k=0}^{m-1} f(k) z^{-k}\right] \qquad (7.1-30)$$

例如：

$$f(n-1) \leftrightarrow z^{-1} F(z) + f(-1)$$
$$f(n-2) \leftrightarrow z^{-2} F(z) + z^{-1} f(-1) + f(-2)$$
$$f(n+1) \leftrightarrow z F(z) - z f(0)$$
$$f(n+2) \leftrightarrow z^{2} F(z) - z^{2} f(0) - z f(1)$$

2. 移位特性(双边 z 变换)

对于双边 z 变换来说，移位特性为

$$f(n) \leftrightarrow F(z) \Rightarrow f(n-m) \leftrightarrow z^{-m}F(z) \qquad (7.1-31)$$

证明

$$
\begin{aligned}
\mathscr{L}\left[f(n-m)\right] &= \sum_{n=-\infty}^{\infty} f(n-m)z^{-n} \\
&= z^{-m}\sum_{n=-\infty}^{\infty} f(n-m)z^{-(n-m)} \overset{\diamondsuit\, n-m=k}{=} z^{-m}\sum_{k=-\infty}^{\infty} f(k)z^{-k} \\
&= z^{-m}F(z) \qquad\qquad\qquad\qquad\qquad\qquad\qquad (7.1-32)
\end{aligned}
$$

3. 因果序列的初值定理

对于因果序列 $f(n)$ 来说，其 z 变换满足：

$$F(z) = \sum_{n=0}^{\infty} f(n)z^{-n} = f(0) + f(1)z^{-1} + f(2)z^{-2} + \cdots \qquad (7.1-33)$$

那么当 $z \to \infty$ 时，式(7.1-33)的右边只有 $f(0)$，所以 $f(0) = \lim\limits_{z\to\infty} F(z)$。

4. 因果序列的终值定理

对于因果序列 $f(n)$ 来说，其 z 变换为

$$f(n) \leftrightarrow F(z)$$

那么由 z 变换的移动特性可知，序列 $f(n+1)$ 的 z 变换结果为

$$f(n+1) \leftrightarrow zF(z) \qquad (7.1-34)$$

因此序列 $[f(n+1)-f(n)]$ 的 z 变换结果为

$$\mathscr{L}[f(n+1)-f(n)] = zF(z) - F(z) = (z-1)F(z) \qquad (7.1-35)$$

由 z 变换的定义可得

$$\lim_{z\to 1}[(z-1)F(z)] = \lim_{z\to 1}\sum_{n=\infty}^{\infty}[f(n+1)-f(n)]z^{-n} = \sum_{n=-\infty}^{\infty}[f(n+1)-f(n)] \qquad (7.1-36)$$

由于 $f(n)$ 为因果序列，因此式(7.1-36)可化简为

$$
\begin{aligned}
\lim_{z\to 1}[(z-1)F(z)] &= \sum_{n=-1}^{\infty}[f(n+1)-f(n)] \\
&= f(0) + [f(1)-f(0)] + [f(2)-f(1)] + [f(3)-f(2)] + \cdots \\
&= f(\infty) \qquad\qquad\qquad\qquad\qquad\qquad\qquad\qquad (7.1-37)
\end{aligned}
$$

注意：应用终值定理的前提是 $f(n)$ 是收敛的，即 $f(\infty)$ 必须存在，判断的依据是其 z 变换 $F(z)$ 的所有极点必须在单位圆内，或者在单位圆上只能有位于 $z=1$ 的单极点。

【例 7.1-2】 利用性质求如下序列的 z 变换：$f(n) = (n-2)u(n)$。

解　方法一　利用典型序列的 z 变换及线性特性求解：

$$
\begin{aligned}
\mathscr{L}\left[(n-2)u(n)\right] &= \mathscr{L}\left[nu(n) - 2u(n)\right] \\
&= \frac{z}{(z-1)^2} - \frac{2z}{z-1} = \frac{3z - 2z^2}{(z-1)^2}
\end{aligned}
$$

方法二　利用典型序列的 z 变换及移位特性求解：

$$\mathscr{L}\left[nu(n)\right] = \frac{z}{(z-1)^2}$$

由移位特性知：

$$\mathscr{Z}\left[(n-2)u(n-2)\right]=z^{-2}\,\frac{z}{(z-1)^2}$$

由于 $(n-2)u(n)$ 和 $(n-2)u(n-2)$ 之间只差两项，分别是 $-2\delta(n)$ 和 $-\delta(n-1)$，得

$$\mathscr{Z}\left[(n-2)u(n)\right]=z^{-2}\,\frac{z}{(z-1)^2}-2-z^{-1}=\frac{3z-2z^2}{(z-1)^2}$$

7.2　z 变换与拉普拉斯变换的关系

由 7.1.1 节分析知，连续信号 $f(t)$ 进行理想采样可以得到采样后的信号 $f_s(t)$。$f_s(t)$ 的双边拉普拉斯变换为

$$F(s)=\int_{-\infty}^{\infty}f_s(t)\mathrm{e}^{-st}\mathrm{d}t=\int_{-\infty}^{\infty}\left[\sum_{n=-\infty}^{\infty}f(nT_s)\delta(t-nT_s)\right]\mathrm{e}^{-st}\mathrm{d}t$$

$$=\sum_{n=-\infty}^{\infty}f(nT_s)\mathrm{e}^{-nsT_s} \qquad (7.2-1)$$

采样后的信号也可以用序列 $f(nT_s)$ 表示，其中 T_s 为采样周期。对该序列作双边 z 变换，得其双边 z 变换为

$$F(z)=\sum_{n=-\infty}^{\infty}f(nT_s)z^{-n} \qquad (7.2-2)$$

比较式(7.2-1)和式(7.2-2)，得变量 z 与 s 满足 $z=\mathrm{e}^{sT_s}$ 时，$F(z)=F(s)$，即

$$F(s)=F(z)\Big|_{z=\mathrm{e}^{sT_s}} \qquad (7.2-3)$$

由 $f_s(t)$ 的拉普拉斯变换到 $f(nT_s)$ 的 z 变换，就是复变量 s 平面到 z 平面的映射关系，其映射关系为

$$\begin{cases}z=\mathrm{e}^{sT_s}\\[2mm]s=\dfrac{1}{T_s}\ln z\end{cases} \qquad (7.2-4)$$

下面讨论这种映射关系。将 s 平面用直角坐标表示为

$$s=\sigma+\mathrm{j}\omega$$

z 平面用极坐标表示为

$$z=r\mathrm{e}^{\mathrm{j}\theta}$$

因此，z 变量的模 r 与 s 变量的实部 σ，z 变量的角度 θ 与 s 变量的虚部 ω，存在如下关系：

$$\begin{cases}r=\mathrm{e}^{\sigma T_s}\\[2mm]\theta=\omega T_s\end{cases} \qquad (7.2-5)$$

首先讨论 s 变量的实部 σ 与 z 变量的模 r 的关系（见图 7.2-1）：

(1) s 平面的虚轴 $(\sigma=0)$ 映射到 z 平面的单位圆 $(r=1)$。

(2) s 平面的左半平面 $(\sigma<0)$ 映射到 z 平面的单位圆内 $(r<1)$。

(3) s 平面的右半平面 $(\sigma>0)$ 映射到 z 平面的单位圆外 $(r>1)$。

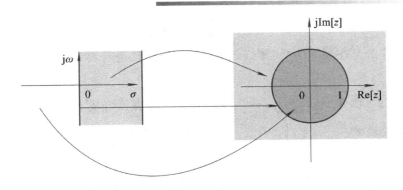

图 7.2-1　s 变量的实部 σ 与 z 变量的模 r 的关系

再讨论 s 变量的虚部 ω 和 z 变量的角度 θ 的关系(见图 7.2-2)：

(1) s 平面的实轴($\omega=0$)映射到 z 平面的正实轴($\theta=0$)。

(2) s 平面 ω 从 $-\pi/T_s$ 到 0，对应地 z 平面 θ 从 $-\pi$ 到 0。

(3) s 平面 ω 从 0 到 π/T_s，对应地 z 平面 θ 从 0 到 π。

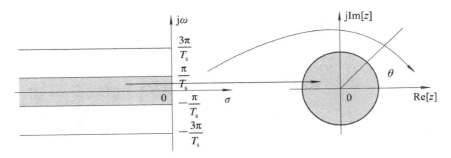

图 7.2-2　s 变量的虚部 ω 和 z 变量的角度 θ 的关系

可见，s 平面 ω 从 $-\pi/T_s$ 到 π/T_s，对应地 z 平面 θ 从 $-\pi$ 到 π，即在 z 平面上旋转一周。同理，s 平面 ω 从 π/T_s 到 $3\pi/T_s$，对应地 z 平面 θ 从 π 到 3π，也是在 z 平面上旋转一周。可得如下结论：s 平面上宽度为 $2\pi/T_s$ 的水平条带映射到整个 z 平面，每当 s 平面的 ω 增加 $2\pi/T_s$，对应地 z 平面 θ 增加 2π，即在 z 平面上重复旋转一周，如图 7.2-2 所示，因此，s 平面到 z 平面的映射是多值映射。

7.3　z 反 变 换

由 $F(z)$ 求 $f(n)$ 的过程称为 z 反变换。原理上说，只要给定 $F(z)$，就可以利用式 (7.1-6)，根据复变函数的围线积分求解反变换。由于通常 $F(z)$ 为 z 的有理函数，因此可利用部分分式展开法求解原序列 $f(n)$。

7.3.1　幂级数展开法

由 z 变换的定义式知，只要把 $F(z)$ 展开成幂级数形式：

$$F(z) = \sum_{n=-\infty}^{\infty} f(n) z^{-n} \qquad (7.3-1)$$

也就得到了对应的原序列 $f(n)$。幂级数展开法用长除法进行展开，则级数的各系数就是系列 $f(n)$。

【例 7.3-1】 已知 $F(z) = \dfrac{z}{z-a}$，$|z| > |a|$，求其反变换 $f(n)$。

解 因为收敛域 $|z| > |a|$，所以 $f(n)$ 必然是因果序列。此时将 $F(z)$ 展开成负幂次方的形式：

$$F(z) = \sum_{n=0}^{\infty} f(n) z^{-n} = f(0) + f(1) z^{-1} + f(2) z^{-2} + \cdots$$

作长除法：

$$
\begin{array}{r}
1 + az^{-1} + a^2 z^{-2} + a^3 z^3 + \cdots \\
z-a \overline{)\,z } \\
\underline{z - a} \\
a \\
\underline{a - a^2 z^{-1}} \\
a^2 z^{-1} \\
\underline{a^2 z^{-1} - a^3 z^{-2}} \\
a^3 z^{-2} \\
\vdots
\end{array}
$$

从而有

$$F(z) = f(0) z^0 + f(1) z^{-1} + f(2) z^{-2} + \cdots$$

$$= 1 + az^{-1} + a^2 z^{-2} + a^3 z^{-3} + \cdots = \sum_{n=0}^{\infty} a^n z^{-n}$$

可得

$$f(n) = \{1,\, a,\, a^2,\, a^3,\, \cdots\} \qquad (n \geqslant 0)$$

得

$$f(n) = a^n u(n)$$

【例 7.3-2】 已知 $F(z) = \dfrac{z}{z-a}$，$|z| < |a|$，求其反变换 $f(n)$。

解 因为收敛域 $|z| < |a|$，所以 $f(n)$ 必然是左边序列。此时将 $F(z)$ 展开成正幂次方的形式：

$$F(z) = \sum_{n=-\infty}^{0} f(n) z^{-n} = f(0) + f(-1) z^1 + f(-2) z^2 + \cdots$$

作长除法：

$$
\begin{array}{r}
-a^{-1} z - a^{-2} z^2 - a^{-3} z^3 + \cdots \\
z-a \overline{)\,z } \\
\underline{z - a^{-1} z^2} \\
a^{-1} z^2 \\
\underline{a^{-1} z^2 - a^{-2} z^3} \\
a^{-2} z^3 \\
\underline{a^{-2} z^3 - a^{-3} z^4} \\
a^{-3} z^4 \\
\vdots
\end{array}
$$

从而有

$$F(z) = f(-1)z + f(-2)z^2 + f(-3)z^3 + \cdots$$
$$= -a^{-1}z - a^{-2}z^2 - a^{-3}z^3 + \cdots$$

可得

$$f(n) = -a^n u(-n-1)$$

7.3.2 部分分式展开法

部分分式展开法的原理及过程与 6.2 节求拉普拉斯反变换相同,也是将 $F(z)$ 分解为几部分相加,即

$$F(z) = \sum_i F_i(z) \tag{7.3-2}$$

其中,每个 $F_i(z)$ 是表 7.1-1 中一些常用信号的 z 变换结果,即 $F_i(z) \leftrightarrow f_i(n)$。那么由 z 变换的线性特性得

$$f(n) = \sum_i f_i(n) \tag{7.3-3}$$

由表 7.1-1 可见,常用信号的 z 变换的基本形式是 $z/(z-a)$,所以对 $F(z)$ 作反变换时,用 $F(z)/z$ 进行部分分式展开,然后两边乘以 z,就可将 $F(z)$ 展开成 $z/(z-a)$ 的形式。

对 $F(z)/z$ 进行展开与 6.2 节拉普拉斯部分分式展开方法一样。如果 $F(z)/z$ 为有理真分式,则对 $F(z)/z$ 进行因式分解。根据分母多项式的根的不同形式,可以分为三种情况进行部分分式展开。

1. 单阶实数根

$$\frac{F(z)}{z} = \frac{B(z)}{(z-p_1)(z-p_2)\cdots(z-p_N)} \tag{7.3-4}$$

其中,p_1,p_2,$\cdots$,p_N 是不同的实数单根,$B(z)$ 代表分子多项式,那么 $F(z)/z$ 可以展开为如下形式:

$$\frac{F(z)}{z} = \frac{K_1}{z-p_1} + \frac{K_2}{z-p_2} + \cdots + \frac{K_N}{z-p_N} \tag{7.3-5}$$

上式两边同乘以 z,得

$$F(z) = \frac{K_1 z}{z-p_1} + \frac{K_2 z}{z-p_2} + \cdots + \frac{K_N z}{z-p_N} \tag{7.3-6}$$

确定系数 K_i 的方法与拉氏反变换一样:

$$K_i = \left[(z-p_i)\frac{F(z)}{z} \right]\Bigg|_{z=p_i} \tag{7.3-7}$$

式(7.3-6)各项取反变换即可得到序列 $f(n)$。

【例 7.3-3】 已知 $F(z) = \dfrac{z^2}{(z+1)(z-2)}$,若收敛域分别是如下情况,求其反变换 $f(n)$。

(1) 收敛域 $|z| > 2$;(2) 收敛域 $1 < |z| < 2$;(3) 收敛域 $|z| < 1$。

解
$$\frac{F(z)}{z} = \frac{z}{(z+1)(z-2)} = \frac{K_1}{z+1} + \frac{K_2}{z-2}$$

由部分分式展开法：

$$K_1 = (z+1)\frac{F(z)}{z}\Big|_{z=-1} = \frac{z}{z-2}\Big|_{z=-1} = \frac{1}{3}$$

$$K_2 = (z-2)\frac{F(z)}{z}\Big|_{z=2} = \frac{z}{z+1}\Big|_{z=2} = \frac{2}{3}$$

故

$$F(z) = \frac{1}{3}\frac{z}{z+1} + \frac{2}{3}\frac{z}{z-2}$$

(1) 若收敛域为 $|z| > 2$，那么 $f(n)$ 为因果序列，$F(z)$ 取反变换得

$$f(n) = \left[\frac{1}{3}\cdot(-1)^n + \frac{2}{3}\cdot 2^n\right]u(n)$$

(2) 若收敛域为 $1 < |z| < 2$，那么 $F(z)$ 中的 $\dfrac{z}{z+1}$ 反变换为因果序列，$F(z)$ 中的 $\dfrac{z}{z-2}$ 反变换为反因果序列，$F(z)$ 取反变换得

$$f(n) = \frac{1}{3}\cdot(-1)^n u(n) - \frac{2}{3}\cdot 2^n u(-n-1)$$

(3) 若收敛域为 $|z| < 1$，那么 $f(n)$ 为反因果序列，$F(z)$ 取反变换得

$$f(n) = -\frac{1}{3}\cdot(-1)^n u(-n-1) - \frac{2}{3}\cdot 2^n u(-n-1)$$

【例 7.3 - 4】 已知 $F(z) = \dfrac{z^2+z+1}{z^2+3z+2}$，$|z| < 1$，求其反变换 $f(n)$。

解　$$\frac{F(z)}{z} = \frac{z^2+z+1}{z(z+1)(z+2)} = \frac{K_1}{z} + \frac{K_2}{z+1} + \frac{K_3}{z+2}$$

由部分分式展开法：

$$K_1 = z\frac{F(z)}{z}\Big|_{z=0} = \frac{1}{2}$$

$$K_2 = (z+1)\frac{F(z)}{z}\Big|_{z=-1} = -1$$

$$K_3 = (z+2)\frac{F(z)}{z}\Big|_{z=-2} = 1.5$$

故

$$F(z) = 0.5 - \frac{z}{z+1} + \frac{1.5z}{z+2}$$

因为收敛域 $|z| < 1$，所以对上式各项取反变换得

$$f(n) = 0.5\delta(n) + (-1)^n u(-n-1) - 1.5(-2)^n u(-n-1)$$

2. 实数重根

$$\frac{F(z)}{z} = \frac{B(z)}{(z-p_1)^m} \tag{7.3-8}$$

其中，p_1 是 m 重实根，$\dfrac{F(z)}{z}$ 可以展开为如下形式：

$$\frac{F(z)}{z} = \frac{K_{11}}{(z-p_1)^m} + \frac{K_{12}}{(z-p_1)^{m-1}} + \cdots + \frac{K_{1m}}{(z-p_1)} \qquad (7.3-9)$$

确定系数的方法与拉氏反变换一样:

$$K_{1i} = \frac{1}{(i-1)!} \cdot \left[\frac{\mathrm{d}^{i-1}}{\mathrm{d}z^{i-1}} \left[(z-p_1)^m \frac{F(z)}{z} \right] \right] \Bigg|_{z=p_1} \qquad (7.3-10)$$

式中, $i = 1, 2, 3, \cdots, m$。

式(7.3-9)两边同乘以 z, 得

$$F(z) = \frac{K_{11} z}{(z-p_1)^m} + \frac{K_{12} z}{(z-p_1)^{m-1}} + \cdots + \frac{K_{1m} z}{(z-p_1)} \qquad (7.3-11)$$

式(7.3-11)各项取反变换即可得到序列 $f(n)$。

【例 7.3-5】 已知 $F(z) = \dfrac{z^2}{(z-2)^2}$, $|z| > 2$, 求其反变换 $f(n)$。

解
$$\frac{F(z)}{z} = \frac{z}{(z-2)^2} = \frac{K_{11}}{(z-2)^2} + \frac{K_{12}}{z-2}$$

由部分分式展开法:

$$K_{11} = (z-2)^2 \frac{F(z)}{z} \Bigg|_{z=2} = 2$$

$$K_{12} = \frac{\mathrm{d}}{\mathrm{d}z} \left[(z-2)^2 \frac{F(z)}{z} \right] \Bigg|_{z=2} = 1$$

故

$$F(z) = \frac{2z}{(z-2)^2} + \frac{z}{z-2}$$

因为收敛域 $|z| > 2$, 所以对上式各项取反变换得

$$f(n) = [n 2^n + 2^n] u(n)$$

3. 共轭复数根

$$\frac{F(z)}{z} = \frac{B(z)}{(z+\alpha-\mathrm{j}\beta)(z+\alpha+\mathrm{j}\beta)} \qquad (7.3-12)$$

其中, $-\alpha \pm \mathrm{j}\beta$ 是共轭复数根, $F(z)$ 可以展开为如下形式:

$$\frac{F(z)}{z} = \frac{K_1}{z+\alpha-\mathrm{j}\beta} + \frac{K_2}{z+\alpha+\mathrm{j}\beta} \qquad (7.3-13)$$

确定系数的方法与拉氏反变换一样:

$$K_1 = (z+\alpha-\mathrm{j}\beta) \frac{F(z)}{z} \Bigg|_{z=-\alpha+\mathrm{j}\beta} = \frac{B(-\alpha+\mathrm{j}\beta)}{2\mathrm{j}\beta}$$

$$K_2 = (z+\alpha+\mathrm{j}\beta) \frac{F(z)}{z} \Bigg|_{z=-\alpha-\mathrm{j}\beta} = \frac{B(-\alpha-\mathrm{j}\beta)}{-2\mathrm{j}\beta} \qquad (7.3-14)$$

式(7.3-13)两边同乘以 z, 得

$$F(z) = \frac{K_1 z}{z+\alpha-\mathrm{j}\beta} + \frac{K_2 z}{z+\alpha+\mathrm{j}\beta} \qquad (7.3-15)$$

式(7.3-15)各项取反变换即可得到序列 $f(n)$。

【例 7.3-6】 已知 $F(z) = \dfrac{z}{(z+1)^2+1}$, $|z| > \sqrt{2}$, 求其反变换 $f(n)$。

解
$$\frac{F(z)}{z}=\frac{1}{(z+1)^2+1}=\frac{1}{(z+1-\mathrm{j})(z+1+\mathrm{j})}=\frac{K_1}{z+1-\mathrm{j}}+\frac{K_2}{z+1+\mathrm{j}}$$

由部分分式展开法：

$$K_1=(z+1-\mathrm{j})\,F(z)\,\Big|_{z=-1+\mathrm{j}}=\frac{1}{z+1+\mathrm{j}}\Big|_{z=-1+\mathrm{j}}=\frac{1}{2\mathrm{j}}$$

$$K_2=(z+1+\mathrm{j})\,F(z)\,\Big|_{z=-1-\mathrm{j}}=\frac{1}{z+1-\mathrm{j}}\Big|_{z=-1-\mathrm{j}}=\frac{1}{-2\mathrm{j}}$$

故

$$F(z)=\frac{1}{2\mathrm{j}}\cdot\frac{z}{z+1-\mathrm{j}}-\frac{1}{2\mathrm{j}}\cdot\frac{z}{z+1+\mathrm{j}}$$

因为收敛域 $|z|>\sqrt{2}$，所以对上式各项取反变换得

$$f(n)=\left[\frac{1}{2\mathrm{j}}(-1+\mathrm{j})^n-\frac{1}{2\mathrm{j}}(-1-\mathrm{j})^n\right]u(n)$$

注意：当 $\dfrac{F(z)}{z}$ 为有理假分式的时候，需首先化简为真分式＋多项式的形式，然后对真分式部分进行部分分式展开。

利用 MATLAB 求 z 反变换：

```
f=iztrans(F);                    %计算拉普拉斯反变换
```

例程：

```
syms n z;
F=5*z/(-3*z^2+7*z-2);
f=iztrans(F);
```

程序运行结果：

```
f=(1/3)^n-2^n
```

7.4 z 变换求解差分方程

用单边 z 变换求解差分方程与用单边拉普拉斯变换求解微分方程相对应：

（1）通过单边 z 变换可将时域中的差分方程变换为 z 域中的代数方程，使求解简化。

（2）由单边 z 变换的移位特性，系统的起始状态可以自动地包含到 z 变换中，从而一举求得零输入和零状态响应。

N 阶 LTI 离散系统差分方程的一般形式为

$$\sum_{i=0}^{N}a_iy(n-i)=\sum_{j=0}^{M}b_jx(n-j) \tag{7.4-1}$$

输入的起始状态为：$x(-1)$，$x(-2)$，$x(-3)$，…，$x(-M)$。

输出的起始状态为：$y(-1)$，$y(-2)$，$y(-3)$，…，$y(-N)$。

记输入 $x(n)$ 的单边 z 变换为 $X(z)$，则由单边 z 变换的移位特性可得

$$x(n-j) \leftrightarrow z^{-j}\left[X(z) + \sum_{k=-j}^{-1} x(k)z^{-k}\right] \tag{7.4-2}$$

$$x(n-1) \leftrightarrow z^{-1}X(z) + x(-1)$$

$$x(n-2) \leftrightarrow z^{-2}X(z) + z^{-1}x(-1) + x(-2)$$

记输出 $y(n)$ 的单边 z 变换为 $Y(z)$，同样由单边 z 变换的移位特性可得

$$y(n-i) \leftrightarrow z^{-i}\left[Y(z) + \sum_{k=-i}^{-1} y(k)z^{-k}\right] \tag{7.4-3}$$

$$y(n-1) \leftrightarrow z^{-1}Y(z) + y(-1)$$

$$y(n-2) \leftrightarrow z^{-2}Y(z) + z^{-1}y(-1) + y(-2)$$

对差分方程两端作单边 z 变换，可得 z 域方程如下：

$$\left[\sum_{i=0}^{N} a_i z^{-i}\right]Y(z) + \sum_{i=0}^{N} a_i\left[\sum_{k=-i}^{-1} z^{-i-k}y(k)\right] = \left[\sum_{j=0}^{M} b_j z^{-j}\right]X(z) + \sum_{j=0}^{M} b_j\left[\sum_{k=-j}^{-1} z^{-j-k}x(k)\right] \tag{7.4-4}$$

可求得

$$Y(z) = \frac{\sum_{j=0}^{M} b_j z^{-j}}{\sum_{i=0}^{N} a_i z^{-i}}X(z) + \frac{\sum_{j=0}^{M} b_j\left[\sum_{k=-j}^{1} z^{-j-k}x(k)\right] - \sum_{i=0}^{N} a_i\left[\sum_{k=-i}^{1} z^{-i-k}y(k)\right]}{\sum_{i=0}^{N} a_i z^{-i}} \tag{7.4-5}$$

其中，$\dfrac{\sum_{j=0}^{M} b_j z^{-j}}{\sum_{i=0}^{N} a_i z^{-i}}X(z)$ 为零状态响应的 z 变换，记为 $Y_{zs}(z)$；

$$\frac{\sum_{j=0}^{M} b_j\left[\sum_{k=-j}^{1} z^{-j-k}x(k)\right] - \sum_{i=0}^{N} a_i\left[\sum_{k=-i}^{1} z^{-i-k}y(k)\right]}{\sum_{i=0}^{N} a_i z^{-i}}$$ 为零输入响应的 z 变换，记为 $Y_{zi}(z)$。

分别对 $Y_{zi}(z)$、$Y_{zs}(z)$ 作反 z 变换，可求出系统的零输入响应 $y_{zi}(n)$ 和零状态响应 $y_{zs}(n)$。

【**例 7.4-1**】　描述某 LTI 系统的差分方程为 $y(n) - y(n-1) - 2y(n-2) = x(n) + 2x(n-2)$，已知 $y(-1) = 2$，$y(-2) = -\dfrac{1}{2}$，$x(n) = u(n)$。求系统的零状态响应 $y_{zs}(n)$、零输入响应 $y_{zi}(n)$ 和完全响应 $y(n)$。

　　解　对输入 $x(n)$ 作单边 z 变换得

$$X(z) = \frac{z}{z-1}$$

因输入 $x(n)$ 为因果信号，由移位特性得

$$x(n-2) \leftrightarrow z^{-2}X(z)$$

由单边 z 变换移位特性及输出的起始状态可得

$$y(n-1) \leftrightarrow z^{-1}Y(z) + y(-1) = z^{-1}Y(z) + 2$$

$$y(n-2) \leftrightarrow z^{-2}Y(z) + z^{-1}y(-1) + y(-2) = z^{-2}Y(z) + 2z^{-1} - \frac{1}{2}$$

方程两边作单边 z 变换，化简得

$$(1 - z^{-1} - 2z^{-2})Y(z) = (1 + 2z^{-2})X(z) + 4z^{-1} + 1$$

故

$$Y(z) = \frac{1 + 2z^{-2}}{1 - z^{-1} - 2z^{-2}}X(z) + \frac{4z^{-1} + 1}{1 - z^{-1} - 2z^{-2}}$$

零状态响应的 z 变换为

$$Y_{zs}(z) = \frac{1 + 2z^{-2}}{1 - z^{-1} - 2z^{-2}}X(z) = \frac{z^2 + 2}{z^2 - z - 2} \cdot \frac{z}{z - 1}$$

下面对 $Y_{zs}(z)$ 作部分分式展开：

$$\frac{Y_{zs}(z)}{z} = \frac{z^2 + 2}{(z-1)(z-2)(z+1)} = \frac{k_1}{z-1} + \frac{k_2}{z-2} + \frac{k_3}{z+1}$$

系数 $k_1 = -\frac{3}{2}$，$k_2 = 2$，$k_3 = \frac{1}{2}$，故

$$Y_{zs}(z) = -\frac{3}{2}\frac{z}{z-1} + 2\frac{z}{z-2} + \frac{1}{2}\frac{z}{z+1}$$

得

$$y_{zs}(n) = \left[2^{n+1} + \frac{1}{2} \times (-1)^n - \frac{3}{2} \right] u(n)$$

零输入响应的 z 变换为

$$Y_{zi}(z) = \frac{4z^{-1} + 1}{1 - z^{-1} - 2z^{-2}} = \frac{z^2 + 4z}{z^2 - z - 2}$$

下面对 $Y_{zi}(z)$ 作部分分式展开：

$$\frac{Y_{zi}(z)}{z} = \frac{z + 4}{z^2 - z - 2} = \frac{2}{z - 2} + \frac{-1}{z + 1}$$

得

$$Y_{zi}(z) = \frac{2z}{z - 2} + \frac{-z}{z + 1}$$

得

$$y_{zi}(n) = \left[2^{n+1} - (-1)^n \right] u(n)$$

因此，系统全响应为

$$y(n) = y_{zs}(n) + y_{zi}(n) = \left[2^{n+2} - \frac{1}{2}(-1)^n - \frac{3}{2} \right] u(n)$$

【例 7.4-2】 描述某 LTI 系统的差分方程如下：

$$y(n) - 0.9y(n-1) + 0.2y(n-2) = x(n) - x(n-1)$$

求单位阶跃响应 $g(n)$ 和单位样值响应 $h(n)$。

解 单位阶跃响应 $g(n)$ 和单位样值响应 $h(n)$ 均为零状态响应。单位阶跃响应 $g(n)$

指系统在零状态条件下由单位阶跃序列 $u(n)$ 产生的响应。单位样值响应 $h(n)$ 指系统在零状态条件下由单位冲激序列 $\delta(n)$ 产生的响应。

在零状态条件下对差分方程两端作单边 z 变换得

$$(1-0.9z^{-1}+0.2z^{-2})Y_{zs}(z)=(1-z^{-1})X(z)$$

故

$$Y_{zs}(z)=\frac{1-z^{-1}}{1-0.9z^{-1}+0.2z^{-2}}X(z)$$

（1）输入 $x(n)=u(n)$ 时，$X(z)=\dfrac{z}{z-1}$，代入得

$$Y_{zs}(z)=\frac{1-z^{-1}}{1-0.9z^{-1}+0.2z^{-2}}\cdot\frac{z}{z-1}=\frac{z^2}{z^2-0.9z+0.2}$$

下面对 $Y_{zs}(z)$ 作部分分式展开，得单位阶跃响应 $g(n)$。

$$\frac{Y_{zs}(z)}{z}=\frac{z}{(z-0.5)(z-0.4)}=\frac{5}{z-0.5}+\frac{-4}{z-0.4}$$

故

$$Y_{zs}(z)=\frac{5z}{z-0.5}+\frac{-4z}{z-0.4}$$

得

$$g(n)=\left[5\times(0.5)^n-4\times(0.4)^n\right]u(n)$$

（2）输入 $x(n)=\delta(n)$ 时，$X(z)=1$，代入得

$$Y_{zs}(z)=\frac{1-z^{-1}}{1-0.9z^{-1}+0.2z^{-2}}=\frac{z^2-z}{z^2-0.9z+0.2}$$

下面对 $Y_{zs}(z)$ 作部分分式展开，得单位样值响应 $h(n)$。

$$\frac{Y_{zs}(z)}{z}=\frac{z-1}{(z-0.5)(z-0.4)}=\frac{-5}{z-0.5}+\frac{6}{z-0.4}$$

故

$$Y_{zs}(z)=\frac{-5z}{z-0.5}+\frac{6z}{z-0.4}$$

得

$$h(n)=\left[-5\times(0.5)^n+6\times(0.4)^n\right]u(n)$$

7.5　系统函数及零极点分析

7.5.1　系统函数

设线性时不变离散系统的输入信号为 $x(n)$，其零状态响应为 $y_{zs}(n)$，则响应 $y_{zs}(n)$ 的 z 变换与输入 $x(n)$ 的 z 变换之比定义为系统函数 $H(z)$，即

$$H(z) = \frac{Y_{zs}(z)}{X(z)} \qquad (7.5-1)$$

对于 N 阶 LTI 系统而言，其输入信号 $x(n)$ 与输出信号 $y(n)$ 之间可由 N 阶常系数线性差分方程描述：

$$\sum_{i=0}^{N} a_i y(n-i) = \sum_{j=0}^{M} b_j x(n-j)$$

在零状态条件下，对两边作 z 变换得

$$\left(\sum_{i=0}^{N} a_i z^{-i} \right) Y_{zs}(z) = \left(\sum_{j=0}^{M} b_j z^{-j} \right) X(z) \qquad (7.5-2)$$

得

$$H(z) = \frac{Y_{zs}(z)}{X(z)} = \frac{\displaystyle\sum_{j=0}^{M} b_j z^{-j}}{\displaystyle\sum_{i=0}^{N} a_i z^{-i}} \qquad (7.5-3)$$

故 $H(z)$ 只与系统的结构、元件参数有关，而与激励、起始状态无关。

若输入信号为单位样值序列 $\delta(n)$，则对应零状态响应(即单位样值响应 $h(n)$)的 z 变换为

$$Y_{zs}(z) = H(z) \cdot 1 = H(z)$$

所以，$H(z)$ 与单位样值响应 $h(n)$ 构成 z 变换对，即 $h(n) \leftrightarrow H(z)$。

若系统任意输入信号的 z 变换为 $X(z)$，则有零状态响应的 z 变换为

$$Y_{zs}(z) = X(z) \cdot H(z) \qquad (7.5-4)$$

由第 4 章内容我们知道，离散系统任意输入的零状态响应和单位样值响应之间满足如下卷积和关系：

$$y_{zs}(n) = x(n) * h(n) \qquad (7.5-5)$$

由 z 变换的卷积和性质也可知：

$$y_{zs}(n) = x(n) * h(n) \Longleftrightarrow Y_{zs}(z) = X(z) \cdot H(z)$$

LTI 离散系统输入、输出关系如图 7.5-1 所示。

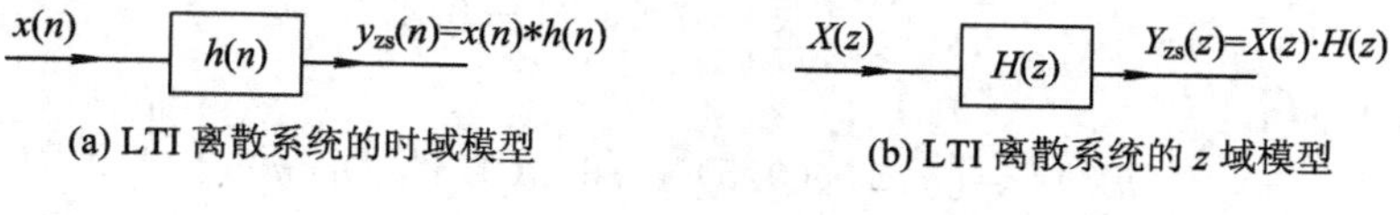

$$x(n) \longrightarrow \boxed{h(n)} \longrightarrow y_{zs}(n)=x(n)*h(n) \qquad\qquad X(z) \longrightarrow \boxed{H(z)} \longrightarrow Y_{zs}(z)=X(z)\cdot H(z)$$

(a) LTI 离散系统的时域模型   **(b) LTI 离散系统的 z 域模型**

图 7.5-1　LTI 离散系统输入、输出关系

【**例 7.5-1**】　设二阶 LTI 系统的差分方程如下：

$$y(n) + y(n-1) - 2y(n-2) = x(n) + x(n-1)$$

(1) 求系统函数 $H(z)$。

(2) 求单位样值响应 $h(n)$。

(3) 若输入 $x(n) = 3^n u(n)$，求对应的零状态响应。

解　(1) 在零状态条件下对差分方程两端作 z 变换得

$$(1 + z^{-1} - 2z^{-2}) Y_{zs}(z) = (1 + z^{-1}) X(z)$$

故

$$H(z) = \frac{Y_{zs}(z)}{X(z)} = \frac{1 + z^{-1}}{1 + z^{-1} - 2z^{-2}} = \frac{z^2 + z}{z^2 + z - 2}$$

（2）由于 $h(n) \leftrightarrow H(z)$，因此对 $H(z)$ 作部分分式展开，得单位样值响应 $h(n)$。过程如下：

$$\frac{H(z)}{z} = \frac{z + 1}{(z + 2)(z - 1)} = \frac{\frac{1}{3}}{z + 2} + \frac{\frac{2}{3}}{z - 1}$$

故

$$H(z) = \frac{1}{3} \cdot \frac{z}{z + 2} + \frac{2}{3} \cdot \frac{z}{z - 1}$$

得

$$h(n) = \left[\frac{1}{3} \times (-2)^n + \frac{2}{3}\right] u(n)$$

（3）输入 $x(n) = 3^n u(n)$ 时，$X(z) = \dfrac{z}{z - 3}$，代入得

$$Y_{zs}(z) = H(z) \cdot X(z) = \frac{z^2 + z}{z^2 + z - 2} \cdot \frac{z}{z - 3}$$

下面对 $Y_{zs}(z)$ 作部分分式展开，得零状态响应 $y_{zs}(n)$。过程如下：

$$\frac{Y_{zs}(z)}{z} = \frac{z^2 + z}{(z + 2)(z - 1)(z - 3)} = \frac{\frac{2}{15}}{z + 2} - \frac{\frac{1}{3}}{z - 1} + \frac{\frac{6}{5}}{z - 3}$$

故

$$Y_{zs}(z) = \frac{2}{15} \cdot \frac{z}{z + 2} - \frac{1}{3} \cdot \frac{z}{z - 1} + \frac{6}{5} \cdot \frac{z}{z - 3}$$

得

$$y_{zs}(n) = \left[\frac{2}{15}(-2)^n + \frac{6}{5}(3)^n - \frac{1}{3}\right] u(n)$$

【例 7.5 - 2】　某线性时不变因果系统，当输入 $x(n) = \left(-\dfrac{1}{2}\right)^n u(n)$ 时，其零状态响应如下：

$$y_{zs}(n) = \left[\frac{3}{2}\left(\frac{1}{2}\right)^n + 4\left(-\frac{1}{3}\right)^n - \frac{9}{2}\left(-\frac{1}{2}\right)^n\right] u(n)$$

求该系统的单位样值响应和描述系统的差分方程。

解　　　　　　　$$X(z) = \frac{z}{z + \frac{1}{2}}$$

$$Y_{zs}(z) = \frac{3}{2} \frac{z}{z - \frac{1}{2}} + 4 \frac{z}{z + \frac{1}{3}} - \frac{9}{2} \frac{z}{z + \frac{1}{2}}$$

由系统函数的定义知

$$H(z) = \frac{Y_{zs}(z)}{X(z)} = \frac{z^2 + 2z}{z^2 - \frac{1}{6}z - \frac{1}{6}}$$

(1) 由于 $h(n) \leftrightarrow H(z)$，因此对 $H(z)$ 作部分分式展开，得单位样值响应 $h(n)$。过程如下：

$$\frac{H(z)}{z} = \frac{z+2}{\left(z+\frac{1}{3}\right)\left(z-\frac{1}{2}\right)} = \frac{-2}{z+\frac{1}{3}} + \frac{3}{z-\frac{1}{2}}$$

故

$$H(z) = \frac{-2z}{z+\frac{1}{3}} + \frac{3z}{z-\frac{1}{2}}$$

得

$$h(n) = \left[-2\left(-\frac{1}{3}\right)^n + 3\left(\frac{1}{2}\right)^n \right] u(n)$$

(2) 由 $H(z)$ 得

$$\left(z^2 - \frac{1}{6}z - \frac{1}{6}\right) Y_{zs}(z) = (z^2 + 2z) X(z)$$

进而得

$$\left(1 - \frac{1}{6}z^{-1} - \frac{1}{6}z^{-2}\right) Y_{zs}(z) = (1 + 2z^{-1}) X(z)$$

由 z 变换的移位特性得差分方程如下：

$$y(n) - \frac{1}{6}y(n-1) - \frac{1}{6}y(n-2) = x(n) + 2x(n-1)$$

7.5.2 零极点分析

LTI 离散系统的系统函数 $H(z)$ 具有如下有理分式形式，其分子多项式 $B(z)$ 和分母多项式 $A(z)$ 均可以写成因子乘积的形式，即

$$H(z) = \frac{B(z)}{A(z)} = k \frac{(z-z_1)(z-z_2)\cdots(z-z_M)}{(z-p_1)(z-p_2)\cdots(z-p_N)} \qquad (7.5-6)$$

其中，k 是常系数；$z_1, z_2, \cdots, z_M$ 是使 $B(z)=0$ 的根，称为 $H(z)$ 的零点；$p_1, p_2, \cdots, p_N$ 是使 $A(z)=0$ 的根，称为 $H(z)$ 的极点。将零极点画在 z 平面上，可以得到离散系统的零极点分布图。

对于一个 LTI 离散系统，若对任意的有界输入，其零状态响应也是有界的，则称该系统是有界输入有界输出（Bound Input Bound Output，BIBO）稳定的系统，简称为稳定系统。LTI 离散系统稳定的充要条件是单位样值响应 $h(n)$ 绝对可和，即

$$\sum_{n=-\infty}^{\infty} |h(n)| < \infty$$

由于系统函数 $H(z)$ 是单位样值响应的 z 变换，所以

$$H(z) = \sum_{n=-\infty}^{\infty} h(n) z^{-n}$$

由 7.1 节收敛域的定义知，$H(z)$ 的收敛域由满足 $\sum_{n=-\infty}^{\infty} |h(n)z^{-n}| < \infty$ 的那些 z 值确定，因此稳定系统的系统函数 $H(z)$ 必须在单位圆($|z|=1$)上收敛，即稳定系统的系统函数 $H(z)$ 的收敛域必须包括单位圆。

对于因果系统来说，系统函数 $H(z)$ 的收敛域总是在半径为 R 的圆外区域($|z|>R$)，所以对于因果系统，如果系统函数 $H(z)$ 的极点均在单位圆内，则 $H(z)$ 的收敛域可以包括单位圆，满足绝对可积条件，系统稳定。

【例 7.5 - 3】　设系统的差分方程为
$$y(n) + 0.1y(n-1) - 0.2y(n-2) = x(n) + x(n-1)$$
求系统函数 $H(z)$，并讨论系统的稳定性。

解　在零状态条件下对差分方程两端作 z 变换得
$$(1 + 0.1z^{-1} - 0.2z^{-2}) Y_{zs}(z) = (1 + z^{-1}) X(z)$$
$$H(z) = \frac{Y_{zs}(z)}{X(z)} = \frac{1 + z^{-1}}{1 + 0.1z^{-1} - 0.2z^{-2}}$$
$$= \frac{z^2 + z}{z^2 + 0.1z - 0.2} = \frac{z(z+1)}{(z-0.4)(z+0.5)}$$

由于系统函数 $H(z)$ 的极点为 $z_1 = 0.4$，$z_2 = -0.5$，均位于单位圆内，因此该系统稳定。

【例 7.5 - 4】　设某因果线性时不变系统的系统函数如下：
$$H(z) = \frac{z^2 - z}{z^2 - z + \dfrac{3}{8}}$$

判断系统的稳定性。

　　解
$$H(z) = \frac{z^2 - z}{(z - z_1)(z - z_2)}$$

　　极点为
$$z_1 = \frac{1}{2} + j\frac{\sqrt{2}}{4}, \qquad z_2 = \frac{1}{2} - j\frac{\sqrt{2}}{4}$$

这对共轭极点位于单位圆内，故该系统稳定。

下面利用 MATLAB 分析离散系统的零极点。

系统函数 $H(z)$ 在 MATLAB 中由分子多项式和分母多项式的系数向量 a 和 b 给出。

MATLAB 提供的零极点函数：

```
zplan(b, a)                    %画零极点图
```

例如：

```
b=[1, 2, 0];               %分子多项式系数
a=[1, 0.2, −0.15];         %分母多项式系数
%H(z)= (z²+2z)/(z²+0.2z−0.15)
figure(1);
zplane(b, a);
title('零极点图');
```

运行结果如图 7.5-2 所示。

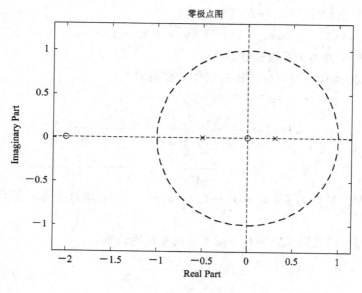

图 7.5-2　运行结果

7.6　实 例 分 析

利用 $H(z)$ 实现去噪

z 变换最重要的应用领域之一就是借助 z 变换的理论来分析和设计数字滤波器。与模拟滤波器相对应，在离散时间系统中广泛地应用到数字滤波器。通过 z 变换和拉普拉斯变换的关系，可以在数字滤波器和模拟滤波器之间建立联系，从而将数字滤波器的技术指标转化为模拟滤波器的技术指标，设计出对应的模拟滤波器，然后由模拟滤波器设计得到所需要的数字滤波器。

下面给出数字滤波器的一个应用实例。首先借助 z 变换的理论可以设计得到一个 4 阶的巴特沃斯低通数字滤波器，其系统函数为

$$H(z)=\frac{4.166\times10^{-4}z^4+0.0017z^3+0.0025z^2+0.0017z+4.166\times10^{-4}}{z^4-3.1806z^3+3.8612z^2-2.1122z+0.4383}$$

图 7.6-1 所示的一个带噪声的离散序列经过如上设计的数字滤波器系统以后，得到

的输出序列如图 7.6 - 2 所示。我们可以看到所设计的数字滤波器系统有非常好的去噪效果。

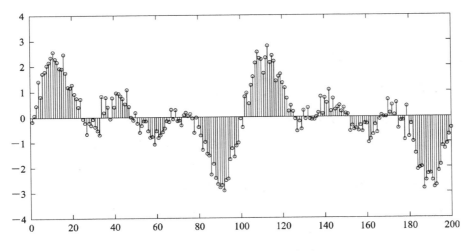

图 7.6 - 1　原始带噪输入序列

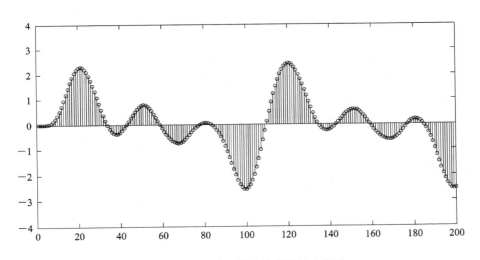

图 7.6 - 2　巴特沃斯滤波器的输出序列

7 - 1　求下列离散信号的 z 变换，并注明收敛域。

(1) $\delta(n-2)$；
(2) $a^{-n}u(n)$；

(3) $\left(\dfrac{1}{3}\right)^{n-1}u(n-1)$；
(4) $\left(\dfrac{1}{2}\right)^{n}u(-n-1)+\left(\dfrac{1}{4}\right)^{n}u(n)$。

7 - 2　已知信号 $f(n)$ 的 z 变换 $F(z)$ 如下，试用部分分式展开法求 $f(n)$。

(1) $\dfrac{4}{2z+3}$ $\left(|z|>\dfrac{3}{2}\right)$;　　　　(2) $\dfrac{4z}{2z+3}$ $\left(|z|<\dfrac{3}{2}\right)$;

(3) $\dfrac{z}{(z-1)(z-2)}$ $(|z|>2)$;　　　(4) $\dfrac{3z+2}{(z-1)(z-2)}$ $(|z|<1)$;

(5) $\dfrac{10}{(1-0.5z^{-1})(1-0.25z^{-1})}$ $(0.25<|z|<0.5)$;

(6) $\dfrac{3z^2+2}{(z-1)(z-2)^2}$ $(|z|>2)$。

7-3　用 z 变换的时域卷积和性质计算。

(1) $2^n u(n)*3^n u(n)$;　　　　(2) $2^n u(n)*u(n-1)$;

(3) $a^n u(n)*\delta(n-1)$;　　　　(4) $a^n u(n)*nu(n-2)$。

7-4　已知因果序列的 z 变换,求序列的初值 $f(0)$ 和终值 $f(\infty)$。

(1) $F(z)=\dfrac{z^2+1}{\left(z+\dfrac{1}{2}\right)\left(z-\dfrac{1}{3}\right)}$;　　(2) $F(z)=\dfrac{4z^2+z}{(z-3)(z+0.5)}$。

7-5　已知 LTI 离散系统的差分方程为 $y(n)+5y(n-1)+4y(n-2)=x(n)$,起始状态 $y(-1)=4$,$y(-2)=6$,输入信号为 $x(n)=2^n u(n)$,用 z 变换求该系统的零输入响应、零状态响应和完全响应。

7-6　已知 LTI 离散系统的差分方程为 $y(n)+0.1y(n-1)-0.02y(n-2)=10u(n)$,起始状态 $y(-1)=4$,$y(-2)=6$,用 z 变换求该系统的完全响应,并求该完全响应中的稳态响应和暂态响应。

7-7　已知 LTI 离散系统的差分方程为 $2y(n)+y(n-1)-y(n-2)=4x(n)+x(n-1)$,起始状态 $y(-1)=2$,$y(-2)=1$,用 z 变换求该系统的系统函数、单位样值响应及单位阶跃响应。

7-8　已知 LTI 离散系统的差分方程为 $y(n)-1.5y(n-1)+0.5y(n-2)=x(n)-2x(n-1)$,起始状态 $y(-1)=0$,$y(-2)=-2$,当输入为某因果序列 $x(n)$ 时,系统的完全响应为 $y(n)=[4-2(0.5)^n]u(n)$,求该输入 $x(n)$。

7-9　已知 LTI 离散系统,当输入为 $u(n)$ 时,系统的零状态响应为 $y_{zs}(n)=[0.5^n-(-0.5)^n]u(n)$,求输入为 $0.5^n u(n)$ 时系统的零状态响应。

7-10　已知 LTI 离散系统的系统函数为

$$H(z)=\dfrac{z}{z^2+3z+2}$$

(1) 求该系统的单位样值响应 $h(n)$。

(2) 写出该系统的差分方程。

7-11　已知 LTI 离散因果系统的系统函数 $H(z)$ 如下,试说明这些系统是否稳定。

(1) $\dfrac{z+2}{8z^2-2z-3}$;　　　　(2) $\dfrac{2z-1}{2z^2+5z+2}$;

(3) $\dfrac{1+z^{-1}}{1-z^{-1}+2z^{-2}}$;　　　(4) $\dfrac{2z^{-1}}{(1-0.5z^{-1})(1-0.25z^{-1})}$。

7-12　已知 LTI 离散系统的差分方程为

$$y(n) - \frac{1}{3}y(n-1) = x(n)$$

(1) 求该系统的系统函数和单位样值响应。

(2) 若系统的零状态响应为 $y(n) = 3\left[\left(\frac{1}{2}\right)^n - \left(\frac{1}{3}\right)^n\right]u(n)$，求此时的输入信号 $x(n)$。

(3) 画出系统的零极点分布图并判断系统是否稳定。

7-13　已知 LTI 离散系统的差分方程为

$$y(n) - \frac{3}{4}y(n-1) + \frac{1}{8}y(n-2) = x(n) + x(n-1)$$

(1) 求该系统的系统函数。

(2) 求该系统的单位样值响应。

(3) 画出系统的零极点分布图并判断系统是否稳定。

7-14　已知离散系统的框图如题 7-14 图所示，求描述该系统的差分方程和系统函数。

7-15　已知 LTI 因果离散系统的系统函数为

$$H(z) = \frac{z+1}{z^2 - \frac{5}{6}z + \frac{1}{6}}$$

(1) 求描述该系统的差分方程。

(2) 求该系统的单位样值响应。

(3) 画出系统的零极点分布图并判断系统是否稳定。

7-16　已知离散系统的框图如题 7-16 图所示。

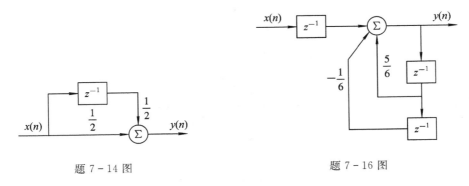

题 7-14 图　　　　　　　　　　题 7-16 图

(1) 求描述该系统的差分方程和系统函数。

(2) 求该系统的单位样值响应。

(3) 画出系统函数的零极点分布图，并判断系统的稳定性。

附录一   常用数学公式

1. 复数的三角形式和指数形式、欧拉公式

复数 $a+\mathrm{j}b$，a 是复数的实部，b 是复数的虚部，j 是虚数单位。

复数的直角坐标形式转换成三角形式：

$$a+\mathrm{j}b=\sqrt{a^2+b^2}\left(\frac{a}{\sqrt{a^2+b^2}}+\mathrm{j}\frac{b}{\sqrt{a^2+b^2}}\right)=r(\cos\theta+\mathrm{j}\sin\theta)$$

其中，$r=\sqrt{a^2+b^2}$，$\tan\theta=\dfrac{b}{a}$。

复数的指数形式为 $r\mathrm{e}^{\mathrm{j}\theta}$。其中，$r$ 是复数的模，θ 是复数的辐角。

同一复数，三角形式等于指数形式，因此得到欧拉公式：

$$\mathrm{e}^{\mathrm{j}\theta}=\cos\theta+\mathrm{j}\sin\theta \tag{1}$$

$r=1$ 时，复数的三角形式和指数形式的关系如附图 1 所示。

根据正弦、余弦函数的奇偶性，可得

$$\mathrm{e}^{-\mathrm{j}\theta}=\cos\theta-\mathrm{j}\sin\theta \tag{2}$$

通过式(1)+式(2)、式(1)-式(2)可得欧拉公式的另一形式：

$$\cos\theta=\frac{1}{2}(\mathrm{e}^{\mathrm{j}\theta}+\mathrm{e}^{-\mathrm{j}\theta})\ ,\ \sin\theta=\frac{1}{2\mathrm{j}}(\mathrm{e}^{\mathrm{j}\theta}-\mathrm{e}^{-\mathrm{j}\theta})$$

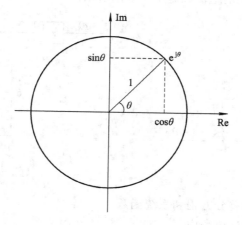

附图 1　复数的指数形式和三角形式

2. 三角恒等式

$$\cos(-\alpha)=\cos\alpha\ ,\quad \sin(-\alpha)=-\sin\alpha$$
$$\cos^2\theta+\sin^2\theta=1$$
$$\cos(\alpha+\beta)=\cos\alpha\cos\beta-\sin\alpha\sin\beta$$

$$\sin(\alpha + \beta) = \sin\alpha\cos\beta + \cos\alpha\sin\beta$$

$$\cos(2\alpha) = \cos\alpha\cos\alpha - \sin\alpha\sin\alpha = \cos^2\alpha - \sin^2\alpha$$

$$\sin(2\alpha) = \sin\alpha\cos\alpha + \cos\alpha\sin\alpha = 2\sin\alpha\cos\alpha$$

$$\sin\alpha + \sin\beta = 2\sin\left(\frac{\alpha+\beta}{2}\right)\cos\left(\frac{\alpha-\beta}{2}\right)$$

$$\cos\alpha + \cos\beta = 2\cos\left(\frac{\alpha+\beta}{2}\right)\cos\left(\frac{\alpha-\beta}{2}\right)$$

$$a\cos\beta + b\sin\beta = \sqrt{a^2+b^2}\cos\left(\beta - \arctan\left(\frac{b}{a}\right)\right)$$

3. 等比级数求和公式

$$\sum_{n=n_1}^{n_2} a^n = \begin{cases} \dfrac{a^{n_1} - a^{n_2+1}}{1-a} & (a \neq 1) \\ n_2 - n_1 + 1 & (a = 1) \end{cases}$$

$$\sum_{n=n_1}^{\infty} a^n = \frac{a^{n_1}}{1-a} \quad (|a| < 1)$$

4. 函数乘积的微分和分步积分

设 u、v 都是 t 的函数,则

$$\frac{\mathrm{d}(uv)}{\mathrm{d}t} = \frac{\mathrm{d}u}{\mathrm{d}t}v + \frac{\mathrm{d}v}{\mathrm{d}t}u$$

$$uv = \int v\,\mathrm{d}u + \int u\,\mathrm{d}v, \quad \int v\,\mathrm{d}u = uv - \int u\,\mathrm{d}v$$

注:分部积分通常在计算指数与正弦函数相乘、幂函数与正弦函数相乘的积分中应用。

例如:

$$\int_a^b t^2\cos t\,\mathrm{d}t = \int_a^b t^2\,\mathrm{d}(\sin t) = t^2\sin t \Big|_a^b - \int_a^b \sin t\,\mathrm{d}(t^2)$$

5. 复数运算

设 $x_1 = a_1 + \mathrm{j}b_1 = r_1\mathrm{e}^{\mathrm{j}\theta_1} = r_1[\cos\theta_1 + \mathrm{j}\sin\theta_1]$,$x_2 = a_2 + \mathrm{j}b_2 = r_2\mathrm{e}^{\mathrm{j}\theta_2} = r_2(\cos\theta_2 + \mathrm{j}\sin\theta_2)$,则有:

$$x_1 \pm x_2 = a_1 \pm a_2 + \mathrm{j}(b_1 \pm b_2) = r_1\cos\theta_1 \pm r_2\cos\theta_2 + \mathrm{j}(r_1\sin\theta_1 \pm r_2\sin\theta_2)$$

$$x_1 x_2 = a_1 a_2 - b_1 b_2 + \mathrm{j}(a_1 b_2 + a_2 b_1) = r_1 r_2 \mathrm{e}^{\mathrm{j}(\theta_1+\theta_2)} = r_1 r_2 [\cos(\theta_1 + \theta_2) + \mathrm{j}\sin(\theta_1 + \theta_2)]$$

$$\frac{x_1}{x_2} = \frac{\sqrt{a_1^2+b_1^2}\,\mathrm{e}^{\mathrm{j}\arctan\left(\frac{b_1}{a_1}\right)}}{\sqrt{a_2^2+b_2^2}\,\mathrm{e}^{\mathrm{j}\arctan\left(\frac{b_2}{a_2}\right)}} = \frac{r_1}{r_2}\mathrm{e}^{\mathrm{j}(\theta_1-\theta_2)} = \frac{r_1}{r_2}[\cos(\theta_1-\theta_2) + \mathrm{j}\sin(\theta_1-\theta_2)]$$

附录二　MATLAB 基础

1. MATLAB 简介

MATLAB 是 matrix 和 laboratory 两个词的组合，意为矩阵工厂（矩阵实验室），是由美国 MathWorks 公司发布的主要面对科学计算、可视化以及交互式程序设计的高科技计算环境。

MATLAB 的基本数据单位是矩阵，它的指令表达式与数学、工程中常用的形式十分相似，故用 MATLAB 来解算问题要比用 C 语言完成相同的事情简捷得多。

2. MATLAB 开发环境

MATLAB 有如下窗口：

1）命令窗口（Command Window）

命令窗口是 MATLAB 的主要交互窗口，用于输入 MATLAB 命令、函数、数组、表达式等信息，并显示图形以外的所有计算结果。数值计算结果均以短格式（short）显示。

例如，从键盘输入矩阵 A＝[1 2 3；4 5 6；7 8 9]，按 Enter 键后屏幕立即显示结果：

A＝

1　2　3

4　5　6

7　8　9

命令窗口可作为一个多功能高级计算器，如要计算 $18+5\sin(\pi/6)/[2+\cos(\pi/6)]$，只需按 MATLAB 格式要求键入 $18+5*\sin(pi/6)/(2+\cos(pi/6))$，然后按 Enter 键即可在窗口内显示出计算结果：

ans＝

18.8723

2）工作空间窗口（Workspace）

工作空间窗口是用于储存各种变量和结果的空间，又称为内存浏览器，用于显示变量的名称、大小、字节数及数据类型，对变量进行观察、编辑、保存和删除。欲查看工作空间的情况，可以在命令窗口键入 whos 命令（显示存在工作空间窗口的全部变量的名称、大小、数据类型等信息）或 who 命令（只显示变量名）。

3）当前目录浏览器（Current Directory）

当前目录浏览器用于显示及设置当前工作目录，同时显示当前工作目录下的文件名、文件类型及目录的修改时间等信息。只有在当前目录或搜索路径下的文件及函数可以被运行或调用。

把用户目录设置为当前目录有两种方法：

（1）在浏览器窗口左上角的输入栏中直接输入，或点击浏览器下拉按钮进行选择。

（2）用 cd 命令在命令窗口设置当前目录。例如，cd c:\\mydir 可将 c 盘上的 mydir 目录设为当前工作目录。

4）命令历史窗口（Command History）

命令历史窗口记录已运行过的所有的 MATLAB 命令历史，包括已输入和运行过的命令、函数、表达式等信息，可进行命令历史的查找、检查等工作，也可以在该窗口中进行命令复制与重运行，为用户下一次使用同一个命令提供方便。通过命令历史窗口执行历史指令的方法有如下两种：

（1）用鼠标左键双击一条指令，即可自动将其发送到命令窗口并立即执行。

（2）选中一条指令，单击鼠标右键并选择 copy 菜单，再在命令窗口单击 paste 按钮。

若欲选择多条指令，则可利用组合操作（Ctrl＋鼠标左键）逐条选择准备选用的指令，然后将鼠标停在高亮区，单击右键，弹出对话菜单，选中其中的"Evaluate Selection"选项，就可自动运行并将结果显示在命令窗口中。还可用按住 Shift 键，再采用左键分别选择一个不定区间的始、末行指令的办法选择多条命令。

5）帮助窗口（Help）

MATLAB 为用户提供了方便快捷的帮助信息获取途径和图文并茂的帮助内容。获得帮助信息可通过下述多种方式：

（1）help 命令。在命令窗口输入 help 命令，这是 MATLAB 寻找在线帮助的一种方便而快捷的方式。例如：

help exp　（列出指定主题下的函数说明）

（2）lookfor 命令。利用该命令可以根据用户提供的完整或不完整的关键词，搜索出一组与之相关的命令或函数。例如：

lookfor integral　（查找包含积分这个关键词的所有指令）

（3）模糊查询。用户只需输入命令的前几个字母，然后键入 Tab 键，MATLAB 就会列出所有以这个字母开始的命令。例如，在命令窗口键入 plot 后按 Tab 键，可得各种以 plot 为字头的命令。

3．常用数学函数及运算

（1）运算符：＋（加），－（减），＊（乘），/（除），^（幂）。

（2）常用数学函数：

sin( )：正弦（变量为弧度）。

sind( )：正弦（变量为度数）。

asin( )：反正弦（返回弧度）。

asind( )：反正弦（返回度数）。

cos( )：余弦（变量为弧度）。

cosd( )：余弦（变量为度数）。

acos( )：反余弦（变量为弧度）。

acosd( )：反余弦（变量为度数）。

exp( )：指数。

log( )：对数。

log10( )：以 10 为底的对数。

sqrt( )：开方。

tan( )：正切（变量为弧度）。

tand( )：正切（变量为度数）。

abs( )：取绝对值。

atan( )：反正切（返回弧度）。

atand( )：反正切（返回度数）。

angle( )：返回复数的相位角。

mod(x, y)：返回 x/y 的余数。

sum( )：向量元素求和。

（3）常用常数的值：

pi：3.141 592 6…。

i：虚数单位。

j：虚数单位。

Inf：无限值。

4. 数组和矩阵

1）构造数组的方法

构造数组的方法有增量法和用 linspace(first，last，num)。其中，first 和 last 为起始和终止数，num 为需要的数组元素个数。

增量法格式：

　　s＝初值：增量：终值

例如：

```
>>s=0.5:0.5:2
s=
  0.5000    1.0000    1.5000    2.0000
x=linspace(0, 2 * pi, 100);    %起始值为 0，终止数为 2π，共 100 个点
```

2）构造矩阵的方法

可以直接用 [ ] 来输入数组。例如，直接赋值产生矩阵：

```
>>A=[1 3 4;2 8 9]
A=
   1    3    4
   2    8    9
```

也可以用以下函数来生成矩阵。

ones(M，N)：生成 *M* 行 *N* 列且所有元素均为 1 的矩阵。

zeros(M，N)：创建 *M* 行 *N* 列且所有元素均为 0 的矩阵。

eye(M，N)：创建 *M* 行 *N* 列的单位矩阵，即创建对角元素为 1、其他元素为 0 的矩阵。

diag(v)：根据向量 v 创建对角矩阵，即以向量 v 的元素为对角元素。

length(v)：返回矩阵或向量最长维的长度。

ndims(v)：返回数组维数的函数。

numel(v)：返回矩阵元素个数的函数。

size( )：返回每一维的长度，[rows，cols]＝size(A)，A 的行数存入 rows，列数存入 cols 中。

inv( )：求矩阵的逆，B＝inv(A)，B 是 A 的逆矩阵。

det( )：求方阵的行列式值。

3）矩阵运算(设有 A、B 矩阵)

转置：A′。

例如：

```
>>A=[3 5 9；2 6 8]
A=
     3     5     9
     2     6     8
>>B=A′
B=
     3     2
     5     6
     9     8
```

加减法：A＋B，A－B。

乘法：A＊B。

左除：A\B。

右除：A/B。

4）数组运算(设有 A、B 数组)

数组加法和减法同矩阵加法和减法。

乘法：A.＊B。

除法：A./B，A.\B。

5．图像绘制

1）基本绘图函数

plot(x，y，′s′)：绘制二维线性图形和两个坐标轴。

plot3(x，y，z，′s′)：绘制三维线性图形和两个坐标轴。

loglog(x，y)：绘制对数图形及两个坐标轴（两个坐标都为对数坐标）。

semilogx(x，y)：以 x 轴对数坐标绘制(x，y)曲线。

semilogy(x，y)：以 y 轴对数坐标绘制(x，y)曲线。

备注：x、y 为实际的数组，′s′ 由曲线颜色、曲线线型和数据点型构成。

2）曲线的颜色、线型和数据点型

常见曲线的颜色、线型和数据点型如附表 1 所示。

附表 1　常用曲线的颜色、线型和数据点型

曲线颜色				曲线线型		数据点型	
选项	颜色	选项	颜色	选项	线型	选项	含义
b	蓝色	m	品红	—	实线	.	实心黑点
g	绿色	y	黄色	:	虚线	+	十字符
r	红色	k	黑色	—.	点画线	*	星号符
c	青色	w	白色	——	双画线	o	空心圆圈

例如：

```
x＝0：0.4：4pi;
y1＝exp(－0.1*x).*sin(x);
y2＝exp(－0.1*x).*sin(x+1);
plot(x，y1，′b+′，x，y2，′r:′)　%绘制两条曲线，一条是蓝色的十字符线，另一条红色的虚线
```

3）多次重叠画曲线及曲线添网格

hold on：使当前曲线与坐标轴具备不被刷新的功能。

grid on：图形添加网格。

4）图形窗口分割

subplot(m，n，k)：表示将绘图区域分为 m 行 n 列，目前使用第 k 区域。

例如：

```
subplot(1 2 1); plot(x，y1)　%分割成 1 行 2 列的窗口，在第一幅的子图
subplot(1 2 2); plot(x，y1)　%分割成 1 行 2 列的窗口
```

附录三 信号与系统常用公式

连续时间信号卷积：

$$f_1(t) * f_2(t) = \int_{-\infty}^{\infty} f_1(\tau) f_2(t - \tau) \mathrm{d}\tau$$

离散时间序列卷积和：

$$f_1(n) * f_2(n) = \sum_{m=-\infty}^{\infty} f_1(m) f_2(n - m)$$

连续周期信号傅里叶级数（T_1，ω_1）：

三角形式：

$$f(t) = a_0 + \sum_{n=1}^{\infty} \left[a_n \cos(n\omega_1 t) + b_n \sin(n\omega_1 t) \right]$$

$$f(t) = c_0 + \sum_{n=1}^{\infty} c_n \cos(n\omega_1 t + \varphi_n)$$

$$a_0 = \frac{1}{T_1} \int_{T_1} f(t) \mathrm{d}t, \; a_n = \frac{2}{T_1} \int_{T_1} f(t) \cos(n\omega_1 t) \, \mathrm{d}t, \; b_n = \frac{2}{T_1} \int_{T_1} f(t) \sin(n\omega_1 t) \, \mathrm{d}t$$

$$c_0 = a_0, \; c_n = \sqrt{a_n^2 + b_n^2}, \; \varphi_n = -\arctan\left(\frac{b_n}{a_n}\right)$$

指数形式：

$$f(t) = \sum_{n=-\infty}^{\infty} F_n \mathrm{e}^{\mathrm{j}n\omega_1 t}, \; F_0 = a_0, \; F_n = \frac{a_n - \mathrm{j}b_n}{2} = \frac{1}{T_1} \int_{T_1} f(t) \mathrm{e}^{-\mathrm{j}n\omega_1 t} \mathrm{d}t$$

连续非周期信号傅里叶变换和反变换：

$$F(\omega) = \mathscr{F}\left[f(t)\right] = \int_{-\infty}^{\infty} f(t) \mathrm{e}^{-\mathrm{j}\omega t} \, \mathrm{d}t$$

$$f(t) = \mathscr{F}^{-1}\left[F(\omega)\right] = \frac{1}{2\pi} \int_{-\infty}^{\infty} F(\omega) \mathrm{e}^{\mathrm{j}\omega t} \, \mathrm{d}\omega$$

连续周期信号傅里叶变换：

$$\mathscr{F}\left[f(t)\right] = \sum_{n=-\infty}^{\infty} F_n \mathscr{F}\left[\mathrm{e}^{\mathrm{j}n\omega_1 t}\right] = 2\pi \sum_{n=-\infty}^{\infty} F_n \delta(\omega - n\omega_1)$$

连续时间信号拉普拉斯变换和反变换：

$$F(s) = \mathscr{L}\left[f(t)\right] = \int_{-\infty}^{\infty} f(t) \mathrm{e}^{-st} \, \mathrm{d}t$$

$$f(t) = \mathscr{L}^{-1}\left[F(s)\right] = \frac{1}{2\pi\mathrm{j}} \int_{\sigma-\mathrm{j}\infty}^{\sigma+\mathrm{j}\infty} F(s) \mathrm{e}^{st} \, \mathrm{d}s$$

离散时间序列 z 变换：

$$F(z) = \sum_{n=-\infty}^{\infty} f(n) z^{-n}$$

z 变换、拉普拉斯变换、傅里叶变换之间的关系如下：

傅里叶变换是将时域信号转换为频域信号的变换，即 $t \leftrightarrow \omega$；而拉普拉斯变换是将时域信号转换为复频域信号的变换，即 $t \leftrightarrow s$；而 $s = \sigma + \mathrm{j}\omega$，因此，傅里叶变换是 $\sigma = 0$ 时的拉普拉斯变换。

设连续时域信号 $f(t)$ 的傅里叶变换为 $F(\omega)$，拉普拉斯变换为 $F(s)$，当拉普拉斯变换的收敛域中包含虚轴（即 $\sigma = 0$）时，下式成立：

$$F(\omega) = F(s) \big|_{s=\mathrm{j}\omega}$$

z 变换是将离散时间序列从时域转换到 z 域的变换。若该离散时间序列 $f(n)$ 是由连续时间信号 $f(t)$ 经理想采样（采样周期为 T_s）得到的，即 $f(n) = f(t) \big|_{t=nT_s}$，则离散时间序列 $f(n)$ 的 z 变换 $F(z)$ 与连续时间信号 $f(t)$ 的拉普拉斯变换 $F(s)$ 及傅里叶变换 $F(\omega)$ 之间存在如下关系：

$$F(z) = F(\mathrm{e}^{sT_s}) = F(\mathrm{e}^{(\sigma+\mathrm{j}\omega)T_s})$$

无失真传输系统：

系统输出与输入满足：

$$y(t) = kx(t - t_0)$$

系统单位冲激响应满足：

$$h(t) = k\delta(t - t_0)$$

系统频率响应满足：

$$H(\omega) = k\mathrm{e}^{-\mathrm{j}\omega t_0}$$

信号理想采样信号的频谱：

$$\omega_s = \frac{2\pi}{T_s}$$

若 $x(t) \leftrightarrow X(\omega)$，$x_s(t) = x(t) \sum\limits_{n=-\infty}^{\infty} \delta(t - nT_s)$，则

$$x_s(t) \leftrightarrow \frac{1}{T_s} \sum_{n=-\infty}^{\infty} X(\omega - n\omega_s)$$

连续时间系统频域分析：

系统的频率响应为 $H(\omega) = |H(\omega)| \mathrm{e}^{\mathrm{j}\varphi(\omega)}$，$x(t)$ 为输入信号，$y(t)$ 为输出信号。

$x(t) = k\mathrm{e}^{\mathrm{j}\omega_1 t} \rightarrow y(t) = k|H(\omega_1)| \mathrm{e}^{\mathrm{j}(\omega_1 t + \varphi(\omega_1))}$

$x(t) = k\cos(\omega_1 t + \theta) \rightarrow y(t) = k|H(\omega_1)| \cos(\omega_1 t + \theta + \varphi(\omega_1))$

$x(t) = k\sin(\omega_1 t + \theta) \rightarrow y(t) = k|H(\omega_1)| \sin(\omega_1 t + \theta + \varphi(\omega_1))$

连续时间系统的系统函数、频率响应与单位冲激响应的关系如下：

$$H(\omega) = \frac{Y_{zs}(\omega)}{X(\omega)} = \mathscr{F}[h(t)]$$

$$H(s) = \frac{Y_{zs}(s)}{X(s)} = \mathscr{L}[h(t)]$$

离散时间系统的系统函数与单位样值响应之间的关系如下：

$$H(z) = \frac{Y_{zs}(z)}{X(z)} = \mathscr{Z}[h(t)]$$

附录四　部分习题参考答案

习　题　2

2 - 1　(1) 能量信号，2/3；(2) 能量信号，19；(3) 功率信号，2.5；(4) 功率信号，0.5。

2 - 2　1。

2 - 3　(1) 是，0.5；(2) 否；(3) 是，2π；(4) 否；

　　　(5) 是，30；(6) 否；(7) 是，2；(8) 是，12。

2 - 4　(1) $\pi/4$；(2) $\pi/16$；(3) $\pi/64$。

2 - 5　(1) $f(t) = A e^{st}$，$t \geqslant 0$，其中 $s = \alpha + j\omega$。

　　　(2) $a(t) = |A| e^{\alpha t}$，$t \geqslant 0$。

　　　(3) 在 $t = 0$ 处，$a(0) = |A|$，然后 $a(t)$ 随时间增加按指数衰减，当时间趋于无穷时 $a(t)$ 趋于 0。

2 - 10　$f(t) = 2\delta\left(-\dfrac{1}{2}t - \dfrac{1}{2}\right) = 4\delta(t + 1)$。

2 - 11　(1) $f_e(t) = \dfrac{e^{-2t}\sin t - e^{2t}\sin t}{2}$，$f_o(t) = \dfrac{e^{-2t}\sin t + e^{2t}\sin t}{2}$。

　　　(2) $f_e(t) = \sin^2(5t)$，$f_o(t) = t^3 \sin^2(5t)$。

　　　(3) $f_e(t) = \cos t + \sin t \cos t$，$f_o(t) = \sin t$。

习　题　3

3 - 1　(1) 线性；　(2) 非线性；　(3) 非线性。

3 - 2　(1) 线性；　(2) 线性。

3 - 3　(1) 线性时不变；　(2) 非线性时不变；　(3) 线性时不变；　(4) 线性时变。

3 - 4　(1) 可逆，逆系统 $y(t) = 3x(t + 4)$。

　　　(2) 不可逆，$x(t) = t + 1$，$x(t) = t + 4$ 时，$y(t) = 2$。

　　　(3) 可逆，逆系统 $y(t) = \dfrac{d}{dt}x(t)$。

　　　(4) 可逆，逆系统 $y(t) = x\left(\dfrac{t}{3}\right)$。

　　　(5) 不可逆，$x(n) = \{1, 2, 3, 4\}_1$，$x(n) = \{0, 4, 3, 1\}_1$。

　　　(6) 可逆，逆系统 $y(n) = x(2n)$。

3 - 5　$y_2(t) = y_1(t) + y_1(t - 1) + y_1(t - 2)$。

3 - 6　(1) 因果不稳定，输入为 $u(t)$ 时，输出为 $\delta(t)$。

　　　(2) 非因果稳定。

　　　(3) 因果稳定。

(4) 因果不稳定，$n \to \infty$时，输出也为∞。

3 – 7 $\dfrac{d^2 i_L(t)}{dt^2} + \dfrac{1}{CR} \dfrac{d i_L(t)}{dt} + \dfrac{1}{CL} i_L(t) = \dfrac{1}{L} \dfrac{d u_s(t)}{dt} + \dfrac{1}{CRL} u_s(t)$，

       $\dfrac{d^2 u_C(t)}{dt^2} + \dfrac{1}{CR} \dfrac{d u_C(t)}{dt} + \dfrac{1}{CL} u_C(t) = \dfrac{1}{CL} u_s(t)$。

3 – 8 $u(n) - \left[2 + \dfrac{R_1}{R_2}\right] u(n-1) + u(n-2) = 0$。

3 – 9 $y(n) = 2y(n-1) + 1$。

3 – 10   (1) $y(n) - 2y(n-1) = x(n)$。

       (2) $y(n) - 2y(n-1) + y(n-6) = x(n) - x(n-5)$。

3 – 11   (a) $H(E) = \dfrac{2 - E^{-1}}{1 + 5E^{-1} + 4E^{-2}}$，

           $y(n) + 5y(n-1) + 4y(n-2) = 2x(n) - x(n-1)$。

       (b) $H(E) = \dfrac{2 + 3E^{-1} - 4E^{-2}}{1 - 2E^{-2}}$，

           $y(n) - 2y(n-2) = 2x(n) + 3x(n-1) - 4x(n-2)$。

       (c) $H(p) = \dfrac{3 + p}{p^2 + 3p + 2}$，$y''(t) + 3y'(t) + 2y(t) = x'(t) + 3x(t)$。

       (d) $H(p) = \dfrac{-p}{p^3 + 6p^2 + 11p + 6}$，

           $y'''(t) + 6y''(t) + 11y'(t) + 6y(t) = -x'(t)$。

3 – 14 $H_1(p) = \dfrac{3p^2 + 15p}{31p^2 + 16p + 15}$，$H_2(p) = \dfrac{6p^2 - 8}{31p^2 + 16p + 15}$。

3 – 15 $H(p) = H_1(p) + H_2(p) H_3(p) = \dfrac{2}{p+1} + \dfrac{1}{p+3} \dfrac{4}{p+2} = \dfrac{2p^2 + 14p + 16}{p^3 + 6p^2 + 11p + 6}$，

       $y'''(t) + 6y''(t) + 11y'(t) + 6y(t) = 2x''(t) + 14x'(t) + 16x(t)$。

习 题 4

4 – 1   (1) $y_h(t) = A e^{-2t}$，$y_p(t) = 1 - e^{-3t} - \dfrac{1}{4}\cos(2t) + \dfrac{1}{4}\sin(2t)$。

       (2) $y_h(t) = e^{-t}\left[A_1 \cos(2t) + A_2 \sin(2t)\right]$，$y_p(t) = \dfrac{1}{13} e^{-4t} u(t)$。

       (3) $y_h(t) = e^{-t}\left[A_1 + A_2 t\right]$，$y_p(t) = e^{-2t} u(t)$。

       (4) $y_h(t) = A_1 e^{-t} + A_2 e^{-5t}$，$y_p(t) = \left(\dfrac{1}{5}t - \dfrac{6}{25}\right) u(t)$。

4 – 2 $y(t) = (2e^{-t} - e^{-2t} + 2) u(t)$。

       其中，$(2e^{-t} - e^{-2t}) u(t)$为自由响应；$2u(t)$为强迫响应；$(2e^{-t} - e^{-2t}) u(t)$为暂态响应；$2u(t)$为稳态响应。

4 – 3   (1) $\begin{cases} y'(0_+) = -6 \\ y(0_+) = 3 \end{cases}$。   (2) $\begin{cases} y'(0_+) = 3 \\ y(0_+) = 1 \end{cases}$。   (3) $\begin{cases} y'(0_+) = 2 \\ y(0_+) = 1 \end{cases}$。

4 - 4　$y(t) = \left(\dfrac{39}{5} e^{-2t} - \dfrac{37}{15} e^{-7t} - \dfrac{1}{3} e^{-t} \right) u(t)$。

4 - 5　零输入响应为 $3e^{-2t} u(t)$，零状态响应为 $(2e^{-2t} - 8e^{-3t}) u(t)$，
　　　　完全响应为 $(5e^{-2t} - 8e^{-3t}) u(t)$。

4 - 6　零输入响应均为 $y_{zi}(t) = (4e^{-t} - e^{-5t}) u(t)$。

　　　（1）$y_{zs1}(t) = \left(\dfrac{1}{5} + \dfrac{1}{2} e^{-t} - \dfrac{7}{10} e^{-5t} \right) u(t)$，$y_1(t) = \left(\dfrac{1}{5} + \dfrac{9}{2} e^{-t} - \dfrac{17}{10} e^{-5t} \right) u(t)$。

　　　（2）$y_{zs2}(t) = \left(\dfrac{5}{3} e^{-2t} - \dfrac{1}{2} e^{-t} - \dfrac{7}{6} e^{-5t} \right) u(t)$，$y_2(t) = \left(\dfrac{5}{3} e^{-2t} + \dfrac{7}{2} e^{-t} - \dfrac{13}{6} e^{-5t} \right) u(t)$。

　　　（3）$y_{zs3}(t) = \left(\dfrac{2}{5} + e^{-(t-2)} - \dfrac{7}{5} e^{-5(t-2)} \right) u(t-2) + \left(\dfrac{20}{3} e^{-2t} - 2e^{-t} - \dfrac{14}{3} e^{-5t} \right) u(t)$，

　　　　　$y_3(t) = \left(\dfrac{20}{3} e^{-2t} + 2e^{-t} - \dfrac{17}{3} e^{-5t} \right) u(t) + \left(\dfrac{2}{5} + e^{-(t-2)} - \dfrac{7}{5} e^{-5(t-2)} \right) u(t-2)$。

4 - 7　$y_{zi}(t) = (5e^{-t} - 3e^{-3t}) u(t)$，

　　　　$y_{zs}(t) = \left[\dfrac{3}{2} e^{-t} + \dfrac{9}{10} e^{-3t} - 2e^{-2t} + \dfrac{1}{5} \sin(t) - \dfrac{2}{5} \cos(t) \right] u(t)$，

　　　　$y(t) = \left[\dfrac{13}{2} e^{-t} - \dfrac{21}{10} e^{-3t} - 2e^{-2t} + \dfrac{1}{5} \sin(t) - \dfrac{2}{5} \cos(t) \right] u(t)$。

　　　　其中，暂态响应为 $\left(\dfrac{13}{2} e^{-t} - \dfrac{21}{10} e^{-3t} - 2e^{-2t} \right) u(t)$，

　　　　稳态响应为 $\left[\dfrac{1}{5} \sin(t) - \dfrac{2}{5} \cos(t) \right] u(t)$，

　　　　自由响应为 $\left(\dfrac{13}{2} e^{-t} - \dfrac{21}{10} e^{-3t} \right) u(t)$，

　　　　强迫响应为 $\left[-2e^{-2t} + \dfrac{1}{5} \sin(t) - \dfrac{2}{5} \cos(t) \right] u(t)$。

4 - 8　（1）$y(n) = [2 \times (-3)^n + 1] u(n)$。
　　　（2）$y(n) = [-3 \times (-1)^n + 2 \times (-5)^n + 4 \times 2^n] u(n)$。
　　　（3）$y(n) = [-(-1)^n + 4 \times (-2)^n + 6n + 7] u(n-1)$。
　　　（4）$y(n) = \left[\dfrac{6}{5} \times (\sqrt{2})^n \cos\left(\dfrac{\pi}{4} n \right) + \dfrac{2}{5} \times (\sqrt{2})^n \sin\left(\dfrac{\pi}{4} n \right) \right.$

　　　　　　　$\left. - \dfrac{1}{5} \cos\left(\dfrac{\pi}{2} n \right) + \dfrac{2}{5} \sin\left(\dfrac{\pi}{2} n \right) \right] u(n)$。

4 - 9　$y_{zi}(n) = \left[2 \times \left(-\dfrac{1}{2} \right)^n - 5 \times (-1)^n \right] u(n)$，

　　　　$y_{zs}(n) = \left[-\dfrac{3}{5} \times \left(-\dfrac{1}{2} \right)^n + \dfrac{3}{2} \times (-1)^n + \dfrac{1}{10} \times \left(\dfrac{1}{3} \right)^n \right] u(n)$，

　　　　$y(n) = \left[\dfrac{7}{5} \times \left(-\dfrac{1}{2} \right)^n - \dfrac{7}{2} \times (-1)^n + \dfrac{1}{10} \times \left(\dfrac{1}{3} \right)^n \right] u(n)$。

　　　　其中，$-\dfrac{7}{2} \times (-1)^n u(n)$ 为稳态响应，

　　　　$\left[\dfrac{7}{5} \times \left(-\dfrac{1}{2} \right)^n + \dfrac{1}{10} \times \left(\dfrac{1}{3} \right)^n \right] u(n)$ 为暂态响应。

4-10 三个系统的零输入响应均为

$$y_{1zi} = y_{2zi} = y_{3zi} = y_{zi}(n) = [2 \times (-1)^n + 4 \times (-2)^n] u(n)。$$

(1) $y_{1zs}(n) = \left[-\dfrac{2}{3} \times (-1)^n + \dfrac{8}{5} \times (-2)^n + \dfrac{1}{15} \times \left(\dfrac{1}{2} \right)^n \right] u(n)$,

$$y_1(n) = \left[\dfrac{4}{3} \times (-1)^n + \dfrac{28}{5} \times (-2)^n + \dfrac{1}{15} \times \left(\dfrac{1}{2} \right)^n \right] u(n)。$$

(2) $y_{2zs}(n) = \left[\dfrac{4}{3} \times (-1)^n - \dfrac{8}{5} \times (-2)^n + \dfrac{4}{15} \times \left(\dfrac{1}{2} \right)^n \right] u(n-1)$,

$$y_2(n) = 6\delta(n) + \left[\dfrac{10}{3} \times (-1)^n + \dfrac{12}{5} \times (-2)^n + \dfrac{4}{15} \times \left(\dfrac{1}{2} \right)^n \right] u(n-1)。$$

(3) $y_{3zs}(n) = 3\delta(n) + \left[-\dfrac{2}{3} \times (-1)^n + \dfrac{16}{5} \times (-2)^n + \dfrac{7}{15} \times \left(\dfrac{1}{2} \right)^n \right] u(n-1)$,

$$y_3(n) = 8\delta(n) + \left[\dfrac{7}{3} \times (-1)^n + \dfrac{26}{5} \times (-2)^n + \dfrac{7}{15} \times \left(\dfrac{1}{2} \right)^n \right] u(n-1)。$$

4-11 (1) $h(t) = e^{-3t} u(t)$, $g(t) = \left(\dfrac{1}{3} - \dfrac{1}{3} e^{-t} \right) u(t)$。

(2) $h(t) = -3e^{-5t} u(t) + \delta(t)$, $g(t) = \left(\dfrac{2}{5} + \dfrac{3}{5} e^{-5t} \right) u(t)$。

(3) $h(t) = (-t + 1) e^{-t} u(t)$, $g(t) = t e^{-t} u(t)$。

(4) $h(t) = \left(\dfrac{1}{2} e^{-t} - \dfrac{13}{2} e^{-5t} \right) u(t) + \delta(t)$,

$$g(t) = \left(-\dfrac{1}{2} e^{-t} + \dfrac{13}{10} e^{-5t} + \dfrac{1}{5} \right) u(t)。$$

4-13 (1) $h(n) = \delta(n-1)$。

(2) $h(n) = 3\delta(n) + [-(-1)^n + 4(-2)^n] u(n-1)$。

4-14 (a) $h(t) = \left(\dfrac{8}{3} - \dfrac{2}{3} e^{-3t} \right) u(t)$。

(b) $h(t) = e^{-3t} u(t) + 2u(t)$。

4-15 (1) $y_{zi}(t) = 7e^{-3t} u(t)$, $y_{zs}(t) = (6e^{-2t} - 6e^{-3t}) u(t)$。

(2) $y(0_-) = 7$。

4-16 (1) $\left(\dfrac{1}{2} - \dfrac{1}{2} e^{-2t} \right) u(t)$。

(2) $t e^{-t} u(t)$。

(3) $\dfrac{1}{5} \sin(2t) u(t) + \dfrac{2}{5} [e^{-t} - \cos(2t)] u(t)$。

4-17 $f(t) = \left(\dfrac{1}{2} - \dfrac{1}{2} e^{-2t} \right) u(t)$。

4-18 (1) $t u(t)$。

(2) $(1 - e^{-t}) u(t)$。

(3) $(1 - e^{-(t-2)}) u(t-2) + 2(1 - e^{-(t-4)}) u(t-4)$。

(4) $e^{-t} u(t)$。

4-19 (1) $-3e^{-3t} u(t) + \delta(t)$。

(2) $e^{-t}u(t)$。

4 - 20　$y_1(t) = (4e^{-2t} - 2e^{-t})u(t)$，$y_2(t) = (-2e^{-2t} + 2e^{-t})u(t)$。

4 - 21　(1) $h(t) = \dfrac{1}{3}e^{-2t}u(t)$。

　　　　(2) $i_0(t) = \left(-\dfrac{1}{3}e^{-2t} + \dfrac{1}{3}e^{-t}\right)u(t)$。

4 - 23　(1) $u_C(t) = \left(-\dfrac{8}{3}e^{-\frac{3}{4}t} + \dfrac{8}{3}\right)u(t)$。

　　　　(2) $u_C(t) = \left[\left(-\dfrac{8}{3}e^{-\frac{3}{4}t} + \dfrac{8}{3}\right)u(t) - \left(-\dfrac{8}{3}e^{-\frac{3}{4}(t-2)} + \dfrac{8}{3}\right)u(t-2)\right]$。

4 - 24　$h(t) = (e^{-3t} + e^{-2t})u(t)$。

4 - 25　(a) $h(n) = u(n-2)$。

　　　　(b) $h(n) = u(n) - u(n-2)$。

4 - 26　(1) $(n+1)u(n)$。

　　　　(2) $(3^{n+1} - 2^{n+1})u(n)$。

　　　　(3) $\left(\dfrac{1}{2}\right)^{n-1}u(n-1)$。

　　　　(4) $(n+1)u(n) - (n-3)u(n-4)$。

4 - 27　$(n+1)u(n) - (n-3)u(n-4)$。

4 - 28　(1) $(n+1)u(n) - (n-3)u(n-4)$。

　　　　(2) $\left(\dfrac{1}{2}\right)^{n-1}u(n-1)$。

4 - 29　$9 \times (3^{n-1} - 2^{n-1})u(n-2)$。

4 - 30　(1) $\{-5 \quad 10 \quad -13 \quad -24 \quad 6 \quad 8\}_1$。

　　　　(2) $\{2 \quad -1 \quad 5 \quad -2 \quad 2\}_{-1}$。

　　　　(3) $\{1 \quad 3 \quad 6 \quad 4\}_0$。

4 - 31　(1) $h(n) = \delta(n) - 4 \times (-0.2)^n u(n-1)$。

　　　　(2) $y_{zs}(n) = \delta(n) + \dfrac{15}{7} \times (0.5)^n u(n-1) - \dfrac{8}{7} \times (-0.2)^n u(n-1)$。

习　题　5

5 - 1　提示：利用正交函数的定义。$\sin t$ 与函数集正交，故不完备。

5 - 3　$f(t) = \dfrac{1}{T_1} + \dfrac{2}{T_1}\sum_{n=1}^{\infty}\cos(n\omega_1 t) = \dfrac{1}{T_1}\sum_{n=-\infty}^{\infty}e^{jn\omega_1 t}$。

5 - 4　$f(t) = \dfrac{E\tau}{T_1} + \dfrac{2E\tau}{T_1}\sum_{n=1}^{\infty}\cos(n\omega_1 t) = \dfrac{E\tau}{T_1}\sum_{n=-\infty}^{\infty}Sa\left(\dfrac{n\omega_1\tau}{2}\right)e^{jn\omega_1 t}$。

　　　　(1) 谱线间隔 $\dfrac{2\pi}{T_1} = 4\pi \times 10^5$，带宽 $\dfrac{2\pi}{\tau} = 4\pi \times 10^6$。

　　　　(2) 谱线间隔 $\dfrac{2\pi}{T_1} = \dfrac{2}{15}\pi \times 10^6$，带宽 $\dfrac{2\pi}{\tau} = 4\pi \times 10^6$。

　　　　(3) 谱线间隔 $\dfrac{2\pi}{T_1} = \dfrac{2}{15}\pi \times 10^6$，带宽 $\dfrac{2\pi}{\tau} = \dfrac{4\pi}{3} \times 10^6$。

谱线间隔随周期的增大而减小，带宽随脉冲宽度的增大而减小。

5－6 $f(t) = \dfrac{1}{2} + \dfrac{2}{\pi}\left[\cos(\omega_1 t) + \dfrac{1}{3}\cos(3\omega_1 t + \pi) + \dfrac{1}{5}\cos(5\omega_1 t) + \dfrac{1}{7}\cos(7\omega_1 t + \pi) + \cdots\right]$

5－7   (1) 偶函数与纵轴对称，傅里叶级数展开中只含有直流和余弦分量。

        (2) 奇函数与原点对称，傅里叶级数展开中只含有正弦分量。

        (3) 奇谐函数移动半个周期后的波形与原函数横轴对称，傅里叶级数展开中只含奇次谐波。

5－8   (1) 根据时移特性，$F_{1n} = F_n e^{-jn\omega_1 t_0}$。

        (2) 根据时间反转特性，$F_{2n} = F_{-n}$。

        (3) 微分特性，$F_{3n} = jn\omega_1 F_n$。

        (4) 根据尺度变换，傅里叶系数不变，基波角频率变为 $a\omega_1$。

5－9   (a) $g_1(t - 0.5) \leftrightarrow \text{Sa}\left(\dfrac{\omega}{2}\right) e^{-j0.5\omega}$。

        (b) 原图函数 $g_1(t - 0.5) - g_1(t - 1.5) \leftrightarrow \text{Sa}\left(\dfrac{\omega}{2}\right)(e^{-j0.5\omega} - e^{-j1.5\omega})$。

        (c) 原图函数 $g_2(t) + g_4(t) \leftrightarrow 2\text{Sa}(\omega) + 4\text{Sa}(2\omega)$。

5－10   (1) $e^{-2(t-3)}u(t-3) \leftrightarrow \dfrac{e^{-j3\omega}}{j\omega + 2}$。

        (2) $te^{-4t}u(t) \leftrightarrow \dfrac{1}{(j\omega + 4)^2}$。

        (3) $8\text{Sa}(4\omega)$。

        (4) $\dfrac{1}{2}\left[\pi\delta(\omega - 4\pi) + \dfrac{1}{j(\omega - 4\pi)} + \pi\delta(\omega + 4\pi) + \dfrac{1}{j(\omega + 4\pi)}\right]$。

        (5) $e^{-3t}u(t)\sin(2t) \leftrightarrow \dfrac{1}{2j}\left[\dfrac{-1}{j(\omega + 2) + 3} + \dfrac{1}{j(\omega - 2) + 3}\right]$。

        (6) $\dfrac{2}{5}\text{Sa}(2\pi(t-3)) \leftrightarrow \dfrac{1}{5}g_{4\pi}(\omega)e^{-j3\omega}$。

        (7) $\sin\left(2\pi t - \dfrac{\pi}{3}\right) \leftrightarrow \dfrac{\pi}{j}\left[\delta(\omega - 2\pi)e^{-j\frac{\pi}{3}} - \delta(\omega + 2\pi)e^{j\frac{\pi}{3}}\right]$。

        (8) $\dfrac{2 \times 3}{3^2 + t^2} \leftrightarrow 2\pi e^{-3|\omega|}$。

5－11 $F_2(\omega) = F_1(-\omega)e^{-j\omega t_0}$。

5－12   (1) $e^{-2(t+3)}u(t+3) \leftrightarrow \dfrac{e^{j3\omega}}{j\omega + 2}$。

        (2) $g_6(\omega) \leftrightarrow \dfrac{9}{\pi}\text{Sa}(3t)$。

        (3) $\cos(2\omega) \leftrightarrow \dfrac{1}{2}[\delta(t+2) + \delta(t-2)]$。

        (4) $g_2(t-3) + g_2(t+3) \leftrightarrow 2\text{Sa}(\omega)e^{j3\omega} + 2\text{Sa}(\omega)e^{-j3\omega} = 4\text{Sa}(\omega)\cos(3\omega)$。

        (5) $-e^{2t}u(-t) \leftrightarrow \dfrac{1}{j\omega - 2}$。

(6) $\delta(\omega-4)+3 \leftrightarrow \dfrac{1}{2\pi}e^{j4t}+3\delta(t)$。

(7) $u(t)-u(t+2)$。

(8) $2te^{-3t}u(t) \leftrightarrow \dfrac{2}{(j\omega+3)^2}$。

5-13 $\dfrac{-2A}{\pi t}\sin^2\left(\dfrac{\omega_0 t}{2}\right)=\dfrac{A}{\pi t}[\cos(\omega_0 t)-1]$。

5-14 $x(t)=\mathscr{F}^{-1}\left[2-\dfrac{1}{j\omega+4}\right]=2\delta(t)-e^{-4t}u(t)$。

5-15   (1) $y(t)=2+4\cos(4t)$。

       (2) $y(t)=4$。

5-16 $y(t) \leftrightarrow \dfrac{1}{4}\times[2g_{2\pi}(\omega)]\times 2=g_{2\pi}(\omega)$。

5-17 $y(t)=4\cos(4t)$。

5-19   (1) $f_s \geqslant 2f_m=6\text{ kHz}$。

       (2) $f_{cmin}=3\text{ kHz}$。

       (3) $f_s=9\text{ kHz}$。

5-20   提示：利用帕斯瓦尔定理。

5-21   (1) $H(\omega)=j\omega$；   (2) $H(\omega)=e^{-j\omega t_0}$；   (3) $H(\omega)=\dfrac{1}{j\omega}+\pi\delta(\omega)$；

       (4) $H(\omega)=\dfrac{j\omega+4}{3j\omega+2-\omega^2}$。

5-22   (1) $F(0)=12$；

       (2) 6π；

       (3) 48。

5-23 $i(t)=\dfrac{1}{2}+\dfrac{\sqrt{2}}{\pi}\cos\left(t-\dfrac{\pi}{4}\right)-\dfrac{2}{3\pi\sqrt{10}}\cos(3t-\arctan 3)+\dfrac{2}{5\pi\sqrt{26}}\cos(5t-\arctan 5)$

习 题 6

6-1   (1) $F(s)=1+\dfrac{1}{s+3}=\dfrac{s+4}{s+3}$ $(\sigma>-3)$。

       (2) $F(s)=\dfrac{1}{s^2+1}+2\dfrac{s}{s^2+1}=\dfrac{2s+1}{s^2+1}$ $(\sigma>0)$。

       (3) $F(s)=\dfrac{2!}{s^3}+2\dfrac{1}{s^2}=\dfrac{2s+2}{s^3}$ $(\sigma>0)$。

       (4) $\mathscr{L}[e^{-t}\sin(2t)u(t)]=\dfrac{2}{(s+1)^2+4}$ $(\sigma>-1)$。

       (5) $\mathscr{L}[e^{-t}(1+2t)u(t)]=\dfrac{s+3}{(s+1)^2}$ $(\sigma>-1)$。

       (6) $\mathscr{L}[te^{-2t}\sin(t)u(t)]=\dfrac{2(s+2)}{[(s+2)^2+1]^2}$ $(\sigma>-2)$。

6-2　(1) $F(s)e^{-s} \leftrightarrow e^{-2(t-1)}u(t-1)$。

(2) $sF'(s) \leftrightarrow (2t-1)e^{-2t}u(t)$。

(3) $sF\left(\dfrac{s}{2}\right)e^{-s} \leftrightarrow -8e^{-4(t-1)}u(2(t-1)) + 2\delta(t-1)$。

6-3　(1) $f(t) = 2e^{-\frac{3}{2}t}u(t)$。

(2) $f(t) = \dfrac{4}{3}u(t) - \dfrac{4}{3}e^{-\frac{3}{2}t}u(t)$。

(3) $f(t) = 6e^{-4t}u(t) - 3e^{-2t}u(t)$。

(4) $f(t) = [4e^{-3t} + 4te^{-2t} - 4e^{-2t}]u(t)$。

(5) $f(t) = [7e^{-3t} - 3e^{-2t}]u(t)$。

(6) $f(t) = [-2e^{-7t} + 3e^{-2t}]u(t)$。

6-4　(1) $e^{-t}u(t) * e^{-2t}u(t) = e^{-t}u(t) - e^{-2t}u(t)$。

(2) $e^{-t}u(t) * \sin t u(t) = \left(\dfrac{1}{2}e^{-t} + \dfrac{1}{2}\sin t - \dfrac{1}{2}\cos t\right)u(t)$。

(3) $e^{-t}u(t) * e^{-t}u(t-1) = (t-1)e^{-t}u(t-1)$。

(4) $f(t) = \pm e^{-2t}u(t)$。

6-5　(1) $f(0_+) = 1$，$f(\infty) = 0$。

(2) $f(0_+) = 0$，$f(\infty) = 0$。

(3) $f(0_+) = 3$，因为极点 1 在右半平面，故 $f(\infty)$ 不存在。

(4) $f(0_+) = -8$，$f(\infty) = 0$。

6-6　零状态响应 $y_{zs}(t) = te^{-t}u(t)$，

零输入响应 $y_{zi}(t) = \dfrac{1}{2}e^{-t}u(t) - \dfrac{1}{2}e^{-3t}u(t)$，

全响应 $y(t) = y_{zs}(t) + y_{zi}(t) = \left(te^{-t} + \dfrac{1}{2}e^{-t} - \dfrac{1}{2}e^{-3t}\right)u(t)$。

6-7　零状态响应 $y_{zs}(t) = \left(-\dfrac{1}{2}e^{-t} + 2e^{-2t} - \dfrac{3}{2}e^{-3t}\right)u(t)$，

零输入响应 $y_{zi}(t) = (2e^{-t} - e^{-2t})u(t)$，

全响应 $y(t) = \left(\dfrac{3}{2}e^{-t} + e^{-2t} - \dfrac{3}{2}e^{-3t}\right)u(t)$。

6-8　单位冲激响应 $h(t) = (3e^{-2t} - 3e^{-3t})u(t)$，

单位阶跃响应为 $g(t) = \left(\dfrac{1}{2} - \dfrac{3}{2}e^{-2t} + e^{-3t}\right)u(t)$。

6-9　$x(t) = \left(1 - \dfrac{1}{2}e^{-2t}\right)u(t)$。

6-10　(1) $H(s) = \dfrac{s(3s+4)}{(s+1)(s+2)}$，$h(t) = 3\delta(t) - e^{-t}u(t) - 4e^{-2t}u(t)$。

(2) 零状态响应 $y_{zs}(t) = \left(-\dfrac{1}{2}t^2 e^{-t} - te^{-t} + 4e^{-t} - 4e^{-2t}\right)u(t)$。

6-11　$H(s) = \dfrac{Y_{zs}(s)}{X(s)} = \left[\dfrac{1}{2(s+1)} - \dfrac{1}{s+2} + \dfrac{2}{s-3}\right](s+1) = \dfrac{3}{2} + \dfrac{1}{s+2} + \dfrac{8}{s-3}$，

单位冲激响应 $h(t) = \dfrac{3}{2}\delta(t) + e^{-2t}u(t) + 8e^{3t}u(t)$。

6-12　零状态响应 $y_{zs}(t) = (te^{-t} - e^{-t} + e^{-2t})u(t)$,

零输入响应 $y_{zi}(t) = y(t) - y_{zs}(t) = (2e^{-t} - 2e^{-2t})u(t)$,

系统起始状态 $y(0_-) = 0$, $y'(0_-) = 2$。

6-13　自由响应 $y_h(t) = e^{-t}u(t) + \dfrac{3}{4}e^{-2t}u(t)$,

强迫响应 $y_p(t) = \dfrac{3}{2}tu(t) - \dfrac{7}{4}u(t)$。

6-14　$H(s) = \dfrac{5s[(s+2)^2 + 1]}{(s+3)[(s+1)^2 + 9]}$。

6-15　$k > 0$。

6-16　(a) $H(s) = \dfrac{Y(s)}{X(s)} = \dfrac{ks}{s^2 + (4-k)s + 4}$, $k < 4$ 时系统稳定。

(b) $H(s) = \dfrac{Y(s)}{X(s)} = \dfrac{s+1}{s^2 + (5-k)s + (6-k)}$, $k < 5$ 时系统稳定。

6-17　(1) $H(s) = \dfrac{Y(s)}{X(s)} = \dfrac{R // \dfrac{1}{sC}}{Ls + R // \dfrac{1}{sC}} = \dfrac{10 // \dfrac{10}{s}}{2s + 10 // \dfrac{10}{s}} = \dfrac{5}{s^2 + s + 5}$。

(2) $H(s)$ 无零点, 有一对共轭极点 $-\dfrac{1}{2} \pm j\dfrac{\sqrt{19}}{2}$。

(3) $h(t) = \mathscr{L}^{-1}[H(s)] = \mathscr{L}^{-1}\left[\dfrac{10}{\sqrt{19}} \times \dfrac{\dfrac{\sqrt{19}}{2}}{\left(s + \dfrac{1}{2}\right)^2 + \left(\dfrac{\sqrt{19}}{2}\right)^2}\right]$

$= \dfrac{10}{\sqrt{19}} e^{-\frac{t}{2}} \sin\left(\dfrac{\sqrt{19}}{2}t\right)u(t)$。

6-18　(1) $H(s) = \dfrac{1}{s^2 + 2s + 1}$。

(2) $h(t) = \mathscr{L}^{-1}[H(s)] = te^{-t}u(t)$。

(3) $u_C(0_-) = 0$, $i_L(0_-) = 1$。

习　题　7

7-1　(1) $\mathscr{L}[\delta(n-2)] = \sum\limits_{n=-\infty}^{\infty} \delta(n-2)z^{-n} = z^{-2}$　$(|z| \neq 0)$。

(2) $\mathscr{L}[a^{-n}u(n)] = \mathscr{L}\left[\left(\dfrac{1}{a}\right)^n u(n)\right] = \dfrac{z}{z - a^{-1}}$　$\left(|z| > \dfrac{1}{a}\right)$。

(3) $\mathscr{L}\left[\left(\dfrac{1}{3}\right)^{n-1}u(n-1)\right] = z^{-1}\dfrac{z}{z - \dfrac{1}{3}} = \dfrac{1}{z - \dfrac{1}{3}}$　$\left(|z| > \dfrac{1}{3}\right)$。

(4) $\mathscr{Z}\left[\left(\dfrac{1}{2}\right)^n u(-n-1)+\left(\dfrac{1}{4}\right)^n u(n)\right]=-\dfrac{z}{z-\dfrac{1}{2}}+\dfrac{z}{z-\dfrac{1}{4}}\quad\left(\dfrac{1}{4}<|z|<\dfrac{1}{2}\right)$。

7-2   (1) $f(n)=\dfrac{4}{3}\delta(n)-\dfrac{4}{3}\times\left(-\dfrac{3}{2}\right)^n u(n)$。

     (2) $f(n)=-2\times\left(-\dfrac{3}{2}\right)^n u(-n-1)$。

     (3) $f(n)=-u(n)+2^n u(n)$。

     (4) $f(n)=\delta(n)+5u(-n-1)-4\times2^n u(-n-1)$。

     (5) $f(n)=-20\times0.5^n u(-n-1)-10\times0.25^n u(n)$。

     (6) $f(n)=\dfrac{1}{2}\delta(n)+5u(n)+\dfrac{7}{2}n\times2^n u(n)-\dfrac{9}{2}\times2^n u(n)$。

7-3   (1) $2^n u(n)*3^n u(n)=-2\times2^n u(n)+3\times3^n u(n)=(3^{n+1}-2^{n+1})u(n)$。

     (2) $2^n u(n)*u(n-1)=2^n u(n)-u(n)=(2^n-1)u(n)$。

     (3) $a^n u(n)*\delta(n-1)=-\dfrac{1}{a}\delta(n)+\dfrac{1}{a}a^n u(n)=a^{n-1}u(n-1)$。

     (4) $2^n u(n)*nu(n-2)=\dfrac{1}{a}\delta(n)-\dfrac{a}{(a-1)^2}u(n)+\dfrac{1}{1-a}nu(n)+\dfrac{2a-1}{a(a-1)^2}a^n u(n)$。

7-4   (1) $x(0)=\lim\limits_{z\to\infty}\dfrac{z^2+1}{\left(z+\dfrac{1}{2}\right)\left(z-\dfrac{1}{3}\right)}=1$

极点均在单位圆内，满足终值定理，故 $x(\infty)=\lim\limits_{z\to1}(z-1)\dfrac{z^2+1}{\left(z+\dfrac{1}{2}\right)\left(z-\dfrac{1}{3}\right)}=0$。

     (2) $x(0)=\lim\limits_{z\to\infty}\dfrac{4z^2+z}{(z-3)(z+0.5)}=4$。

极点 3 在单位圆外，不满足终值定理，故终值不存在。

7-5 $y_{zs}(n)=\left[\dfrac{2}{9}\times2^n-\dfrac{1}{9}\times(-1)^n+\dfrac{8}{9}\times(-4)^n\right]u(n)$，

     $y_{zi}(n)=\left[\dfrac{28}{3}\times(-1)^n-\dfrac{160}{3}\times(-4)^n\right]u(n)$

     系统全响应 $y(n)=y_{zs}(n)+y_{zi}(n)=\left[\dfrac{2}{9}\times2^n+\dfrac{83}{9}\times(-1)^n-\dfrac{472}{9}\times(-4)^n\right]u(n)$

7-6 $y(n)\approx[9.26+0.66\times(-0.2)^n-0.2\times0.1^n]u(n)$

     稳态响应为 $9.26u(n)$。

     暂态响应为 $[0.66\times(-0.2)^n-0.2\times0.1^n]u(n)$。

7-7 $H(z)=\dfrac{(4+z^{-1})}{(2+z^{-1}-z^{-2})}=\dfrac{4z^2+z}{2z^2+z-1}$，

     $h(n)=\left[(-1)^n+\left(\dfrac{1}{2}\right)^n\right]u(n)$，

     $g(n)=\left[\dfrac{1}{2}\times(-1)^n-\left(\dfrac{1}{2}\right)^n+\dfrac{5}{2}\right]u(n)$。

7-8　　$x(n) = 2^n u(n)$。

7-9　　零状态响应 $y_{zs}(n) = \left[-n\left(\dfrac{1}{2}\right)^n + \dfrac{3}{2} \times \left(\dfrac{1}{2}\right)^n - \dfrac{3}{2} \times \left(-\dfrac{1}{2}\right)^n \right] u(n)$。

7-10　（1）$h(n) = \left[(-1)^n - (-2)^n \right] u(n)$。

　　　　（2）$y(n) + 3y(n-1) + 2y(n-2) = x(n-1)$。

7-11　（1）$H(z)$ 有两个一阶极点 $-\dfrac{1}{2}$ 和 $\dfrac{3}{4}$，均在单位圆内，所以系统稳定。

　　　　（2）$H(z)$ 有两个一阶极点 -2 和 $-\dfrac{1}{2}$，前者在单位圆外，所以系统不稳定。

　　　　（3）$H(z)$ 有一对共轭极点 $-\dfrac{1}{2} \pm \dfrac{\sqrt{7}}{2}\mathrm{j}$，极点在单位圆外，所以系统不稳定。

　　　　（4）$H(z)$ 有两个一阶极点 0.5 和 0.25，均在单位圆内，所以系统稳定。

7-12　（1）$h(n) = \left(\dfrac{1}{3}\right)^n u(n)$。

　　　　（2）$x(n) = -\delta(n) + \left(\dfrac{1}{2}\right)^n u(n)$。

　　　　（3）系统函数 $H(z) = \dfrac{z}{z - \dfrac{1}{3}}$，极点 $1/3$ 在单位圆内，所以系统稳定。

7-13　（1）$H(z) = \dfrac{1 + z^{-1}}{1 - \dfrac{3}{4}z^{-1} + \dfrac{1}{8}z^{-2}} = \dfrac{z(z+1)}{\left(z - \dfrac{1}{4}\right)\left(z - \dfrac{1}{2}\right)}$。

　　　　（2）$h(n) = \left[-5 \times \left(\dfrac{1}{4}\right)^n + 6 \times \left(\dfrac{1}{2}\right)^n \right] u(n)$。

　　　　（3）系统函数 $H(z)$ 的极点 $1/4$ 和 $1/2$ 均在单位圆内，所以系统稳定。

7-14　（1）$y(n) = \dfrac{1}{2}x(n) + \dfrac{1}{2}x(n-1)$。

　　　　（2）$H(z) = \dfrac{1 + z^{-1}}{2}$。

7-15　（1）$y(n) - \dfrac{5}{6}y(n-1) + \dfrac{1}{6}y(n-2) = x(n-1) + x(n-2)$。

　　　　（2）$h(n) = 6\delta(n) + \left[18 \times \left(\dfrac{1}{2}\right)^n - 24 \times \left(\dfrac{1}{3}\right)^n \right] u(n)$。

　　　　（3）系统函数 $H(z)$ 的极点 $1/2$ 和 $1/3$ 均在单位圆内，所以系统稳定。

7-16　（1）$y(n) - \dfrac{5}{6}y(n-1) + \dfrac{1}{6}y(n-2) = x(n-1)$，

　　　　$H(z) = \dfrac{z^{-1}}{1 - \dfrac{5}{6}z^{-1} + \dfrac{1}{6}z^{-2}} = \dfrac{z}{z^2 - \dfrac{5}{6}z + \dfrac{1}{6}}$。

　　　　（2）$h(n) = \left[6\left(\dfrac{1}{2}\right)^n - 6\left(\dfrac{1}{3}\right)^n \right] u(n)$。

　　　　（3）系统函数 $H(z)$ 的极点 $1/2$ 和 $1/3$ 均在单位圆内，所以系统稳定。

参 考 文 献

［1］ 吴大正，杨林耀，张永瑞. 信号与线性系统分析. 3 版. 北京：高等教育出版社，1998.

［2］ 郑君里，杨为理，应启珩. 信号与系统. 2 版. 北京：高等教育出版社，2000.

［3］ 奥本海姆 A V，等. 信号与系统. 刘树棠，译. 西安：西安交通大学出版社，1997.

［4］ 熊庆旭，刘锋，常青. 信号与系统. 北京：高等教育出版社，2011.

［5］ 王松林，张永瑞，郭宝龙，等. 信号与线性系统分析教学指导书. 4 版. 北京：高等教育出版社，2006.

［6］ 马金龙，胡建萍，王宛苹，等. 信号与系统. 2 版. 北京：科学出版社，2010.

［7］ 燕庆明，于凤芹，顾斌杰. 信号与系统教程. 3 版. 北京：高等教育出版社，2014.

［8］ HAYKIN S, VEEN B V. 信号与系统. 2 版. 林秩盛，黄元福，林宁，等译. 北京：电子工业出版社，2006.

［9］ 张德丰. MATLAB 在电子信息工程中的应用. 北京：电子工业出版社，2009.